职业院校智能制造专业“十三五”系列教材

智能协作机器人入门实用教程

（优傲机器人）

主　编　张明文　王璐欢
副主编　王　伟　霰学会
参　编　顾三鸿　何定阳
主　审　宁　金

机械工业出版社

本书基于优傲协作机器人，从协作机器人应用过程中需掌握的技能出发，由浅入深、循序渐进地介绍了优傲机器人入门实用知识；从协作机器人的发展切入，配合丰富的实物图片，系统介绍了优傲 UR5 机器人安全操作注意事项、首次拆箱安装、系统设置、基本操作、I/O 通信、机器人指令与编程基础等实用知识；基于具体案例，讲解了优傲机器人系统的编程、调试、自动生产过程。通过学习本书，读者可对协作机器人实际使用过程有一个全面清晰的认识。

本书图文并茂，通俗易懂，具有很强的实用性和可操作性，既可作为职业院校和技工院校智能制造相关专业的教材，又可作为协作机器人培训机构用书，同时可供相关行业的技术人员参考。

本书配套有丰富的教学资源，便于开展教学和自学活动。凡使用本书作为教材的教师可咨询相关实训装备事宜，也可索取相关数字教学资源。咨询邮箱：zhangmwen@126.com。

图书在版编目（CIP）数据

智能协作机器人入门实用教程：优傲机器人/张明文，王璐欢主编. —北京：机械工业出版社，2019.12

职业院校智能制造专业“十三五”系列教材

ISBN 978-7-111-64426-2

Ⅰ.①智… Ⅱ.①张…②王… Ⅲ.①智能机器人-职业教育-教材 Ⅳ.①TP242.6

中国版本图书馆 CIP 数据核字（2019）第 286932 号

机械工业出版社（北京市百万庄大街 22 号 邮政编码 100037）
策划编辑：赵磊磊 王振国 责任编辑：赵磊磊 王振国 郎 峰
责任校对：张晓蓉 刘雅娜 封面设计：陈 沛
责任印制：李 昂
北京机工印刷厂印刷
2020 年 5 月第 1 版第 1 次印刷
184mm×260mm · 11.75 印张 · 287 千字
0001—3000 册
标准书号：ISBN 978-7-111-64426-2
定价：49.80 元

电话服务	网络服务
客服电话：010-88361066	机 工 官 网：www.cmpbook.com
010-88379833	机 工 官 博：weibo.com/cmp1952
010-68326294	金 书 网：www.golden-book.com
封底无防伪标均为盗版	机工教育服务网：www.cmpedu.com

编审委员会

前　言

PREFACE

机器人是先进制造业的重要支撑装备，也是未来智能制造业的关键切入点。协作机器人作为机器人家族中的重要一员，已被广泛应用。机器人的研发和产业化应用是衡量科技创新及高端制造发展水平的重要标志。发达国家已经把机器人产业发展作为抢占未来制造业市场、提升竞争力的重要途径。在汽车、电子电器、工程机械等众多行业大量使用机器人自动化生产线，在保证产品质量的同时，改善了工作环境，提高了生产效率，有力推动了企业和社会生产力发展。

当前，随着我国劳动力成本上涨，人口红利逐渐消失，生产方式向柔性、智能、精细转变，构建新型智能制造体系迫在眉睫，对机器人的需求呈现大幅增长。大力发展机器人产业，对于打造我国制造业新优势，推动工业转型升级，加快制造强国建设，改善人民生活水平具有深远意义。“中国制造2025”将机器人作为重点发展领域，机器人产业已经上升到国家战略层面。

本书以优傲机器人为主，结合江苏哈工海渡工业机器人有限公司的工业机器人技能考核实训台（标准版），遵循“由简入繁，软硬结合、循序渐进”的编写原则，依据初学者的学习需要，科学设置知识点，结合实训台典型实例讲解，倡导实用性教学，有助于激发学习兴趣、提高教学效率，便于初学者在短时间内全面、系统地了解机器人的操作常识。

在全球制造业战略转型期，我国机器人产业迎来爆发性的发展机遇。然而，现阶段我国机器人领域人才供需失衡，缺乏经系统培训、能熟练安全使用和维护机器人的专业人才。针对这一现状，为了更好地推广工业机器人技术的运用，我们编写了这本系统全面的机器人入门实用教材。

本书图文并茂，通俗易懂，具有很强的实用性和可操作性，既可作为应用型本科、职业学校和技工院校智能制造相关专业的教材，又可作为协作机器人培训机构用书，同时可供相关行业的技术人员参考。

智能制造专业具有知识面广、实操性强等显著特点。为了提高教学效果，在教学方法上，建议采用启发式教学，开放性学习，重视实操演练、小组讨论；在学习过程中，建议结合本书配套的教学辅助资源，如优傲机器人实训台、教学课件、视频素材、教学参考与拓展资料等。

本书由哈工海渡机器人学院的张明文和王璐欢任主编，王伟和霰学会任副主编，由宁金主审。参加编写的有哈工海渡机器人学院王伟编写第1、2章，霰学会编写第3、4章，顾三鸿和王璐欢编写第5、6章，何定阳编写第7、8章，王伟和霰学会统稿。在本书编写过程中，得到了哈工大机器人集团的有关领导、工程技术人员和哈尔滨工业大学相关教师的鼎力支持与帮助，在此表示衷心的感谢！

由于编者水平及编写时间有限，书中难免存在不足之处，敬请读者批评指正。

编　者

目 录

CONTENTS

第1章 Chapter 协作机器人概述

1.1 协作机器人的定义和特点

协作机器人（Collaborative Robot，简称 Cobot 或 Co-robot）是为与人直接交互而设计的机器人，即一种被设计成能与人类在共同工作空间中进行近距离互动的机器人。

传统工业机器人是在安全围栏或其他保护措施之下，完成诸如焊接、喷涂、搬运码垛、抛光打磨等高精度、高速度的操作。而协作机器人打破了传统的全手动和全自动的生产模式，能够直接与操作人员在同一条生产线上工作，却不需要使用安全围栏与人隔离，如图 1-1 所示。

图 1-1　协作机器人在没有防护围栏环境下工作

1. 协作机器人概述（1）

协作机器人的主要特点有：

（1）轻量化　使机器人更易于控制，提高安全性。

（2）友好性　保证机器人的表面和关节是光滑且平整的，无尖锐的转角或者易夹伤操作人员的缝隙。

（3）部署灵活　机身能够缩小到可放置在工作台上的尺寸，可安装于任何地方。

（4）感知能力　感知周围的环境，并根据环境的变化改变自身的动作行为。

（5）人机协作　具有敏感的力反馈特性，当达到已设定的力时会立即停止，在风险评估后可不需要安装保护栏，使人和机器人能协同工作。

（6）编程方便　对于一些普通操作者和非技术背景的人员来说，都非常容易进行编程与调试。

（7）使用成本低　基本上不需要维护保养的成本投入，机器人本体功耗较低。

协作机器人与传统工业机器人的特点对比见表 1-1。

表 1-1　协作机器人与传统工业机器人的特点对比

项　目	协作机器人	传统工业机器人
目标市场	中小企业、适应柔性化生产要求的企业	大规模生产企业
生产模式	个性化、中小批量的小型生产线或人机混线的半自动场合	单一品种、大批量、周期性强、高节拍的全自动生产线
工业环境	可移动并可与人协作	固定安装且与人隔离
操作环境	编程简单直观、可拖动示教	专业人员编程、机器示教再现
常用领域	精密装配、检测、产品包装、抛光打磨等	焊接、喷涂、搬运码垛等

协作机器人只是整个工业机器人产业链中一个非常重要的细分类别，有它独特的优势，但缺点也很明显：

（1）速度慢　为了控制力和碰撞能力，协作机器人的运行速度比较慢，通常只有传统机器人的 1/3 ~ 1/2。

（2）精度低　为了减少机器人运动时的动能，协作机器人一般重量比较轻，结构相对简单，这就造成整个机器人的刚性不足，定位精度相比传统机器人差 1 个数量级。

（3）负载小　低自重、低能量的要求，导致协作机器人体型都很小，负载一般在 10kg 以下，工作范围只与人的手臂相当，很多场合无法使用。

1.2 协作机器人的行业概况

当前，新科技革命和产业变革正在兴起，全球制造业正处在巨大的变革之中。《中国制造 2025》《机器人产业发展规划（2016—2020 年）》《智能制造发展规划（2016—2020 年）》等强国战略规划，引导中国制造业向着智能制造的方向发展。《中国制造 2025》提出了大力推进重点领域突破发展，而机器人作为十大重点领域之一，其产业已经上升到国家战略层面。工业机器人作为智能制造领域最具代表性的产品，“快速成长”和“进口替代”是现阶段我国工业机器人产业最重要的两个特征。

随着“工业4.0”时代的来临，全球机器人企业也面临各种新的挑战。一方面，有赖于劳动力密集型的低成本运营模式，劳动力红利正在逐渐消失，技术熟练的工人使用成本快速增加，企业需要寻求机器人工位替代方案；另一方面，服务化以及规模化定制的产品供给，使制造商必须尽快适应更加灵活、周期更短、量产更快、更本土化的生产和设计方案。

在这两大挑战下，传统工业机器人使用起来并不方便：不仅价格昂贵、成本超预算，而且需要根据专用的安装区域和使用空间专门设计；固定的工位布局，不方便移动和变化；烦琐的编程示教控制，使得培训周期长，需要专人使用；传统的机器人还缺少环境感知的能力，在与人一起工作的同时要求设置安全栅栏。

因此，在传统的工业机器人逐渐取代单调、重复性高、危险性强的工作之时，能够感知环境、与人协作的机器人也在慢慢渗入各个工业领域，与人共同工作。

据高工产研机器人研究所（GGII）数据显示：2019年全球协作机器人预计销量为5万台，同比增长37.00%，如图1-2所示。

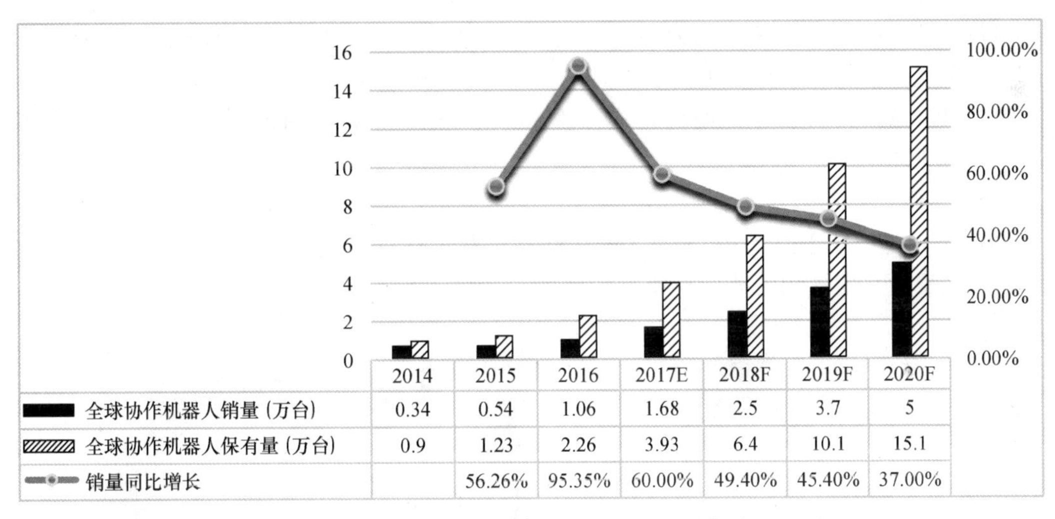

	2014	2015	2016	2017E	2018F	2019F	2020F
全球协作机器人销量（万台）	0.34	0.54	1.06	1.68	2.5	3.7	5
全球协作机器人保有量（万台）	0.9	1.23	2.26	3.93	6.4	10.1	15.1
销量同比增长		56.26%	95.35%	60.00%	49.40%	45.40%	37.00%

图1-2　2014—2020年全球协作机器人销量及保有量预测

数据来源：高工产研机器人研究所（GGII）

目前，全球范围内，无论传统工业机器人巨头，还是新兴的机器人创业公司，都在加紧布局协作机器人。2016年，我国人机协作机器人企业中，大型企业占比为54.26%，中型企业占比为26.23%，小型企业占比为19.51%，如图1-3所示。

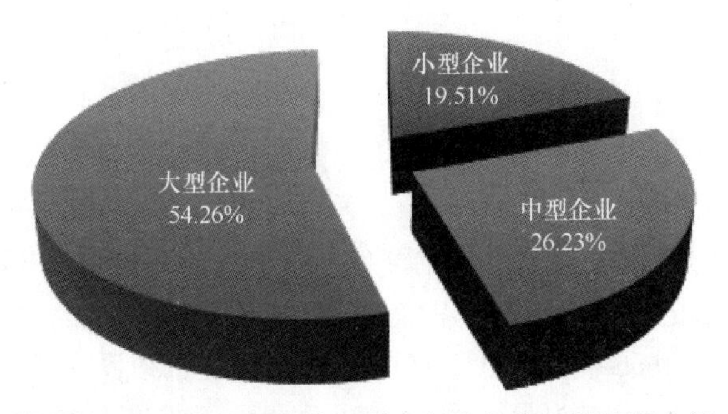

图1-3　2016年人机协作机器人行业单位规模情况分析

协作机器人作为工业机器人的一个重要分支，将迎来爆发性发展态势，同时带来对协作机器人行业人才的大量需求，培养协作机器人行业人才迫在眉睫。而协作机器人行业的多品牌竞争局面，迫使学习者需要根据行业特点和市场需求，合理选择学习和使用某品牌的协作机器人，从而提高自身职业技能和个人竞争力。

1.3 协作机器人的发展概况

1.3.1 国外发展概况

协作机器人的发展起步于20世纪90年代，大致经历了三个阶段：概念期、萌芽期和发展期。

1. 概念期

1995年5月，世界上第一台商业化人机协作机器人WAM首次在美国国家航空航天局肯尼迪航天中心公开亮相，如图1-4所示。

1996年，美国西北大学的两位教授J. Edward Colgate和Michael Peshkin首次提出了协作机器人的概念并申请了专利。

2. 萌芽期

2003年，德国航空航天中心（DLR）的机器人学及机电一体化研究所与KUKA联手，使产品从轻量型机器人向工业协作机器人转型，如图1-5所示。

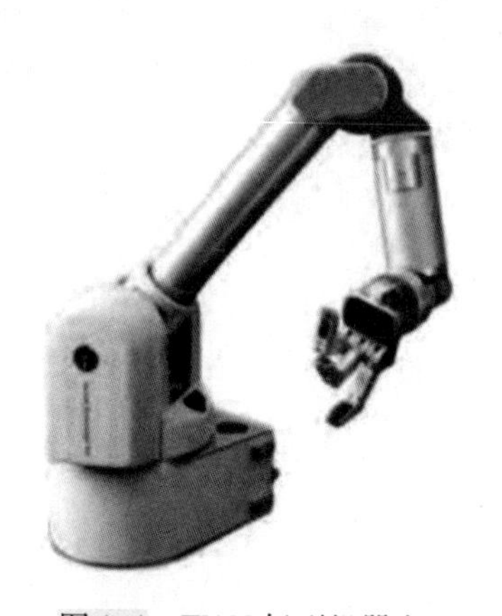

图1-4　WAM轻型机器人

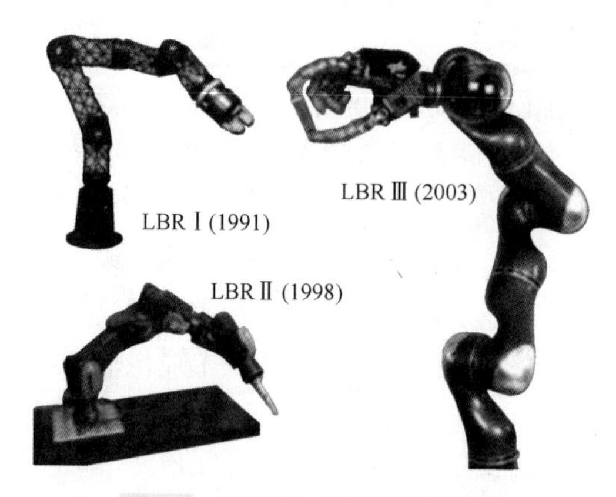

图1-5　DLR的三代轻量机械臂

2005年，致力于通过机器人技术增强小中型企业劳动力水平的SME Project项目开展，协作机器人发展在工业应用中迎来契机；同年，协作机器人企业Universal Robots（优傲机器人）在南丹麦大学创办成立。

2008年，Universal Robots推出世界上第一款协作机器人产品UR5；同年，协作机器人企业Rethink Robotics成立。

2012年，Universal Robots推出UR10产品，并在美国纽约设立子公司。

2013年，Universal Robots在中国上海成立子公司，正式进入中国市场。

3. 发展期

2014 年，ABB 发布首台人机协作的双臂机器人 YuMi，而 FANUC、YASKAWA 等多家工业机器人厂商相继推出协作机器人产品。

2015 年，Universal Robots 推出世界上首台桌面型协作机器人 UR3；同年，ABB 收购协作机器人公司 Gomtec，增加单臂协作机器人产品线。

2016 年，国内相关企业快速发展，相继推出协作机器人产品；同年，ISO 推出 ISO/TS 15066，明确协作机器人环境中的相关安全技术规范。

2016 年，国际标准化组织针对协作机器人发布了最新的工业标准——ISO/TS 15066：Robots and robotic devices- Collaborative robots，所有协作机器人产品必须通过此标准认证才能在市场上发售。

至此，协作机器人在标准化生产的道路上步入正轨，开启了协作机器人发展的元年。

1.3.2　国内发展现状

相比成熟的国外市场，国内协作机器人尚处于起步阶段，但发展速度十分迅猛。协作机器人在中国兴起于 2014 年，成品化进程相对较晚，但也取得了一些可喜的成果，如新松机器人自动化股份有限公司、深圳市大族电机科技有限公司（大族电机）、遨博智能科技有限公司、达明机器人股份有限公司、哈工大机器人集团等都相继推出了自己的协作机器人。

2015 年底，由北京大学工学院先进智能机械系统及应用联合实验室、北京大学高精尖中心研制的人机协作机器人 WEE 先后在上海工博会、深圳高交会、北京世界机器人博览会上参展亮相。它是一台具备国际先进水平的高带宽、轻型、节能工业协作机器人，如图 1-6 所示。

台湾达明机器人股份有限公司推出的 TM5 是全球首创内建视觉辨识的协作型六轴机器人，如图 1-7 所示。高度整合视觉和力觉等感测器辅助，让机器人能适应环境变化，强调人机共处的安全性；手拉式引导教学，让使用者快速上手。TM5 可广泛运用在各个领域，如电子、制鞋、纺织、半导体、光电产业等。

图 1-6　双臂人机协作机器人 WEE

图 1-7　台湾达明协作机器人 TM5

2016 年，大族电机携最新产品 Elfin 六轴协作机器人（图 1-8）在上海工博会精彩亮相。作为协作机器人，Elfin 可配合工人工作，也可用于集成自动化产品线、焊接、打磨、装配、搬运、拾取、涂装等工作场合，应用灵活广泛。

2017 年，哈工大机器人集团推出了轻型协作机器人 T5，如图 1-9 所示。该机器人可以进行人机协作，具有运行安全、节省空间、操作灵活的特点。T5 面向 3C、机械加工、食品药品、汽车汽配等行业的中小制造企业，适配多品种、小批量的柔性化生产线，能够完成搬运、分拣、涂胶、包装、质检等工序。

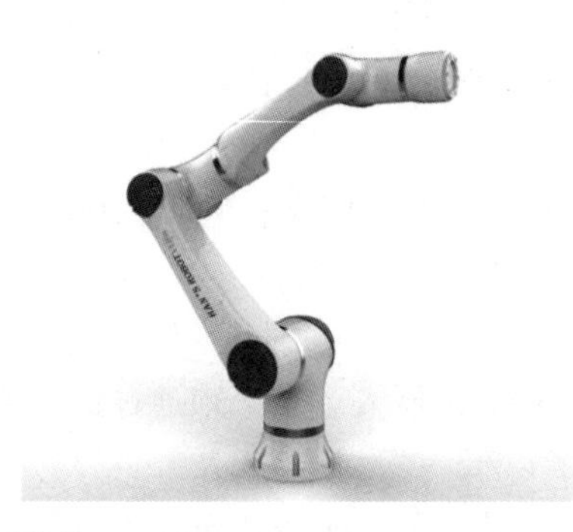

图 1-8　大族电机六轴协作机器人 Elfin

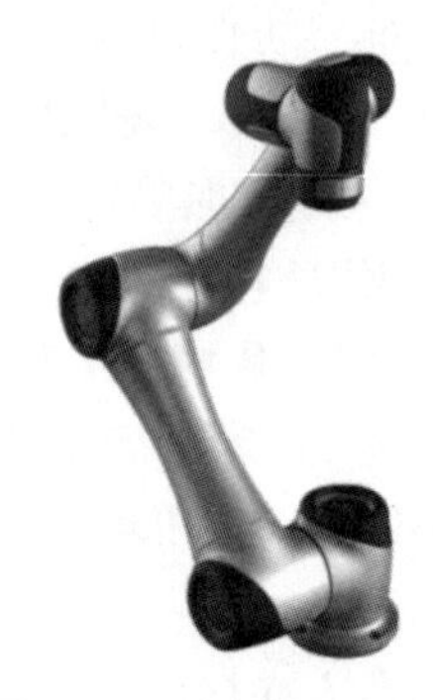

图 1-9　哈工大机器人集团的 T5

1.3.3　常见协作机器人的介绍

目前的协作机器人市场仍处于起步发展阶段。现有公开数据显示，来自全球的近 20 家企业公开发布了近 30 款协作机器人。根据结构及功能，本书选取了 5 款协作机器人进行简要介绍，其中包括 Universal Robots 的 UR5、KUKA 的 LBR iiwa、ABB 的 YuMi、FANUC 的 CR-35iA 以及 YASKAWA 的 HC10。

1. UR5

UR5 六轴协作机器人是 Universal Robots 于 2008 年推出的全球首款协作机器人，如图 1-10 所示。其有效负载 5kg，自重 18kg，臂展 850mm，具有编程简单、安装迅速、部署灵活、安全可靠等特点。UR5 采用 Universal Robots 自主研发的 Poly Scope 机器人系统软件，该系统操作简便，容易掌握，即使没有任何编程经验，也可当场完成调试并实现运行。图 1-11 所示为 UR5 在生产线上的应用。

图 1-10　UR5 机器人

图 1-11　UR5 在生产线上的应用

优傲机器人轻巧、节省空间，易于重新部署在多个应用程序中而不会改变生产布局，使工作人员能够灵活自动处理几乎任何手动作业，包括小批量或快速切换作业。结构上采用模块化关节设计，通过监测电动机电流变化获取关键的关节力信息，实现力反馈，从而在保证安全性的同时摆脱了力矩传感器，使生产成本大大降低，极大提高了市场竞争力。该机器人能够在无安全保护防护装置、旁边无人工操作员的情况下运转操作。

2. LBR iiwa

LBR iiwa 是 KUKA 开发的第一款量产灵敏型机器人，也是具有人机协作能力的机器人，如图 1-12 所示。该款机器人具有突破性构造的 7 轴机器人手臂，使用智能控制技术、高性能传感器和最先进的软件技术，特别适用于柔性、灵活度和精准度要求较高的行业，如电子、医药、精密仪器等行业，可满足更多生产中的操作需要，如图 1-13 所示。

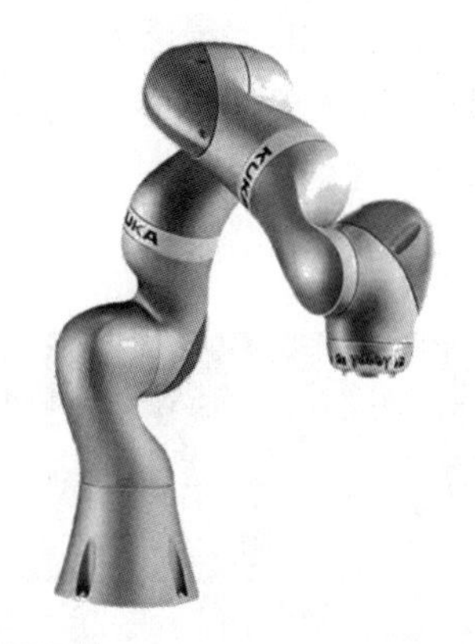

图 1-12　KUKA LBR iiwa 机器人

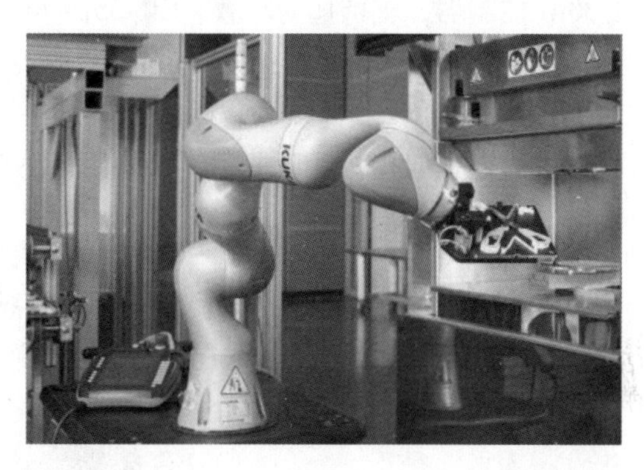

图 1-13　LBR iiwa 在福特汽车公司生产线上作业

LBR iiwa 所有的轴都具有高性能碰撞检测功能和集成的关节力矩传感器，使其可以立即识别接触，并立即降低力和速度。它通过位置和缓冲控制来搬运敏感的工件，且没有任何会导致夹伤或者剪伤的部位。该机器人的结构采用铝制材料设计，超薄轻铝机身令其运转迅速，灵活性强。作为轻量级高性能控制装置，LBR iiwa 可以以动力控制方式快速识别轮廓。它能感测正确的安装位置，以最高精度极其快速地安装工件，并且与轴相关的力矩精度达到最大力矩的 ±2%。

3. YuMi

YuMi 是 ABB 首款协作机器人，如图 1-14 所示。其拥有双 7 轴手臂，工作范围大，灵活敏捷，精确自主，主要用于小组件及元器件的组装，如机械手表的精密部件和手机、平板计算机以及台式计算机的零部件组装等，如图 1-15 所示。整个装配解决方案包括自适应的手、灵活的零部件上料机、控制力传感、视觉指导和 ABB 的监控及软件技术。

图 1-14　ABB YuMi 机器人

图 1-15　YuMi 用于小零件装配作业

YuMi 的名字来源于英文 you（你）和 me（我）的组合。该机器人采用了“固有安全级”设计，拥有软垫包裹的机械臂、力传感器和嵌入式安全系统，因此可以与人类并肩工作，没有任何障碍。它能在极狭小的空间内像人一样灵巧地执行小件装配所要求的动作，可最大限度节省厂房占用面积，还能直接装入原本为人设计的操作工位。

4. CR-35iA

2015 年，FANUC 在中国正式推出全球负载最大的六轴协作机器人 CR-35iA（见图 1-16），创立了协作机器人领域的新标杆。CR-35iA 机器人自重 90kg，有效负载 35kg，臂展 1813mm，外接 R-30iB 控制器，支持拖动示教。CR-35iA 可以说是协作机器人中的“绿巨人”。

为实现高负载，FANUC 公司没有采用轻量化设计，而是在传统工业机器人的基础上进行了改装升级。得益于其高负载，CR-35iA 可协同工人完成重零件的搬运及装配工作，例如组装汽车轮胎或往机床搬运工件等，如图 1-17 所示。

图 1-16　FANUC 的 CR-35iA

图 1-17　CR-35iA 为汽车安装轮胎

虽然在结构上与传统工业机器人极为相似，但 CR-35iA 整个机身由绿色软护罩包裹，内置 INVision 视觉系统，同时具有意外接触停止功能，这使得机器人能够很好地缓和冲击力，保证人员不会受到伤害，从而实现与人共享工作环境。

5. HC10

HC10 是 YASKAWA 推出的第一款六轴协作机器人，初次亮相于日本东京的“2015 国际机器人展”，如图 1-18 所示。HC10 在外形设计上无夹点或棱角，表面包裹了一层柔软的蓝色橡胶材料以吸收意外碰撞产生的接触力。HC10 所有关节处都配置了双力矩传感器，通过传感器可以持续监控力觉感应，及时对机器人跟其他物体的接触做出响应，当操作人员和机器人发生接触时，HC10 会通过自动停机来确保和人协同工作时的安全性。

HC10 的最大特色在于其具备多种工作模式。在“协作模式”下，HC10 将最大程度上保证操作者的安全，运行速度会受到限制；当切换至“高速工业模式”时，机械臂运行速度将大幅提升，工作效率也将达到传统工业机器人水平，但该模式下也要采取必要的安全措施，如进行安全区域监测、设置防护栏等。

HC10 协作机器人性能优异，在物料搬运、机械维护、包装或轻型装配等领域中被广泛应用。同时，终端客户也可以从 YASKAWA 公司获得各种工具和零配件。图 1-19 所示为工作中的 HC10。

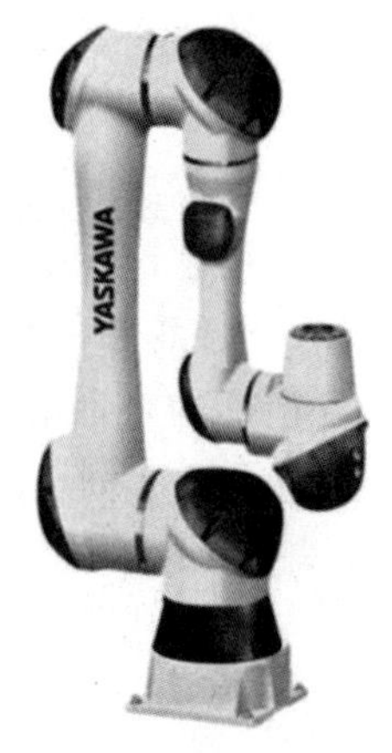

图 1-18　YASKAWA 的 HC10

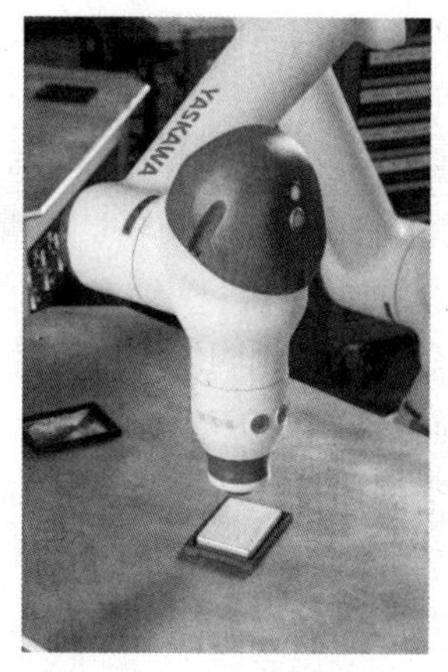

图 1-19　工作中的 HC10

1.3.4　协作机器人的发展趋势

协作机器人除了在机体的设计上变得更轻巧易用之外，其发展已呈现如下趋势：

（1）可扩展模块化架构　基于可扩展的软硬件平台的可重构机器人成为目前研究的热点之一。随着制造业的生产模式从大批量转向用户定制，未来机器人市场将会以功能模块为单位，针对各个不同的作业要求进行个性化定制。

（2）以自动化为目的的人工智能化　利用机器学习的方法，采集不同任务情况下产生的人、环境与机器的交互数据并分析，给协作机器人赋予高级人工智能，打造一个更加智能化生产的闭环。同时，使用自然语言识别技术，让协作机器人具备基本的语音控制和交互能力。

（3）机械结构的仿生化　协作机器人机械臂越接近人手臂的结构，其灵活度就越高，更适合承担相对精细的任务，如生产流水线上的辅助工人分拣、装配等操作。变胞三指灵巧手、柔性仿生机械手，都属于提高协作机器人抓取能力的前沿技术。

（4）机器人系统生态化　机器人系统生态化，可以吸引第三方开发围绕机器人的成熟工具和软件，如复杂的工具、机器人外围设备接口等，有助于降低机器人应用的配置困难，提升使用效率。

（5）与其他前沿技术融合　协作机器人要适应未来复杂工作环境，需要搭载先进技术，提升其软硬件性能，如整合 AR 技术，有助于协作机器人应对更加多样化的工作任务和工作环境。

1.4　协作机器人的主要技术参数

选用协作机器人时，首先要了解协作机器人的主要技术参数，然后根据生产和工艺的实际要求，通过机器人的技术参数来选择机器人的机械结构、坐标形式和传动装置等。

2. 协作机器人概述（2）

协作机器人的技术参数反映了机器人的适用范围和工作性能，主要包括自由度、额定负载、工作空间、工作精度。其他参数还有工作速度、控制方式、驱动方式、安装方式、动力源容量、本体重量、环境参数等。

1. 自由度

自由度是指描述物体运动所需要的独立坐标的数目。

空间直角坐标系又称为笛卡儿直角坐标系，它是以空间一点 O 为原点，建立三条两两相互垂直的数轴即 X 轴、Y 轴和 Z 轴。机器人系统中常用的坐标系为右手坐标系，即三个轴的正方向符合右手规则：右手大拇指指向 Z 轴正方向，食指指向 X 轴正方向，中指指向 Y 轴正方向，如图 1-20 所示。

在三维空间中描述一个物体的位姿（即位置和姿态）需要 6 个自由度，如图 1-21 所示。

1）沿空间直角坐标系 $OXYZ$ 的 X、Y、Z 三个轴平移运动 T_X、T_Y、T_Z。

2）绕空间直角坐标系 $OXYZ$ 的 X、Y、Z 三个轴旋转运动 R_X、R_Y、R_Z。

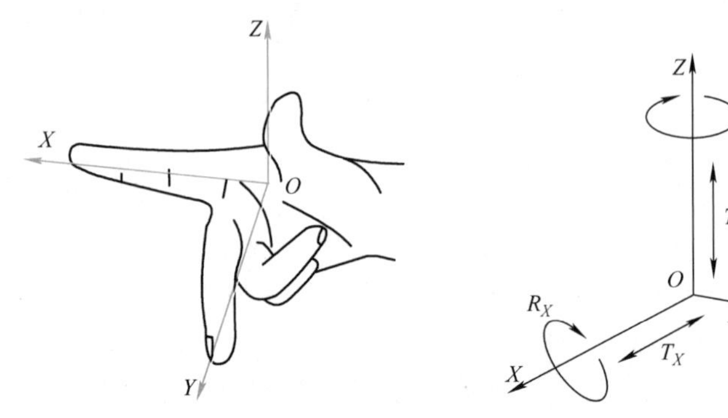

图 1-20　右手规则

图 1-21　刚体的 6 个自由度

机器人的自由度是指机器人相对坐标系能够进行独立运动的数目，不包括末端执行器的动作，如焊接、喷涂等。通常，垂直多关节机器人以 6 个自由度为主。

机器人的自由度反映机器人动作的灵活性，自由度越多，机器人就越能接近人手的动作机能，通用性越好。但是自由度越多，结构就越复杂，如图 1-22 所示，对机器人的整体要求就越高。因此，协作机器人的自由度是根据其用途设计的。

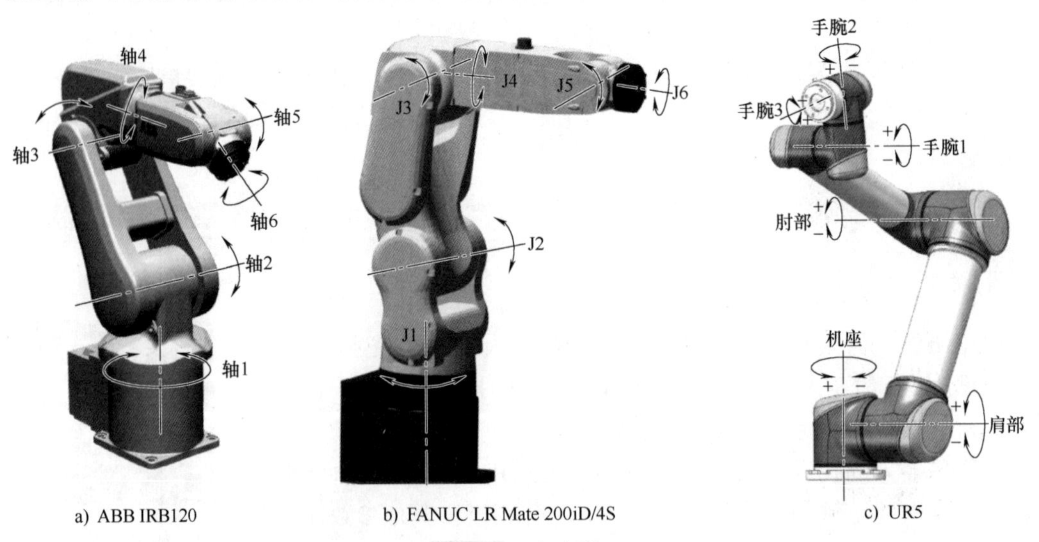

a) ABB IRB120　　b) FANUC LR Mate 200iD/4S　　c) UR5

图 1-22　自由度

采用空间开链连杆机构的机器人，因每个关节仅有一个自由度，所以机器人的自由度数就等于它的关节数。

2. 额定负载

额定负载也称有效负荷，是指正常作业条件下，协作机器人在规定性能范围内，手腕末端所能承受的最大载荷。

目前使用的协作机器人负载范围为0.5～35kg，见表1-2。

表1-2　协作机器人的额定负载

品　牌	ABB	FANUC	Universal Robots	COMAU
型　号	YuMi	CR-35iA	UR5	e. DO
实物图				
额定负载/kg	0.5	35	5	1
品　牌	KAWASAKI	Rethink Robotics	达明	哈工大机器人集团
型　号	duAro	Sawyer	TM5	T5
实物图				
额定负载/kg	2	4	4	5

3. 工作空间

工作空间又称工作范围、工作行程，是指协作机器人作业时，手腕参考中心（即手腕旋转中心）所能到达的空间区域，不包括手部本身所能达到的区域，常用图形表示。图1-23所示为UR5机器人的工作空间，为机座关节周围850mm范围内的区域。选择机器人安装位置时，务必考虑机器人正上方和正下方的圆柱体空间，尽可能避免将工具移向圆柱体空间，因为这样会造成工具慢速运动时关节却快速运动，从而导致机器人工作效率低下，难以进行风险评估。

工作空间的形状和大小反映了机器人工作能力的大小，它不仅与机器人各连杆的尺寸有关，还与机器人的总体结构有关，协作机器人在作业时可能会因存在手部不能到达的作业死区而不能完成规定任务。

由于末端执行器的形状和尺寸是多种多样的，为真实反映机器人的特征参数，生产厂商给出的工作空间一般是指不安装末端执行器时可以达到的区域。

注意：在装上末端执行器后，需要同时保证工具姿态，实际的可达空间会和生产商给出的有差距，因此需要通过比例作图或模型核算，来判断是否满足实际需求。

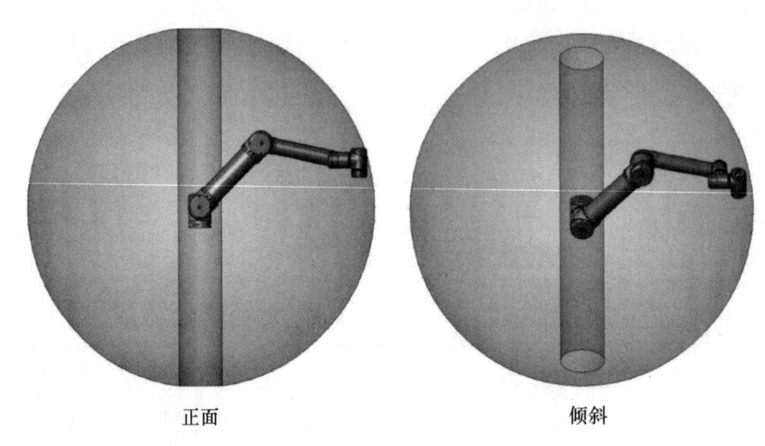

图 1-23　UR5 机器人工作空间

4. 工作精度

协作机器人的工作精度包括定位精度和重复定位精度。

1）定位精度又称绝对精度，是指机器人的末端执行器实际到达位置与目标位置之间的差距。

2）重复定位精度简称重复精度，是指在相同的运动位置命令下，机器人重复定位其末端执行器于同一目标位置的能力，以实际位置值的分散程度来表示。

实际上机器人重复执行某位置给定指令时，它每次走过的距离并不相同，都是在一个平均值附近变化，该平均值代表精度，变化的幅值代表重复精度，如图 1-24 和图 1-25 所示。机器人具有绝对精度低、重复精度高的特点。常见协作机器人的重复定位精度见表 1-3。

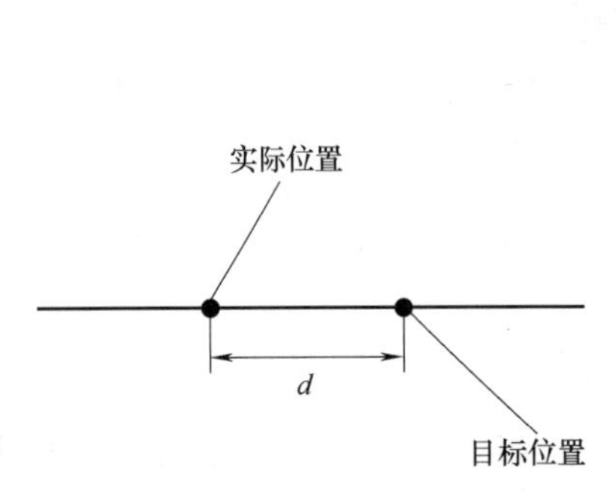

图 1-24　定位精度

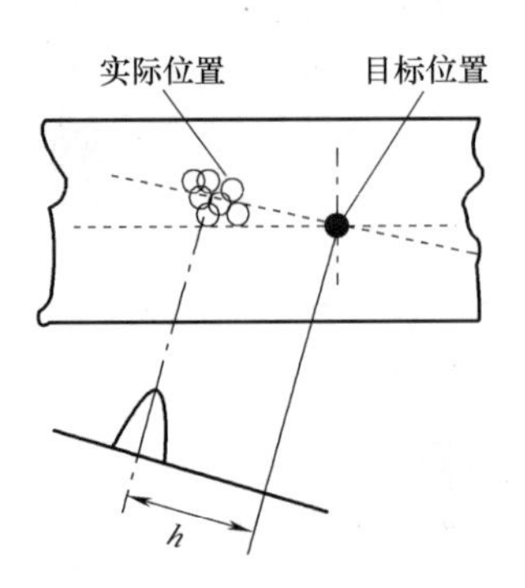

图 1-25　重复定位精度

表 1-3　常见协作机器人的重复定位精度

品　牌	ABB	FANUC	Universal Robots	KUKA
型　号	YuMi	CR-35iA	UR5	iiwa
实 物 图				
重复定位精度/mm	±0.02	±0.08	±0.03	±0.1

1.5 协作机器人的应用

随着工业的发展，多品种、小批量、定制化的工业生产方式成为趋势，这对生产线的柔性提出了更高的要求。在自动化程度较高的行业，基本的模式为人与专机相互配合，机器人主要完成识别、判断、上下料、插拔、打磨、喷涂、点胶、焊接等需要一定智能但又枯燥单调重复的工作，人成为进一步提升品质和提高效率的瓶颈。协作机器人由于具有良好的安全性和一定的智能性，可以很好地替代操作工人，形成“协作机器人加专机”的生产模式，从而实现工位自动化。

由于协作机器人固有的安全性，如力反馈和碰撞检测等功能，人与协作机器人并肩合作的安全性将得以保证，因此被广泛应用在汽车零部件、3C 电子、金属机械、五金卫浴、食品饮料、注塑化工、医疗制药、物流仓储、科研、服务等行业。

1. 汽车行业

工业机器人已在汽车和运输设备制造业中应用多年，主要在防护栏后面执行喷涂和焊接操作。而协作机器人则更喜欢在车间内与人类一起工作，能为汽车应用中的诸多生产阶段增加价值，例如拾取部件并将部件放置到生产线或夹具、压装塑料部件以及操控检查站等，可用于螺钉固定、装配组装、贴标签、机床上下料、物料检测、抛光打磨等环节，如图 1-26 所示。

2. 3C 行业

3C 行业具有元件精密和生产线更换频繁两大特点，一直以来都面临着自动化效率方面的挑战，而协作机器人擅长在上述环境中工作，可用于金属锻造、检测、组装以及研磨工作站中，实现许多电子部件制造任务自动化处理所需要的软接触和高灵活性，如图 1-27 所示。

图 1-26　汽车行业应用

图 1-27　3C 行业应用

3. 食品行业

食品行业尤其容易受到季节性活动的影响，高峰期间劳动力频繁增减十分常见，而这段时间内往往很难雇到合适的人手。协作机器人使用的灵活性，有助于满足三班倒和季节性劳动力供应的需求，并可用于多条不同的生产线，如包装箱体、装卸生产线、协助检查等，如图 1-28 所示。

4. 塑料行业

塑料设备的部件和材料普遍较轻，此行业非常适合使用协作机器人。在塑料行业，协作机器人可以装卸注塑机，配套塑料家具组件，将成品部件包装到吸塑包装或密封容器中，如图 1-29 所示。

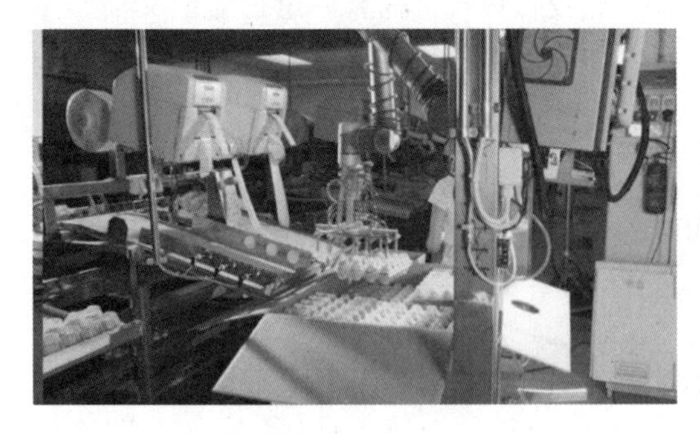

图 1-28　食品行业应用

图 1-29　塑料行业应用

5. 金属加工行业

金属加工环境是人类最具挑战性的环境之一，酷热、巨大的噪声和难闻的气味司空见惯。该行业中一些艰巨的工作最适合协作机器人。无论是操控折弯机和其他机器，装卸生产线和固定装置，还是处理原材料和成品部件，协作机器人都能够在金属加工领域大展身手，如图 1-30 所示。

6. 医疗行业

协作机器人可在制药与生命科学领域执行多种工作任务，从医疗器械和植入物包装，到协助手术的进行。协作机器人的机械手臂可用于混合、计数、分配和检查，从而为行业关键产品提供一致的结果。它们也可用于无菌处理，以及假肢、植入物和医疗设备的小型、易碎部件的组装中。图 1-31 所示为协作机器人进行血液分析。

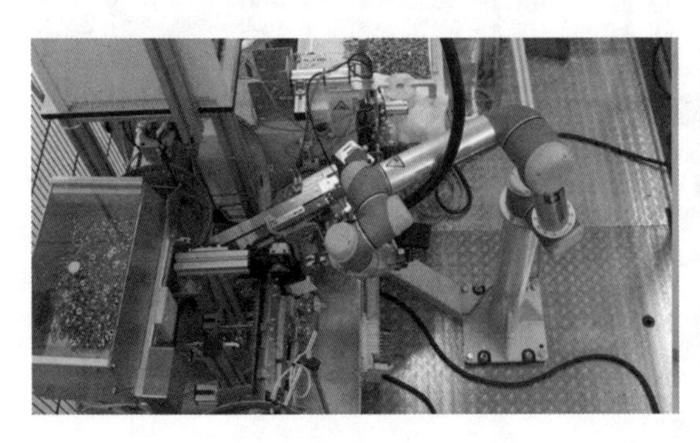

图 1-30　金属加工行业应用

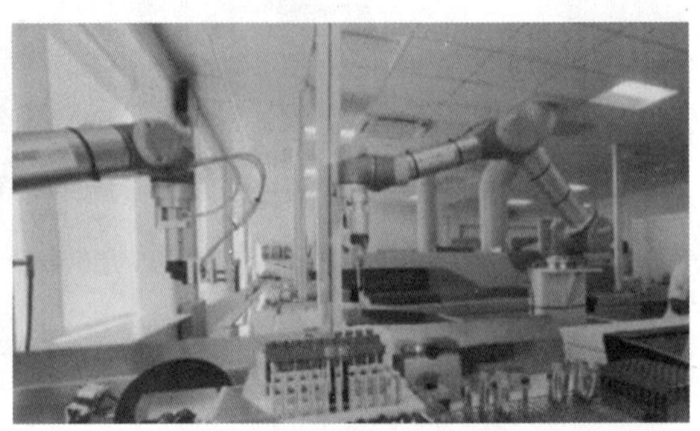

图 1-31　医疗行业应用

思 考 题

1. 什么是协作机器人?
2. 协作机器人有哪些主要特点?
3. 协作机器人有哪些?
4. 协作机器人的发展趋势是什么?
5. 协作机器人有哪些主要技术参数?
6. 什么是协作机器人的工作空间?
7. 什么是协作机器人的重复定位精度?
8. 协作机器人的应用领域主要有哪些?

第2章 UR机器人认知

2.1 UR机器人简介

2.1.1 UR机器人分类

3. UR机器人认知

Universal Robots又称为优傲机器人、UR机器人，目前为止共有6款机型，包括之前的UR3、UR5、UR10，以及最新推出的e系列机器人UR3e、UR5e、UR10e。部分机型参数见表2-1（具体的参数规格以Universal Robots官方最新公布的数据为准）。其中UR5机器人是Universal Robots开发的第一款机器人。UR3机器人是灵活轻便的桌面机器人，适用于轻型装配任务。UR10在3款中拥有最大的协同工业机器人手臂，专为更大型的、对精确性和可靠性仍然有高要求的作业所设计。

表2-1 UR机器人机型参数

型　号	UR3	UR5	UR10
机器人本体			

（续）

自 由 度	6	6	6
有效载荷/kg	3	5	10
工作半径/mm	500	850	1300
重复定位精度/mm	±0.03	±0.03	±0.03
本体重量/kg	11	20.6	28.9

2.1.2　UR机器人工具

UR机器人可搭配众多的末端专用执行器和辅助工具，以满足客户的不同需求。下面介绍其中的3款工具。

1. RG6夹具

RG6夹具如图2-1所示。它是专为Universal Robots机器人设计的柔性电动夹爪，其加持力大小为25～120N，有效载荷为6～8kg，行程为160mm，还配有工厂安装的安全防护罩，安装简便快捷，是搬运精致物料或重物的理想选择。RG6夹具的移动和夹持力量可直接在Universal Robots用户界面进行控制，并且能够测量物体的宽度和检测物体是否被抓住。所有反馈信号都可以作为输入信号发送给机器人。

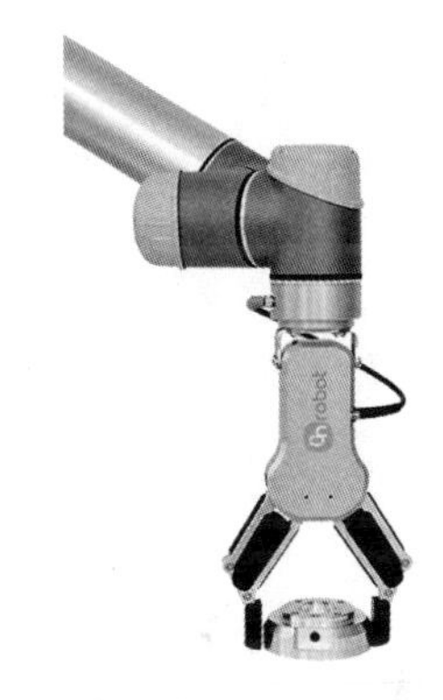

图2-1　RG6夹具

2. OptoForce力矩传感器套件

OptoForce力矩传感器套件如图2-2所示。它是一款易于使用的硬件和软件组件，可扩展UR机器人的力/力矩传感能力，从而创建基于力的应用，如抛光、接触感应等。该套件完全即插即用，在程序模板的帮助下，短时间内即可进行应用程序开发。

3. PICK-IT 3D

PICK-IT 3D视觉传感器如图2-3所示。不需要复杂的编程和设置应用，该传感器可以让机器人视觉变得简单。PICK-IT 3D通过独特的相机应用程序可自动检测用户想要拾取的产品的准确3D位置和尺寸，从而引导机器人进行拾取和放置操作。

图2-2　OptoForce力矩传感器套件

图2-3　PICK-IT 3D视觉传感器

2.2 机器人系统组成

机器人一般由三部分组成：操作机、控制器、示教器。为了方便理解，本书以 ABB IRB 120、FANUC LR Mate 200iD/4S 和 UR5 机器人为例，进行相关介绍和分析。三款机器人组成结构如图 2-4 所示。不同品牌的机器人厂商对其机器人各部分的称呼存在差异。

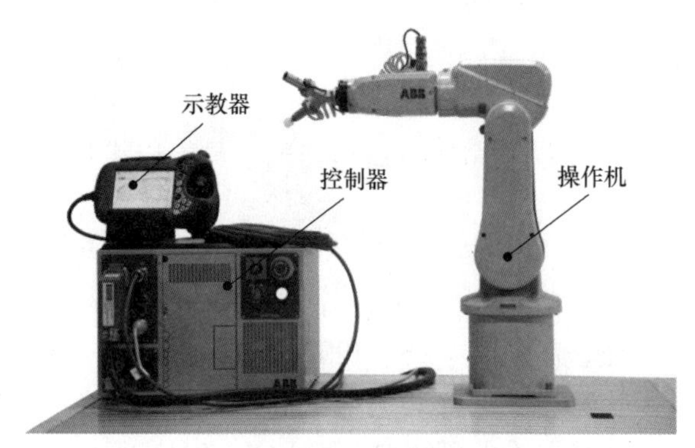

a) ABB IRB 120 机器人

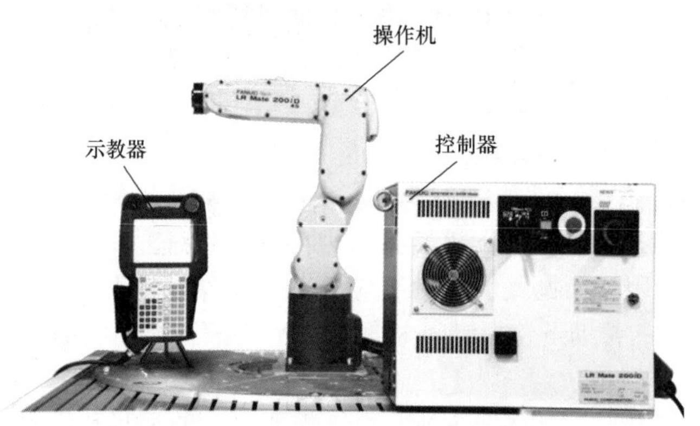

b) FANUC LR Mate 200iD/4S 机器人

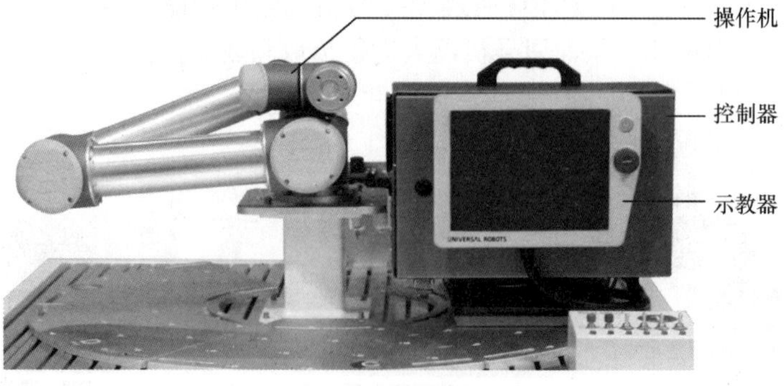

c) UR5 机器人

图 2-4　机器人的组成

2.2.1　操作机

操作机又称机器人本体或机器人手臂，是机器人的机械主体，用来完成规定任务的执行。UR5 机器人手臂由挤压铝管和关节组成，如图 2-5 所示。机座是机器人的安装位置，机器人的另一端（手腕 3）与机器人的工具相连，除了机座正上方及正下方的区域以外，机器人通过协调每一个关节的活动来自由地移动工具。

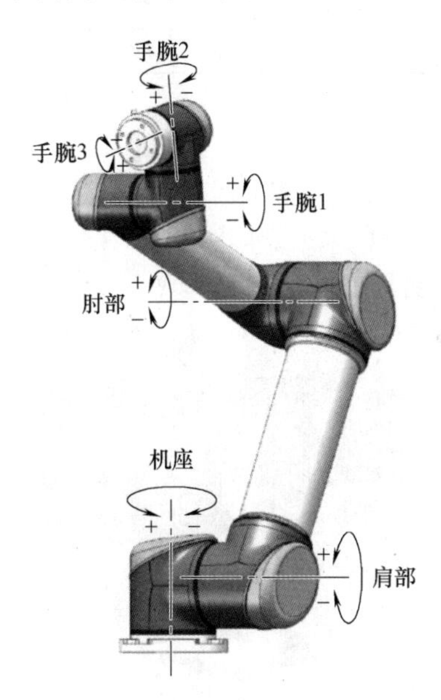

图 2-5　UR5 机器人关节介绍

UR5 机器人的特性见表 2-2。

表 2-2　UR5 机器人的特性

性　能		
重复定位精度/mm	周遭温度范围/℃	功率消耗/W
±0.03	0 ~ 50	最小 90，典型 150，最大 325
规　格		
有效载荷/kg	工作半径/mm	自由度
5	850	6
硬 件 外 观		
防护等级	材料	重量/kg
IP64	铝、PP 塑料	20.6

UR5 机器人各轴运动范围见表 2-3。

表 2-3　UR5 机器人各轴运动范围

轴　运　动	活动范围/(°)	最快速度/[(°)/s]
机座	±360	180
肩部	±360	180
肘部	±360	180
手腕 1	±360	180
手腕 2	±360	180
手腕 3	±360	180

2.2.2　控制器

控制器也称为控制箱，如图 2-6 所示。UR 机器人的控制器可以放置在平面上，也可以悬挂，需要使用相应的钥匙才能打开控制器柜门。

图 2-6　UR 机器人控制器

UR5 机器人控制器参数见表 2-4。

表 2-4　UR5 机器人控制器参数

输入电源	AC 100～240V，50～60Hz
控制盒尺寸$\left(\frac{长}{mm}\times\frac{高}{mm}\times\frac{宽}{mm}\right)$	475×423×268
重量/kg	15
通信	TCP/IP 100Mbit、Modbus TCP、Profinet、Ethernet/IP

2.2.3　示教器

1. 示教器介绍

示教器也称为示教盒，是机器人的人机交互接口，机器人的绝大部分操作均可通过示教器来完成，如点动机器人，编写、测试和运行机器人程序，设定机器人状态。示教器通过线缆和控制器连接。

UR5 机器人的示教器具有 12in（1in≈2.54cm）的触控式屏幕，还有三个按钮：电源按钮、急停按钮、自由驱动按钮，如图 2-7 所示。

示教器上运行的是 PolyScope——图形用户界面（GUI）。通过该界面，用户可以方便地控制机器人手臂、创建和执行程序。

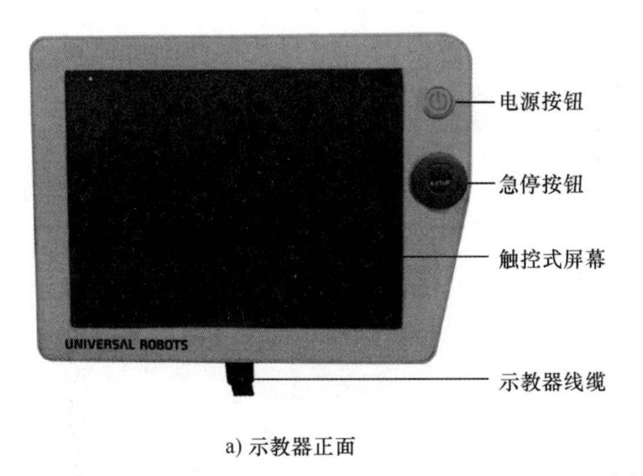

a) 示教器正面　　　　b) 示教器背面

图 2-7　示教器

上电后，示教器上显示的是“机器人用户界面”，如图 2-8 所示，界面上的按钮可通过手指触摸或笔端触碰来操作。PolySCope 以层级结构的形式来组织各个界面。在编程环境中，界面以选项卡的形式组织排列以便于访问，不同选项卡具有不同的功能。例如，“移动”选项卡（见图 2-9）可以通过界面中的按钮移动机器人。

图 2-8　机器人用户界面

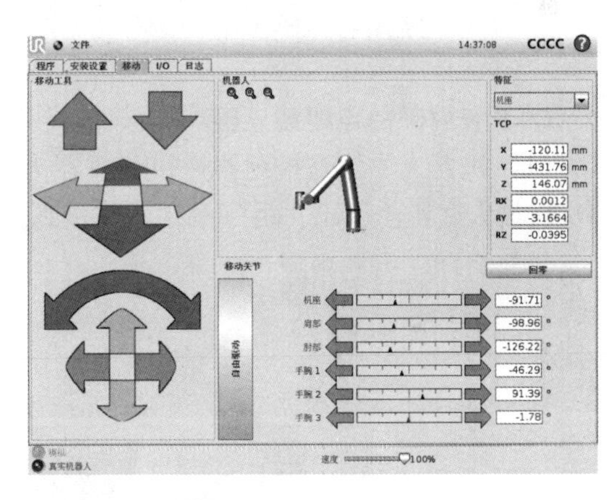

图 2-9　“移动”选项卡

2. 示教器的握持方法

示教器一般挂在控制器上，需要手动控制机器人时，可以手持示教器进行示教。示教器手持姿势如图 2-10 所示。

图 2-10　示教器手持姿势

2.3 机器人组装

2.3.1 电缆线连接

机器人系统之间的线缆连接分为两类：系统内部的电缆线连接和系统外围的电缆线连接，相关连接对象见表2-5。

注意：只有将系统内部电缆连接完成，才能实现机器人的基本运动。

表2-5 电缆线连接对象

分 类	连接对象
系统内部的电缆线连接	机器人本体与控制器
	示教器与控制器
	电源与控制器
系统外围的电缆线连接	机器人本体与末端执行器

1. 系统内部的电缆线连接

（1）机器人本体与控制器连接　机器人本体与控制器之间通过一个线缆连接，线缆一端从机器人底座上引出，另一端插头连接到控制器底部的对应插口上，如图2-11所示。

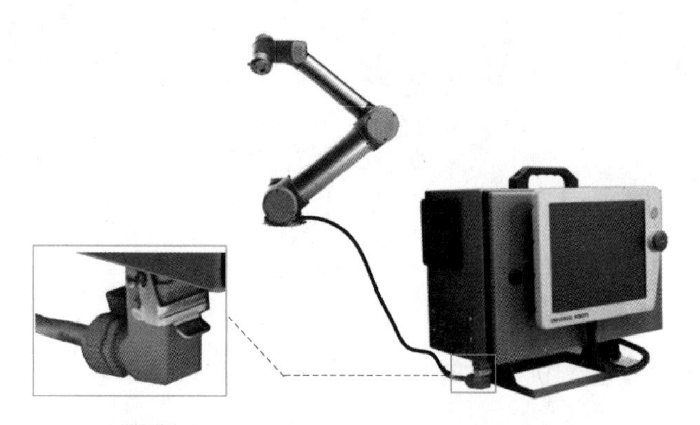

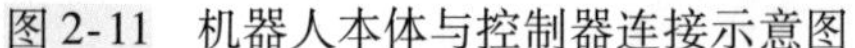

图2-11　机器人本体与控制器连接示意图

4. 机器人组装

（2）示教器与控制器连接　示教器与控制器之间的连接线缆为黑色线缆，长度为4.5m。如图2-12所示，线缆一端固定在示教器上，另一端穿过控制器底板，并分成多股线接到相应端口上。

（3）电源与控制器连接　电源电缆线应使用相应的IEC C19电线，一端连接至控制器底部的标准IEC C20插头，另一端连接至AC 100～220V、50～60Hz的电源上，如图2-13所示。

2. 系统外围的电缆线连接

机器人本体与末端执行器（工具）之间的电缆线连接接口如图2-14所示。UR机器人通过该接口控制RG6夹具等外部执行器。

图 2-12　示教器与控制器连接示意图

图 2-13　电源与控制器连接示意图

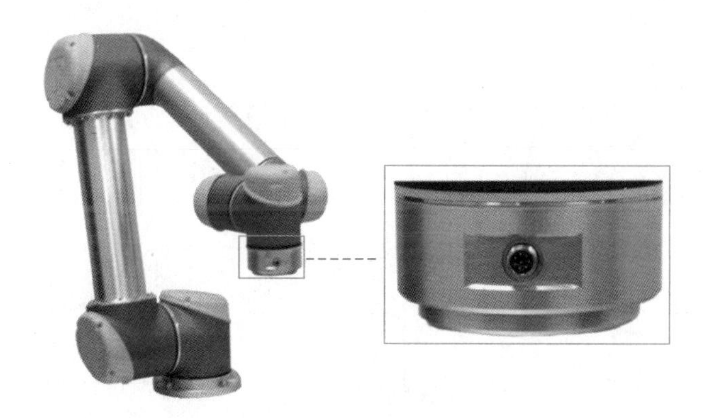

图 2-14　机器人本体与末端执行器之间的电缆线接口

2.3.2　首次组装机器人

1. 拆箱

通过专业的拆卸工具打开箱子，并确认装箱清单，部分配件如图 2-15 所示。

2. 安装机器人

（1）安装机器人手臂　机器人基座固定孔规格如图 2-16（*A* 视图）所示，使用 4 颗 M8 螺钉，穿过基座上的 4 个 ϕ8.5 通孔，将机器人完全固定到台面上。为确保充分拧紧 M8 螺钉，建议使用扭力扳手，并将力矩大小调节到 20N · m。如需对机器人进行更精确的定位安装，建议按尺寸要求加工 ϕ8 定位孔，使用定位销进行精确定位。

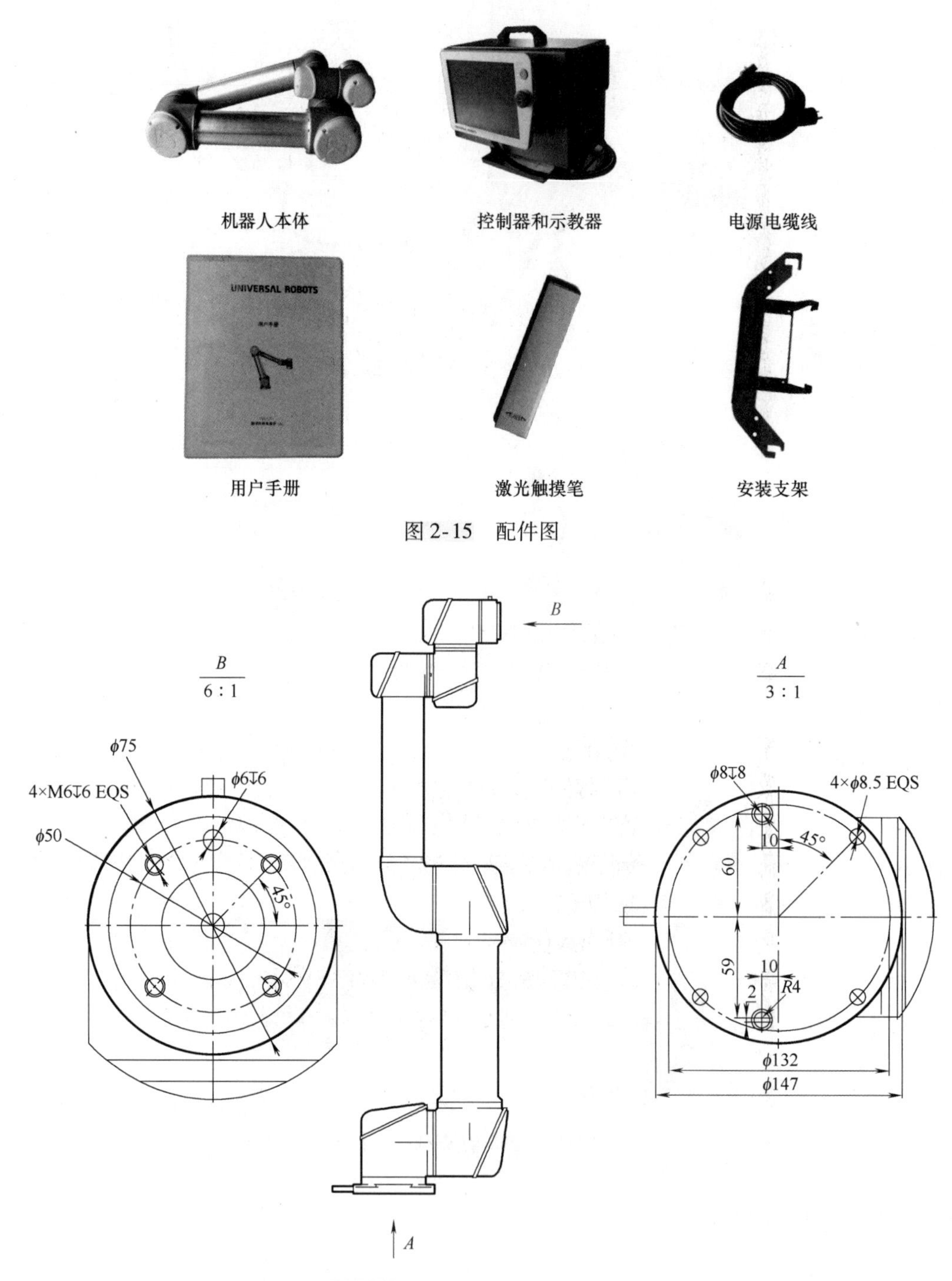

图 2-15　配件图

图 2-16　机器人基座固定孔规格

安装机器人的平台应当足以承受至少 10 倍的基座关节的完全扭转力，以及至少 5 倍的机器人本体的重量，并且没有振动。如果机器人被安装在线性轴上或是移动平台上，则要求活动性安装机构的加速度处在很小的范围内，因为加速度过大会让机器人误以为发生碰撞，从而导致机器人停止。

（2）安装末端法兰　机器人末端法兰有 4 个 M6 螺纹孔，用于将工具固定到机器人末端上，规格如图 2-16（*B* 视图）所示。当使用扭力扳手拧紧时，需将力矩大小调节到 9N · m。如需更精确地定位安装工具，建议按尺寸要求加工 ϕ6 定位孔，使用 ϕ6 定位销进行精确定位。

（3）安装控制器与示教器　控制箱可悬挂在墙壁上，也可安放在地面上。控制箱每侧应保留 50mm 的空隙，以确保空气流通顺畅。

示教器可以悬挂在墙壁或控制箱上，如需控制机器人，可取下手持操作示教器。放置示教器时请确保示教器线缆放置妥当，以防踩踏线缆。

2.3.3　启动机器人

本书所涉及的机器人本体和控制器安装在工业机器人技能考核实训台（标准版）上，如图 2-17 所示。安装机器人本体和控制器，连接相关线缆，开启系统电源后就可以启动机器人了。

图 2-17　工业机器人技能考核实训台（UR5 机器人）

启动机器人前需确保机器人周边无障碍物，操作人员处在安全位置，并按表 2-6 所示操作步骤操作。

表 2-6　启动机器人操作步骤

序号	图片示例	操作步骤
1	电源按钮 UNIVERSAL ROBOTS	步骤 1　按下示教器上的电源按钮，控制器通电开机

（续）

序号	图片示例	操作步骤
2	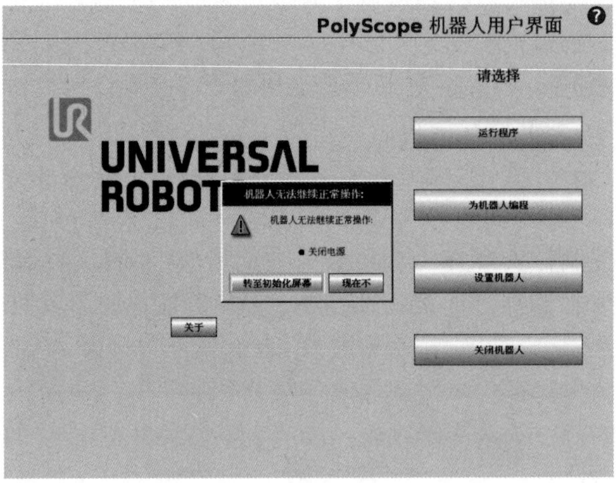	步骤2 1）待控制器启动完成后，示教器屏幕上显示“机器人用户界面”，并弹出窗口 2）单击【转至初始化屏幕】，进入“初始化机器人”界面，或者依次单击【现在不】→【设置机器人】→【初始化机器人】，同样可以进入“初始化机器人”界面
3	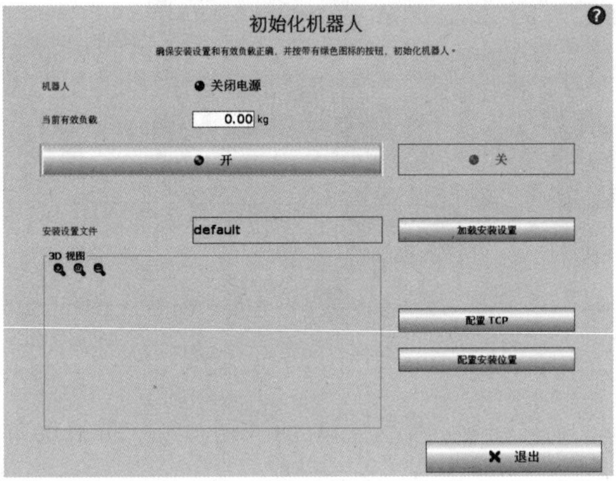	步骤3　根据实际情况填写“当前有效负载”，单击【开】，机器人本体通电
4	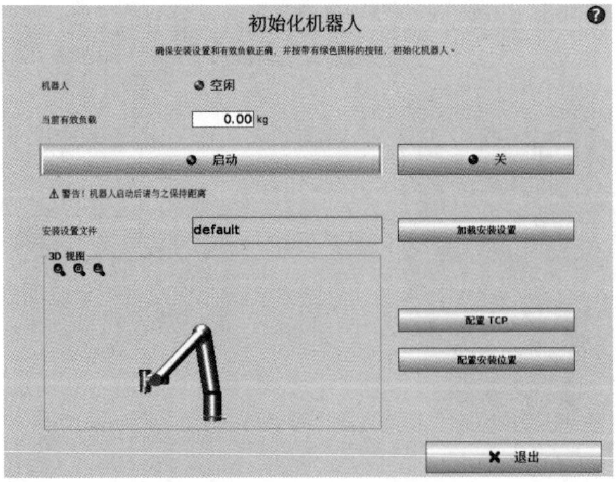	步骤4　单击【启动】，机器人制动器释放，并且发出声响和移动少许位置

（续）

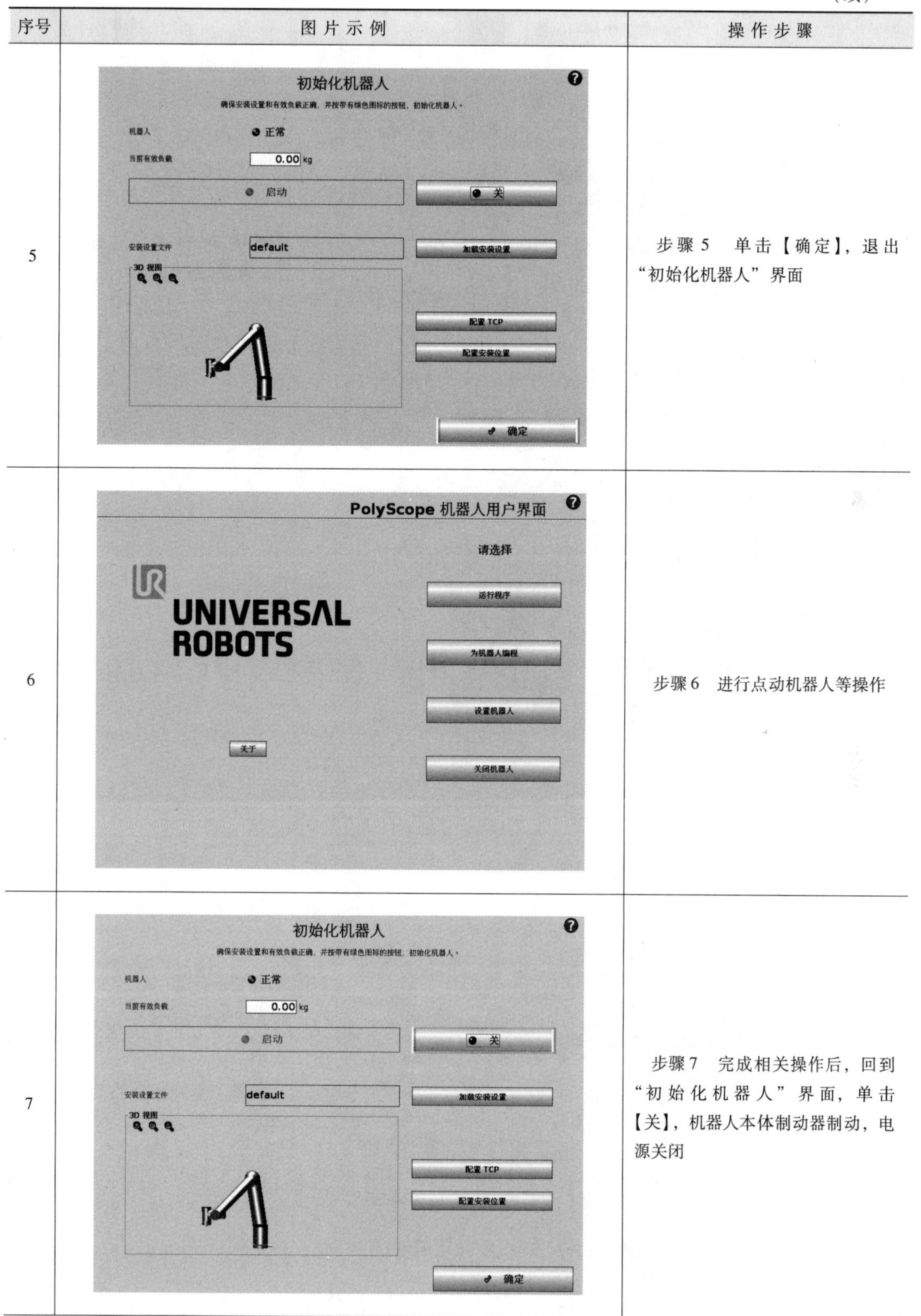

序号	图片示例	操作步骤
5		步骤 5　单击【确定】，退出“初始化机器人”界面
6		步骤 6　进行点动机器人等操作
7		步骤 7　完成相关操作后，回到“初始化机器人”界面，单击【关】，机器人本体制动器制动，电源关闭

（续）

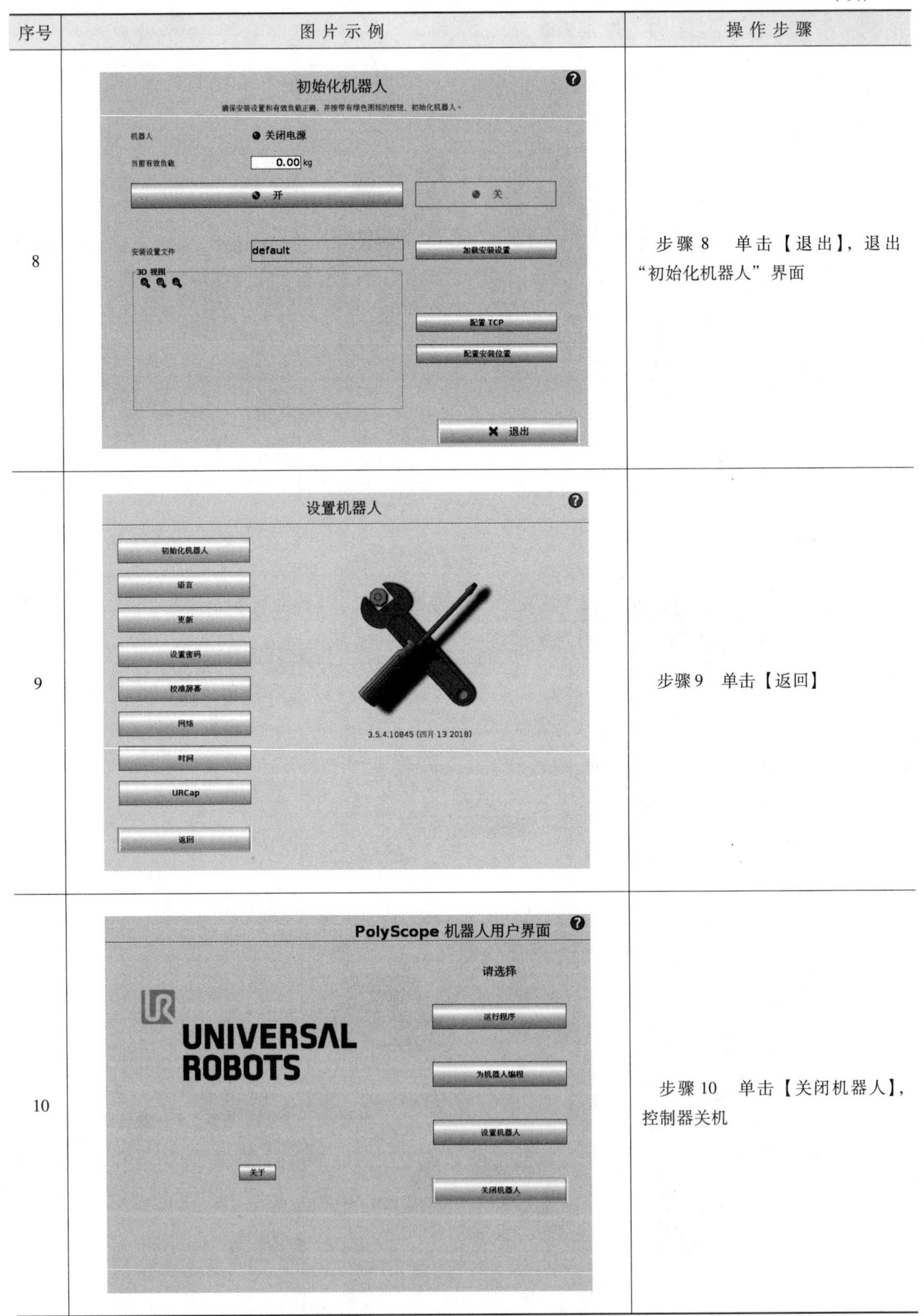

序号	图片示例	操作步骤
8		步骤 8　单击【退出】，退出“初始化机器人”界面
9		步骤 9　单击【返回】
10		步骤 10　单击【关闭机器人】，控制器关机

2.4 安全操作注意事项

2.4.1 操作安全

机器人在空间运动时，可能发生意外事故。为确保安全，在操作机器人时，必须注意以下事项。

1）确保机器人的手臂和工具都正确并安全地安装到位。

2）确保机器人的手臂有足够的空间来自由活动。

3）确保已按照风险评估中的要求建立安全措施和机器人安全配置参数，以保护程序员、操作员和旁观者。

4）操作机器人时请不要穿宽松的衣服，不要佩戴珠宝，确保长头发束在脑后。

5）如果机器人已损坏，请勿使用。

6）如果软件跳出一个致命错误信息，应迅速启动紧急停止功能，并记录导致该错误的情况，在代码页面找出相关的错误代码，并联系相应供应商。

7）只有通过风险评估，才允许在安装过程中使用自由驱动功能（阻抗/逆向驱动）。工具及障碍物不得有尖角或扭点。确保所有人的头和脸在机器人可触及的范围之外。

8）注意在使用示教盒示教时机器人的运动情况。

9）不要进入机器人的安全范围，或在系统运转时触碰机器人。

10）机器人和控制箱在运作的过程中会产生热量。机器人正在工作时或刚停止工作时，请不要操作或触摸机器人。切断电源并等待一小时后，机器人才可冷却下来。

11）切勿将手指伸到控制箱内罩后面。

12）不要将机器人一直曝露在永久性磁场中，强磁场可损坏机器人。

2.4.2 停机类别

当发生故障时，机器人停机。故障原因不同，触发的停机类别不同。停机类别分为以下三类。

（1）停机类别0　当机器人的电源被切断后，机器人立刻停止工作。这类停止属于不可控停止。由于每个关节会以最快的速度制动，因此机器人可能偏离程序设定的路径。在超过安全评定极限，或控制系统的安全评定部分出现错误的情况下，方可使用这种保护性停止。

（2）停机类别1　机器人处于正常供电状态时，使机器人停止，停止后切断电源。这类停止是可控性停止，机器人会遵循程序编制的路径运动，当机器人站稳后就将电源切断。

（3）停机类别2　机器人通电时的可控性停止。安全评定控制系统的操控可使机器人停留在停止的位置。

思 考 题

1. 操作机器人前需要注意哪些事项？
2. 协作机器人由哪几部分组成？
3. UR5 机器人有哪几个关节？
4. UR5 机器人示教器的按钮有哪些？
5. UR5 机器人配套的线缆如何连接？
6. 如何启动 UR5 机器人？

第3章 机器人系统设置

3.1 初始化机器人

启动控制器后，示教器上显示“机器人用户”界面，如图 3-1 所示。此界面提供以下选项。

（1）运行程序　选择并运行已有程序。

（2）为机器人编程　修改程序或创建新程序。

图 3-1 “机器人用户”界面

5. 机器人系统设置（1）

（3）设置机器人　更改语言、设置密码、升级软件等。

（4）关闭机器人　关闭机器人手臂的电源，关闭控制箱。

（5）关于　提供有关软件版本的详情、主机名、IP 地址、序列号和法律信息。

单击【设置机器人】→【初始化机器人】，进入“初始化机器人”界面，如图 3-2 所示。

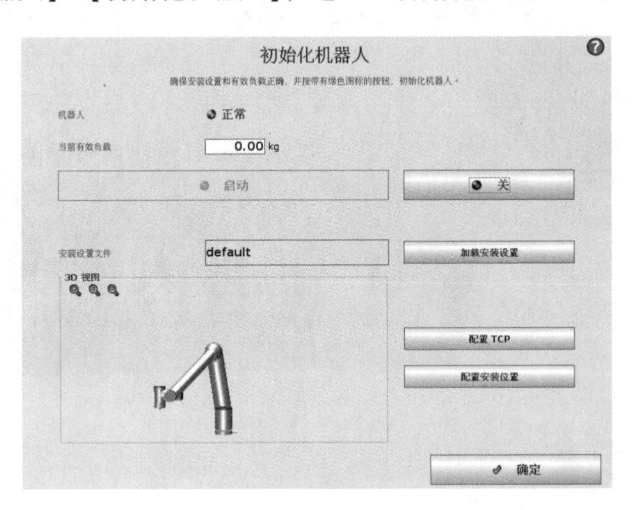

图 3-2　“初始化机器人”界面

以下详细讲解“初始化机器人”界面的功能。

1. 机器人状态指示

LED 颜色指示机器人的运动状态，旁边的文字进一步说明机器人的当前状态。

1）红色高亮 LED 指示机器人目前处于停止状态，停止原因有多种。

2）黄色高亮 LED 指示机器人开启，但尚未准备好进行正常操作。

3）绿色高亮 LED 指示机器人开启，且准备好进行正常操作。

2. 当前有效负载

机器人开启时，白色文本字段显示控制器中机器人本体的有效负载值。通过单击文本域，然后输入一个新的值，可以修改有效负载值。设置有效负载值不会变更机器人安装设置中 TCP 的负载，只会变更控制器使用的有效负载。

3. 安装设置

当前加载的安装文件名称显示在灰色的文本字段中。单击文本字段或单击该字段旁边的【加载安装设置】按钮就可以加载其他的安装设置。如果现有的安装设置与实际不符，可以通过屏幕右下方的【配置 TCP】和【配置安装位置】两个按钮进行定制，其中【配置 TCP】可以设置机器人末端工具的参数，【配置安装位置】可以设置当前机器人安装的角度。在启动机器人之前，务必确保有效负载和安装设置正确匹配机器人本体当前状态。在机器人本体电源开启后，界面中的“3D 视图”将显示机器人当前的姿态。

启动机器人时，系统会验证实际负载和实际安装设置的正确性。如果设置偏差过大，机器人本体和控制器将无法正常工作，并可能危害到周围的人或设备。

4. 开启和关闭

【启动】按钮是用于对机器人进行实际初始化的。按钮上面的文字及其实际功能，都会根据机器人的当前状态变化。

1）控制器启动后，该按钮显示文字“开”，单击该按钮以启动机器人。机器人状态会显示开启，随后显示空闲。

注意，如果遇到紧急停止，机器人手臂不会启动，该按钮也被禁用。

2）如果机器人手臂状态是空闲，该按钮显示文字“启动”，需再次单击该按钮以启动机器人。在此，感应器数据会根据配置的机器人手臂安装数据进行核对。如果出现不匹配（公差为30°），则该按钮会被禁用，按钮下方会显示错误信息。通过安装验证后，单击该按钮将释放所有关节制动器，之后机器人手臂将准备好进行正常操作。

注意，释放制动器时，机器人会发出声音并移动少许位置。

3）如果机器人手臂启动后违反了某一安全限制，则会进入恢复模式。在该模式下，单击该按钮将切换至恢复移动界面，在该界面可以将机器人本体移动至安全限制内。

4）如果出现故障，可以使用该按钮重启控制器。

5）如果控制器当前未运行，单击该按钮启动控制器。

【关】按钮用于关闭机器人手臂。

3.2 安全配置

3.2.1 安全系统简介

机器人有一套高级安全系统。根据机器人工作空间的特殊特征，安全系统必须在确保机器人周边所有人员和设备安全的情况下进行设置。终端用户在使用机器人前应详细了解机器人的用途和使用环境，以进行应用风险评估。

在“机器人用户”界面中单击【为机器人编程】按钮，选择“安装设置”选项卡下的“安全”选项，即可进入“安全配置”界面（见图3-3）。安全配置有密码保护，所以需要先输入安全密码，解锁保护后才可进行修改。

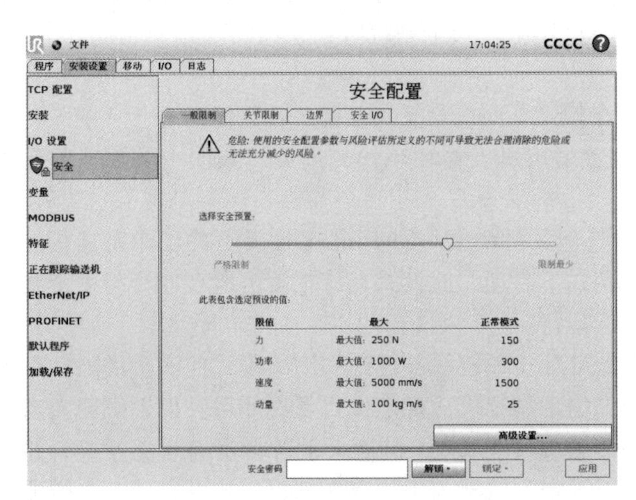

图3-3 “安全配置”界面

6. 机器人系统设置（2）

“安全设置”界面分为四个子选项卡，分别是“一般限制”“关节限制”“边界”“安全I/O”。安全设置包含许多用于限制机器人本体活动的限制值，以及许多可配置输入和输出的安全功能设置。各个子选项卡的功能定义如下。

（1）“一般限制”子选项卡　该选项卡定义了机器人手臂的力、功率、速度以及动量。当机器人本体击中人或与环境的某一部分互撞的风险非常高时，这些设置需设置为低值。如果风险较低，可以设置更高的一般限制，以使机器人活动得更快，对环境施加更大的力。

（2）“关节限制”子选项卡　该选项卡包括关节速度限制和关节位置限制。关节速度限制指的是每个关节的最大角速度，用于进一步限制机器人本体的速度。关节位置限制指的是每个关节允许的位置范围。

（3）“边界”子选项卡　该选项卡指的是机器人 TCP 的安全平面和工具方向边界。安全平面既可以配置为机器人 TCP 位置的硬限制，也可以配置为用于激活缩减模式安全限制的触发器。工具方向边界为机器人 TCP 的方向设定了一个硬限制。

（4）“安全 I/O”子选项卡　该选项卡指的是可配置输入和输出的安全功能。例如，紧急停止可配置为一个输入端。

当安全配置发生改变时，屏幕左侧“安全”选项旁边的盾形图标也会发生相应变化，便于快速指示当前状态。图标的定义如下。

 配置已同步　表明 GUI 安装与当前应用的安全配置相同，没有进行过任何更改。

配置已更改　表明 GUI 安装与当前应用的安全配置不同。

如果“安全”选项中有任何文本字段包含无效输入，安全配置将处于错误状态。指示错误状态的方式有如下几种：

1）屏幕左侧的“安全”选项旁边显示红色错误图标。

2）包含错误的子选项卡的顶部标有红色错误图标。

3）包含错误的文本字段标记为红色背景。

3.2.2　安全模式

在正常条件（即没有实施保护性停止）下，安全系统将在下面的一种安全模式下操作，每种模式都有关联的安全极限设置。

（1）正常模式　默认为激活的安全模式。

（2）缩减模式　机器人 TCP 的位置超出触发器缩减模式平面，或使用可配置的输入触发时，将激活此模式。

（3）恢复模式　当机器人手臂与其他某种模式（如标准或缩减模式）冲突，并且发生了 0 类停机时，机器人手臂将在恢复模式下启动。此模式允许在解决所有冲突前手动调整机器人手臂。机器人程序不能在此模式下运行。

用户在安全配置屏幕的子选项卡上可独立设置标准模式和缩减模式的安全极限。对于工具和关节，缩减模式下对于速度和动量的限制要求比标准模式下更严格。如果机器人当前状态违反了安全极限设定（关节位置极限或安全界限），机器人手臂将实施 0 类停机。如果在机器人手臂启动时已经违反了安全极限设定，机器人手臂将在恢复模式下启动，这样可以将机器人手臂移回安全极限范围内。在恢复模式下，机器人手臂的运动受固定极限设置（非用户自定义）的限制。

3.2.3　一般限制

一般限制用于限制机器人 TCP 的速度以及其对环境施加的力。它们由下述值组成。

（1）力　限制机器人 TCP 对环境施加的最大力。

（2）功率　限制机器人对环境做的最大机械功。其中负载视为机器人的一部分，而非环境的一部分。

（3）速度　限制机器人 TCP 的最大线性速度。

（4）动量　限制机器人 TCP 的最大动量。

在定义一般限制时，只定义工具的限制，不定义机器人手臂的整体限制。这意味着虽然规定了限制速度，但是机器人手臂的其他部分不一定也会遵守同样的限制。在自由驱动模式下，且机器人 TCP 的当前速度接近限制速度时，机器人手臂会产生一股反抗力。反抗力的产生条件是速度约在最大限制值 250mm/s，随着速度接近限制值，反抗力增大。

一般限制的“基本设置”界面如图 3-4 所示。“安全配置”根据限制程度划分成了四个等级，通过滑块来选择。每个等级都有对应的力、功率、速度和动量限制预定义值。预定义数值仅为建议值，不替代正确的风险评估。如果预定义值不能满足要求，可以单击【高级设置...】按钮，进入“高级设置”界面修改数据。

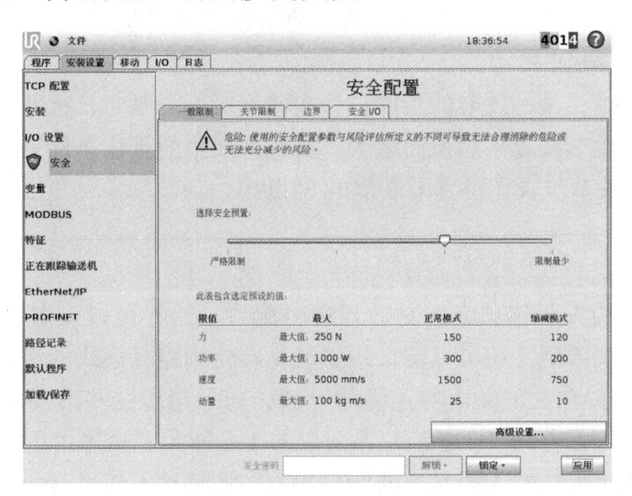

图 3-4　“基本设置”界面

如果安全边界和可配置输入都没有设置为触发缩减模式，则缩减模式中的限制字段会被禁用。此外，缩减模式下的速度和动量限制值不得高于对应的正常模式限制值。如果机器人手臂超过限制（无公差），安全系统将实施 0 类停机。

3.2.4　关节限制

关节限制是对每个关节在关节空间的运动进行限制，即关节限制指的不是笛卡儿空间，而是关节内部（旋转）位置和旋转速度。“关节限制”界面可以实现对最大速度和位置范围的独立设置，如图 3-5 所示。

“最大速度”选项定义了每个关节的最大角速度；“位置范围”选项定义了每个关节的

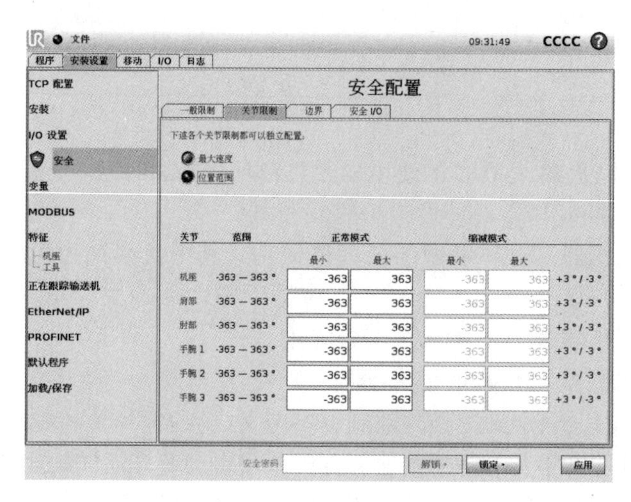

图 3-5 “关节限制”界面

位置范围。设置方法是单击文本域，然后输入一个新的值。最大可接受值列于最大一栏中，所有值都不得小于公差值。如果安全边界和可配置输入都没有设置触发缩减模式，则缩减模式中的限制字段会被禁用。此外，缩减模式的限制值不得高于对应的正常模式限制值。每个限制的公差和单位列于对应的行末。在运行程序时，机器人手臂的速度将自动调整，以避免超过所输入的值减去公差之值。如果某些关节的角速度或者位置超过输入的值（无公差），安全系统将实施 0 类停机。

在自由驱动模式下，某一关节的当前位置或速度接近限制时，机器人手臂会产生一股反抗力，该反抗力随着关节接近限制值而增大。反抗力产生的具体条件是关节速度在速度限制值的 20°/s 以内或是关节位置在位置限制值的 8°以内。

3.2.5 边界

操作者可以在“边界”选项卡中对边界进行配置。边界可以设置安全边界及机器人工具方向的最大允许偏离限制，还可以定义用于触发转化为缩减模式的平面。设置安全边界可强制使机器人 TCP 保持在被定义边界正确的一边，而不超过这些边界，所以这一方法可用于限制机器人的允许工作空间。“边界”界面如图 3-6 所示，最多可配置 8 个安全边界。工具方向的限制可用于确保机器人工具方向与理想方向的偏差不超过某一指定的数值。

在使用安全配置过程中需要注意以下两点。

1）定义安全平面只限制 TCP，对机器人手臂的整体限制无影响。这意味着虽然指定了安全平面，但并不保证机器人手臂的其他部分也遵循该限制。每一个边界限制都是根据当前机器人安装定义的属性进行配置的。

2）在编辑安全配置前，建议先创建配置所需的所有边界限制的所有特征，并为其指定适当的名称，因为“安全”选项解锁后将切断机器人手臂的电源，工具特征（包含机器人 TCP 的当前位置和方向）以及自由驱动模式将不可用。

当机器人 TCP 处于自由驱动模式时，其当前位置接近安全边界（约 5cm 范围），或者机器人的方向与理想的方向之间的偏差接近某一指定的最大偏离值（约 3°），那么随着 TCP 越来越接近该极限，用户会感受到一股不断增加的排斥力。当一个平面被定义为触发器缩减模

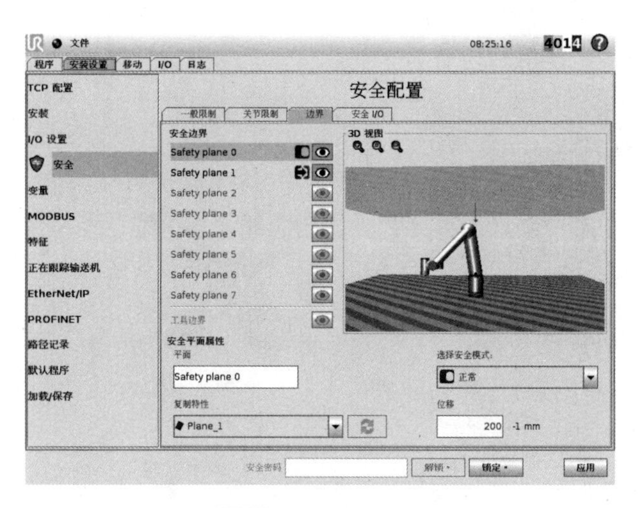

图 3-6　“边界”界面

式平面，并且 TCP 超出此边界时，安全系统将转换为缩减模式，并应用缩减模式的安全设置。触发边界与一般的安全边界所遵循的规则是相同的，只不过一般的安全边界允许机器人手臂超出边界。

3.2.6　安全 I/O

“安全 I/O”配置界面定义了可配置 I/O 的安全功能，如图 3-7 所示。每项安全功能只能对应一对 I/O，如果再次分配相同的安全功能，则该功能从之前定义的那一对 I/O 中移除。

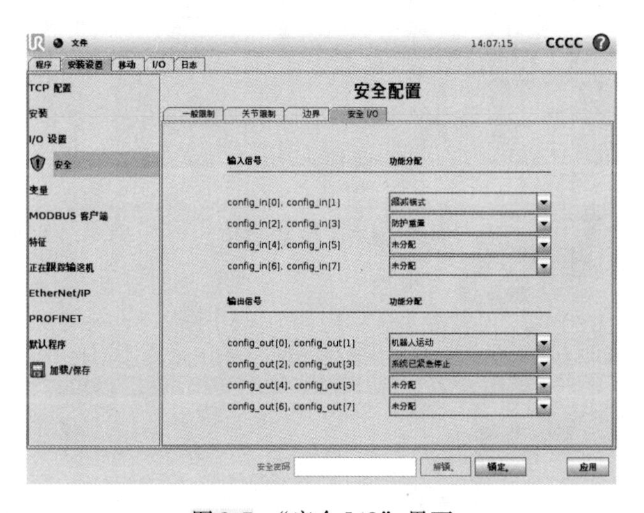

图 3-7　“安全 I/O”界面

3.3　其他设置

在“设置机器人”界面里，除了“初始化机器人”外，还有“语言”“更新”“设置密码”“网络”等选项，如图 3-8 所示。

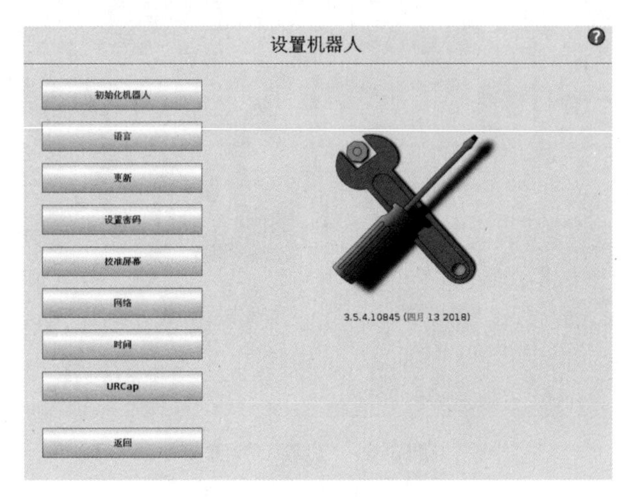

图 3-8 “设置机器人”界面

3.3.1 语言

“语言”设置界面如图 3-9 所示。PolyScope 上不同界面显示的文本和内嵌的帮助文件都将以选定的语言显示。在“语言”设置界面可以进行语言和单位的选择，选项修改后，必须重新启动 PolyScope，所做更改方可生效。

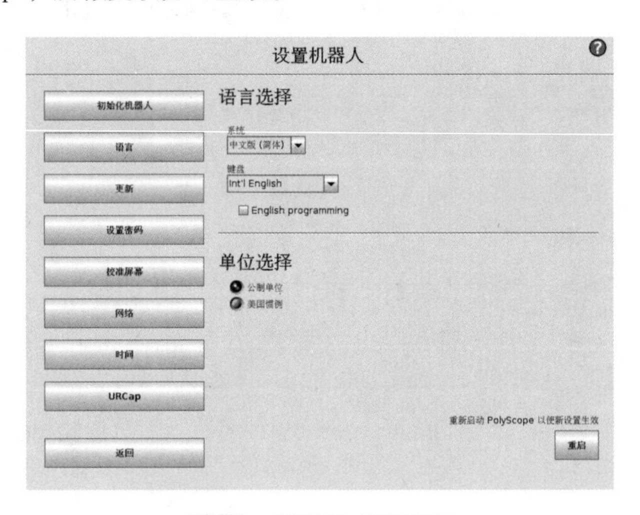

图 3-9 “语言”设置界面

3.3.2 更新

“更新”界面如图 3-10 所示，用户可以通过 USB 闪存更新系统。具体操作方法是：将新系统软件放置到 U 盘中，将 U 盘插入示教器相应位置，进入“更新”界面，单击【搜索】，等待文本框列出搜索内容，接着选择新系统文件，单击【更新】，按屏幕说明进行后续操作。

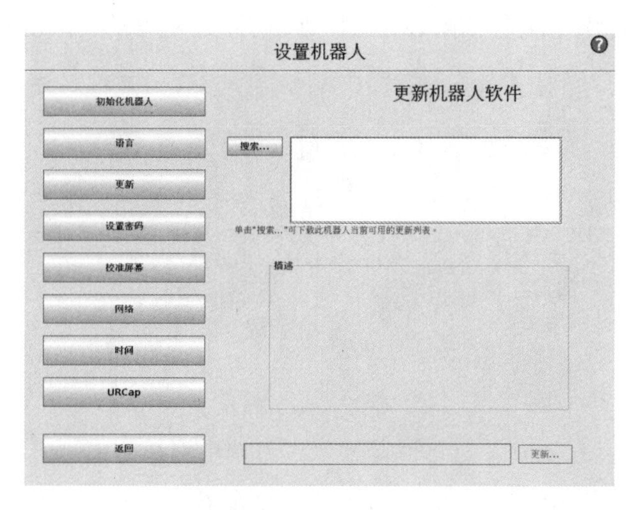

图 3-10　“更新”界面

注意：软件升级后，可以单击界面右上角的“?”图标，查看更新的软件版本。因为升级操作会改变程序中的轨迹，所以在运行程序前，请务必检测相应的程序。

3.3.3　设置密码

PolyScope 可设置两个密码，如图 3-11 所示。第一个密码是可选的系统密码，此密码可防止对机器人设置进行未授权的更改。设置系统密码后，用户没有密码也能加载和执行程序，但必须输入正确的密码才能创建或更改程序。第二个密码是必填的安全密码，必须正确输入此密码才能修改安全配置。

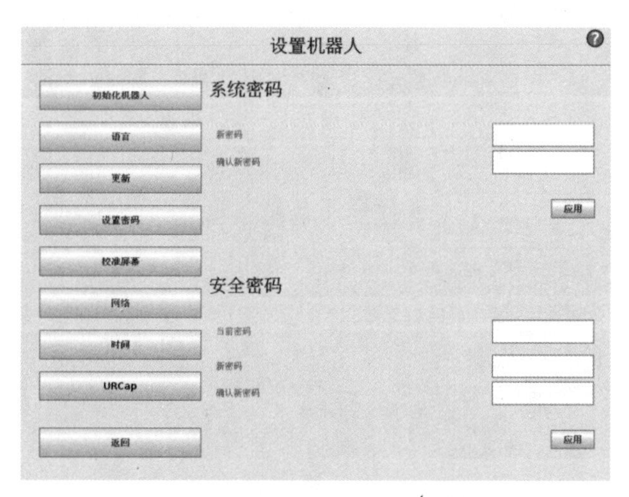

图 3-11　“设置密码”界面

3.3.4　校准屏幕

当操作者单击屏幕的位置和虚拟光标的位置偏差明显时就需要校准屏幕。“屏幕校准”界面如图 3-12 所示，按照屏幕说明依次单击相应两线段的交叉点位置进行校准。校准时最好使用尖细的非金属物体，要仔细耐心，这样有助于获得更好的效果。

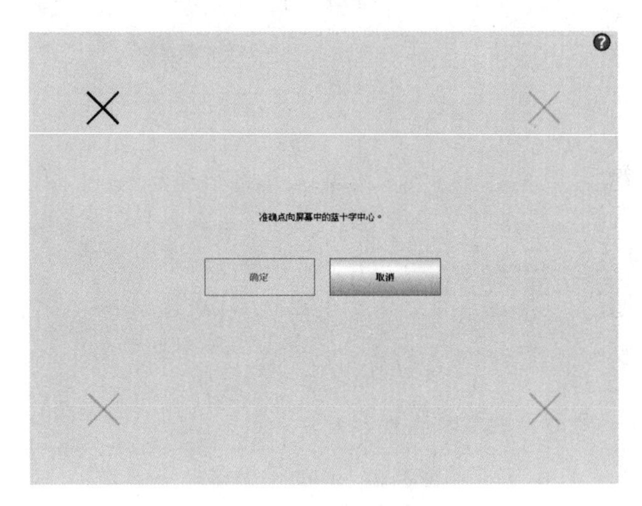

图 3-12 “屏幕校准”界面

3.3.5 网络

控制箱底部提供以太网接口，以太网接口可用于以下方面。

1）MODBUS I/O 扩展模块。

2）远程访问和控制。

“网络”设置界面如图 3-13 所示，该界面用于设置以太网网络。运行基本的机器人功能无须连接以太网，且默认情况下禁用以太网连接。

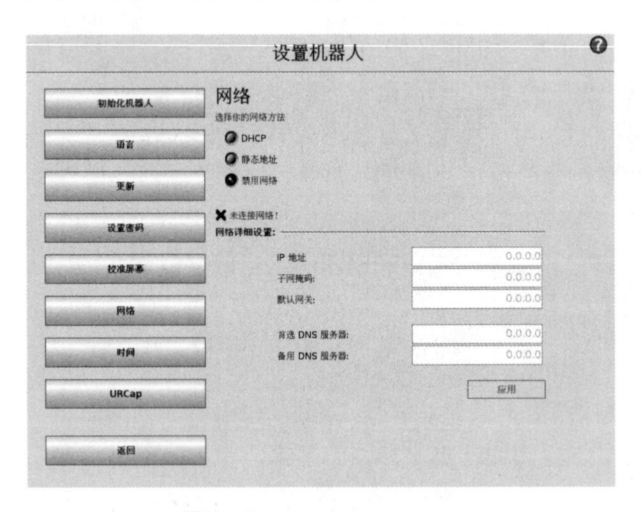

图 3-13 “网络”设置界面

3.3.6 时间

“时间”设置界面如图 3-14 所示，该界面用于设置系统的时间和日期，并配置时钟的显示格式。在运行程序和机器人编程界面顶部都有时钟显示，轻触时钟将立即显示日期。必须重新启动 GUI，所做更改才可生效。

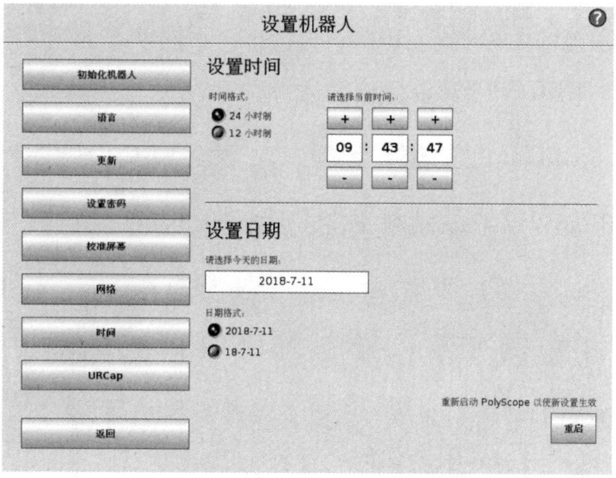

图 3-14　“时间”设置界面

3.3.7　URCap

优傲机器人公司开放了 UR + 开发者平台，会集了来自全球的开发者和伙伴，致力于开发与机器人本体兼容的软硬件产品，为用户提供一站式解决方案，提高生产效率和自动化程度。用户安装 UR 认证过的硬件设备如 RG6 夹具，则需要安装相应的 URCap 插件，以实现对硬件的控制。

“URCap”安装界面如图 3-15 所示，界面上部的列表可概览所有安装的 URCap，单击相应的 URCap，在列表下方的文本框内显示 URCap 信息，包括 URCap 名称、版本、许可证等。

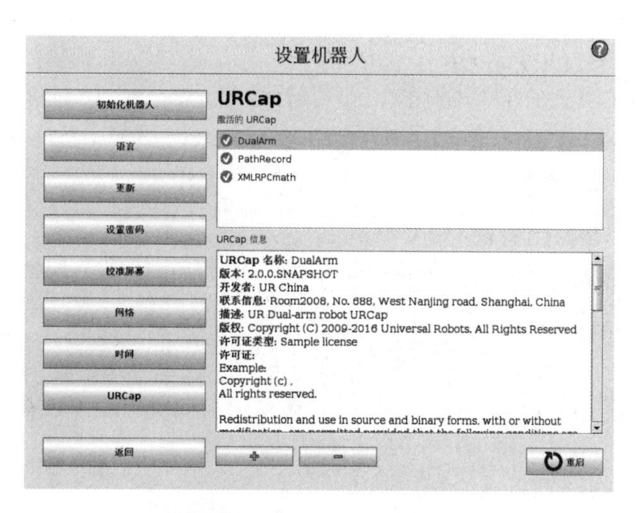

图 3-15　“URCap”安装界面

单击屏幕底部的【 + 】按钮可安装新的 URCap。在文件选择器中选择 . urcap 文件，然后单击打开，PolyScope 将转到安装界面，系统将安装选定的 URCap，随后列表中会显示相应的条目。若要卸载 URCap，选择列表中的 URCap 并单击【-】按钮即可。新安装或卸载 URCap 需要重启 PolyScope。

在列表中，条目旁边的图标表示 URCap 的状态，不同状态的定义如下。

URCap 正常　URCap 已安装且正常运行。

URCap 故障　URCap 已安装但无法启动。联系 URCap 开发者进行解决。

需要重启 URCap　URCap 刚刚安装，需要重启。

思 考 题

1. 一般限制有哪些?
2. 如何设定关节限制?
3. 机器人 TCP 位置超出边界限制如何处理?
4. 如何设定安全 I/O 的功能?
5. 如何进行屏幕校准?
6. 如何安装 URCap?

第4章 机器人基本操作

7. 机器人基本操作（1）

操作者操作工业机器人时，通常希望机器人的运动轨迹基于周边工件的表面或边界特征，以便达到相应的操作要求。传统的实现方式是定义坐标系，将机器人内部坐标系和相关对象的坐标系相关联，即机器人外部相关坐标可根据机器人的“工具坐标”和“基坐标”来确定。采用此类方式有一个问题：操作人员需要具备一定的数学知识才能定义此类坐标系，而且即使是非常擅长机器人编程和安装的人员，要定义此类坐标系也需要花费大量时间。特别是，对于缺乏必要经验的人员而言，方位的表示过程非常复杂，很难理解。操作者会提出一些常见问题，例如：

1）是否可以将机器人向远离数控机床方向移动4cm?

2）是否可以将机器人工具旋转至与机床成45°角?

3）是否可以让机器人手臂携带工件垂直向下运动，然后松开工件，再垂直向上运动?

对于想要在生产车间中的各种工位上使用机器人的一般用户而言，此类问题的意义不言而喻。因此，在告知操作者此类相关问题没有一蹴而就的简单答案时，操作者会显得懊恼和难以理解。此类情况的出现有若干复杂原因，针对这些问题，Universal Robots 开发了一些独特而又简单的方法——特征，让操作者可以指定各对象相对于机器人的位置。因此，操作者只需执行几个步骤，即可完美解决上述问题。

4.1 特征

通过示教器控制机器人运动时，所选择的特征不一样，运动效果也不一样。安装设置中默认有“机座”和“工具”两个特征。如图4-1所示，$O_1X_1Y_1Z_1$ 是机座特征的坐标系，坐标系原点位于机座安装面与机座轴线的交点处；$O_2X_2Y_2Z_2$ 是默认工具特征的坐标系，坐标系原点位于手腕法兰面圆心位置。为了更好地理解坐标系，本书引入传统工业机器人的坐标系进行对比。各生产商对工业机器人坐标系的定义各不相同，需要参考其技术手册。ABB和FANUC机器人的基坐标系、工具坐标系见表4-1。

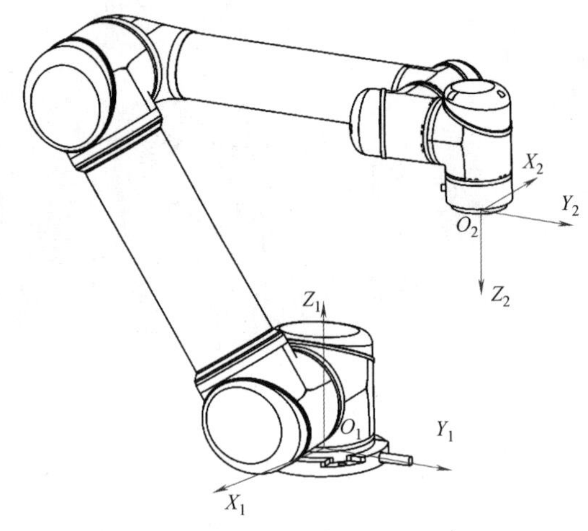

图4-1　默认“机座”和“工具”特征

表4-1　ABB和FANUC机器人的基坐标系、工具坐标系

品　牌	ABB机器人	FANUC机器人
基坐标系定义	原点定义在机器人安装面与第1轴的交点处，X轴向前，Z轴向上，Y轴按右手规则确定	原点定义在第2轴所处水平面与第1轴交点处，Z轴向上，X轴向前，Y轴按右手规则确定
基坐标系示意图	Z Y O X	Z Y O X J2 J1 J2轴所处水平面
工具坐标系示意图	Y Z X	Y Z

4.2 示教器点动

机器人的点动操作可以在“移动”选项卡（见图4-2）中进行，用户可通过平移/旋转机器人工具或逐个移动机器人关节来直接移动（缓慢移动）机器人本体。

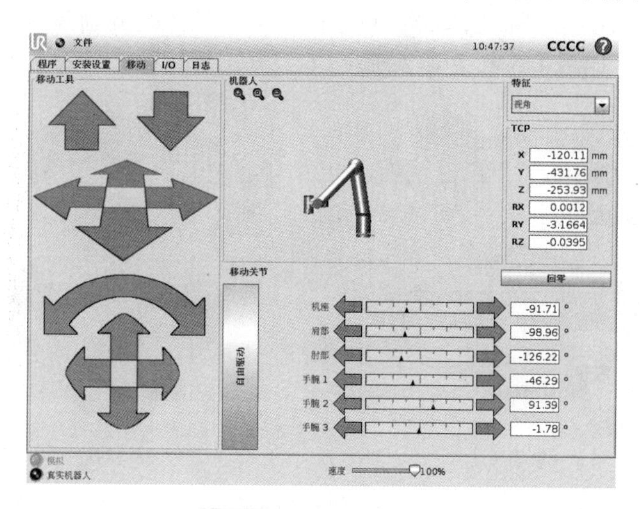

图4-2　“移动”选项卡

其中相关控件说明如下。

1. 特征和 TCP 位置

在屏幕右上角可找到特征选择器。它定义了用于控制机器人的特征。当前激活的工具中心点（TCP）的名称显示在特征选择器下方。文本框显示了 TCP 相对于所选特征的完整坐标值。

2. 机器人

“机器人”3D 视图中，显示了机器人本体的当前姿态，按放大镜图标可缩放视角，点住并拖动光标可旋转或平移视角。若要获得控制机器人的最佳效果，可选择“视角”特征，并旋转 3D 视图中机器人的查看角度，以符合操作者查看真实机器人本体的视角。如果机器人 TCP 的当前位置距离安全板或触发板过近，又或者机器人工具的方向接近工具方向边界极限，则会显示相邻边界的 3D 成像。如果 TCP 违反边界限制或接近边界极限，则成像会变成红色。

3. 移动关节

通过单击每个关节相对应的箭头按钮来控制机器人各关节角度。机器人各个关节都可以从 −360°移至 +360°，±360°是每个关节水平条所示的默认关节极限角度，各关节达到其关节极限角度后，将无法再移动一步。如果一个关节的位置范围配置与默认情况不同，则该范围在水平条中以红色显示。

注意：UR3 机器人的腕部 3 是可以进行无限旋转的，UR5 和 UR10 机器人腕部 3 的极限是±360°。本书若无特殊说明，则所述的参数均是指 UR5 机器人。

4. 移动工具

1）按住平移箭头，机器人将按所指示的方向移动工具中心点（TCP）。TCP 在图中以蓝色小球表示。

2）按住旋转箭头，机器人将按所指示的方向旋转，改变工具的姿态。旋转点是工具的中心点。

操作过程中可随时释放该按钮，使机器人停止运动。选择不同的特征，移动工具中的各个箭头所对应的功能不同。特征选择器中可选的特征有三个，分别是“视角”“机座”“工具”。各个箭头的意义如图 4-3 和表 4-2 所示。

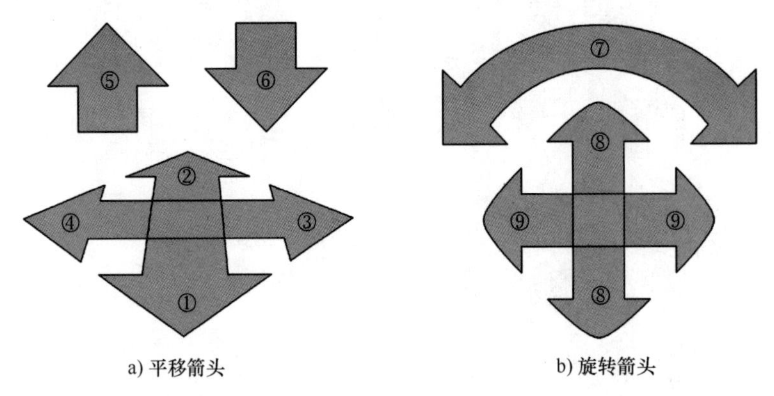

a) 平移箭头　　b) 旋转箭头

图 4-3　箭头意义

表 4-2　箭头的意义

箭　头	功　能	箭　头	功　能
①	沿着相应特征的 X 轴正方向移动	⑦	沿着相应特征的 X 轴方向旋转
②	沿着相应特征的 X 轴负方向移动	⑧	沿着相应特征的 Y 轴方向旋转
③	沿着相应特征的 Y 轴正方向移动	⑨	沿着相应特征的 Z 轴方向旋转
④	沿着相应特征的 Y 轴负方向移动		
⑤	沿着相应特征的 Z 轴正方向移动		
⑥	沿着相应特征的 Z 轴负方向移动		

当选择“工具”或“机座”时，特征的坐标系方向是固定的，如图 4-1 所示。当特征选为“视角”时，实际机器人的运动方向与“移动”选项卡里“机器人”3D 视图中机器人的位姿相关。“移动”选项卡里“机器人”3D 视图中，视角特征坐标系的 X 轴特征的方向垂直于屏幕朝外，Y 轴方向沿着屏幕向右，Z 轴方向沿着屏幕向上，如图 4-4 所示。所以要求操作者在使用视角特征时，需要旋转“机器人”3D 视图的视角，使其与当前机器人的实际视角保持一致，以便进行移动操作。

5. 速度控制

在屏幕底部有速度百分比的控制条，如图 4-5 所示。该控制条可以控制手动操纵机器人时的速度，但自动运行速度不受该控制条的限制。

示教器点动操作步骤见表 4-3。

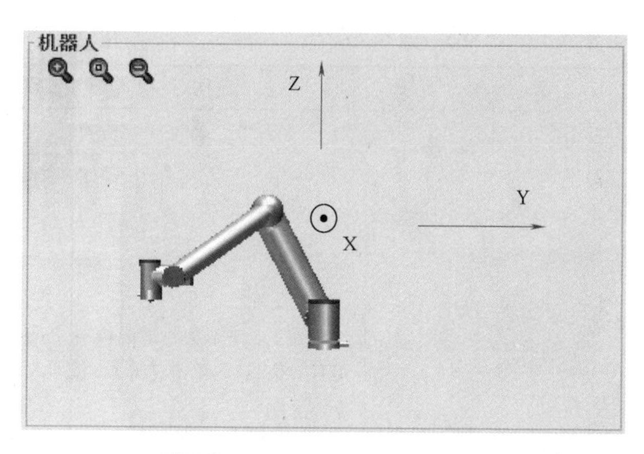

图 4-4　视角特征的坐标系方向

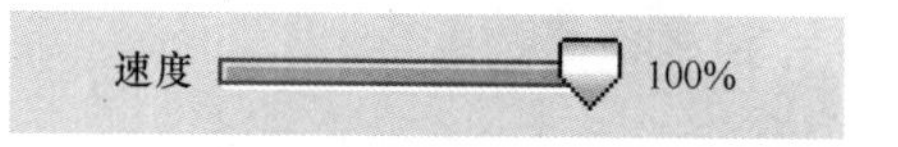

图 4-5　速度控制条

表 4-3　示教器点动操作步骤

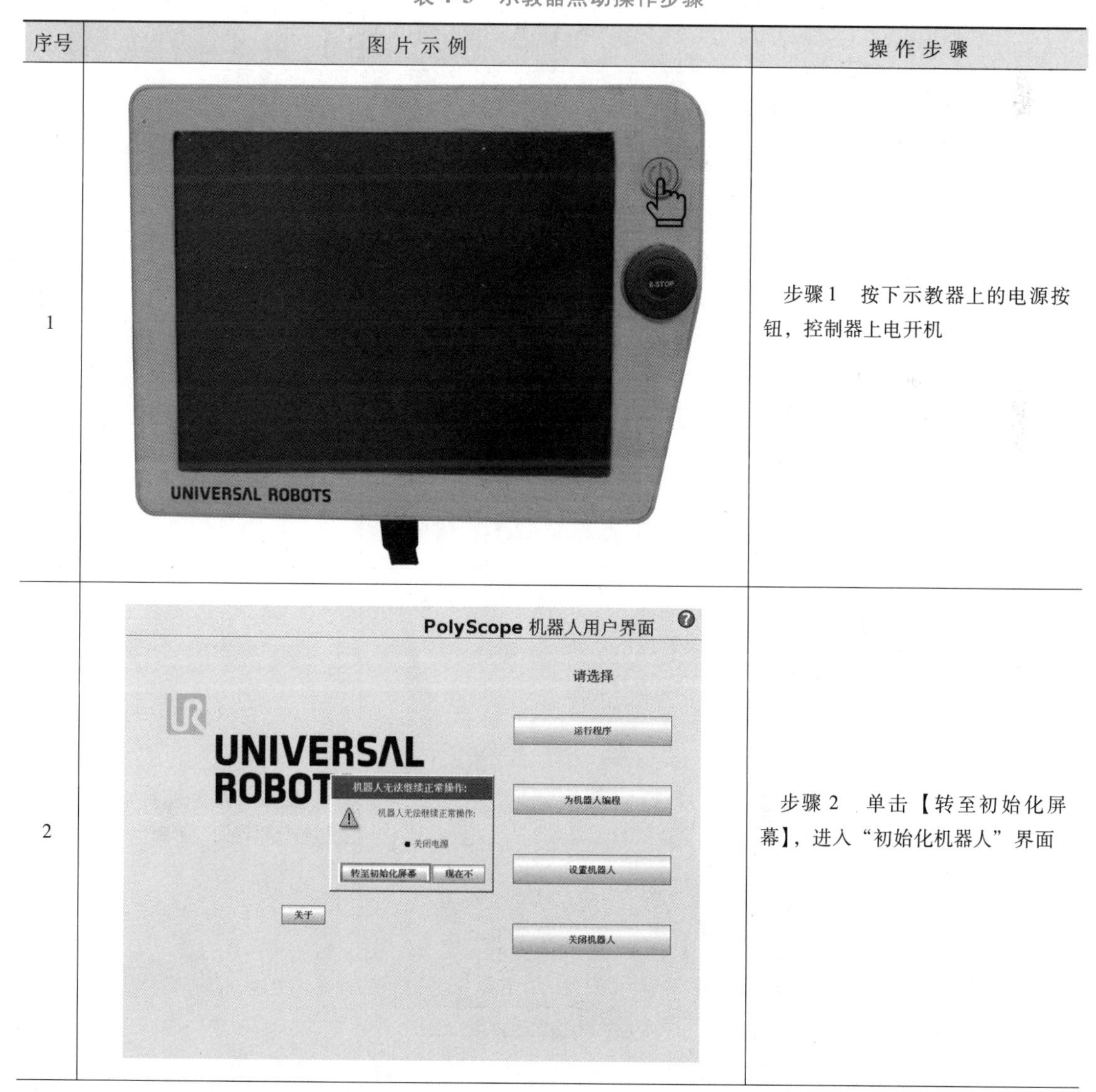

序号	图片示例	操作步骤
1		步骤 1　按下示教器上的电源按钮，控制器上电开机
2		步骤 2　单击【转至初始化屏幕】，进入“初始化机器人”界面

（续）

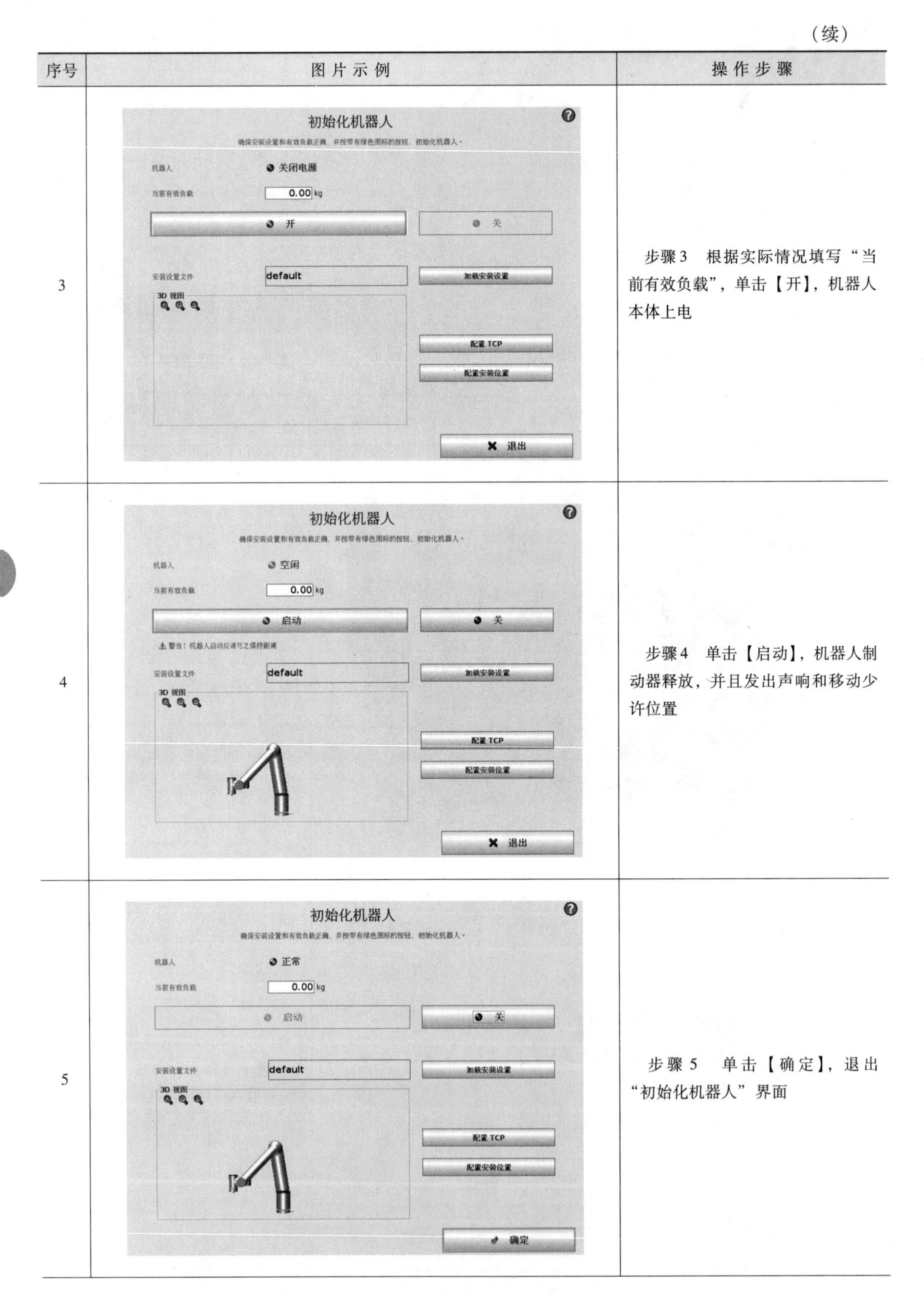

序号	图片示例	操作步骤
3		步骤 3　根据实际情况填写“当前有效负载”，单击【开】，机器人本体上电
4		步骤 4　单击【启动】，机器人制动器释放，并且发出声响和移动少许位置
5		步骤 5　单击【确定】，退出“初始化机器人”界面

（续）

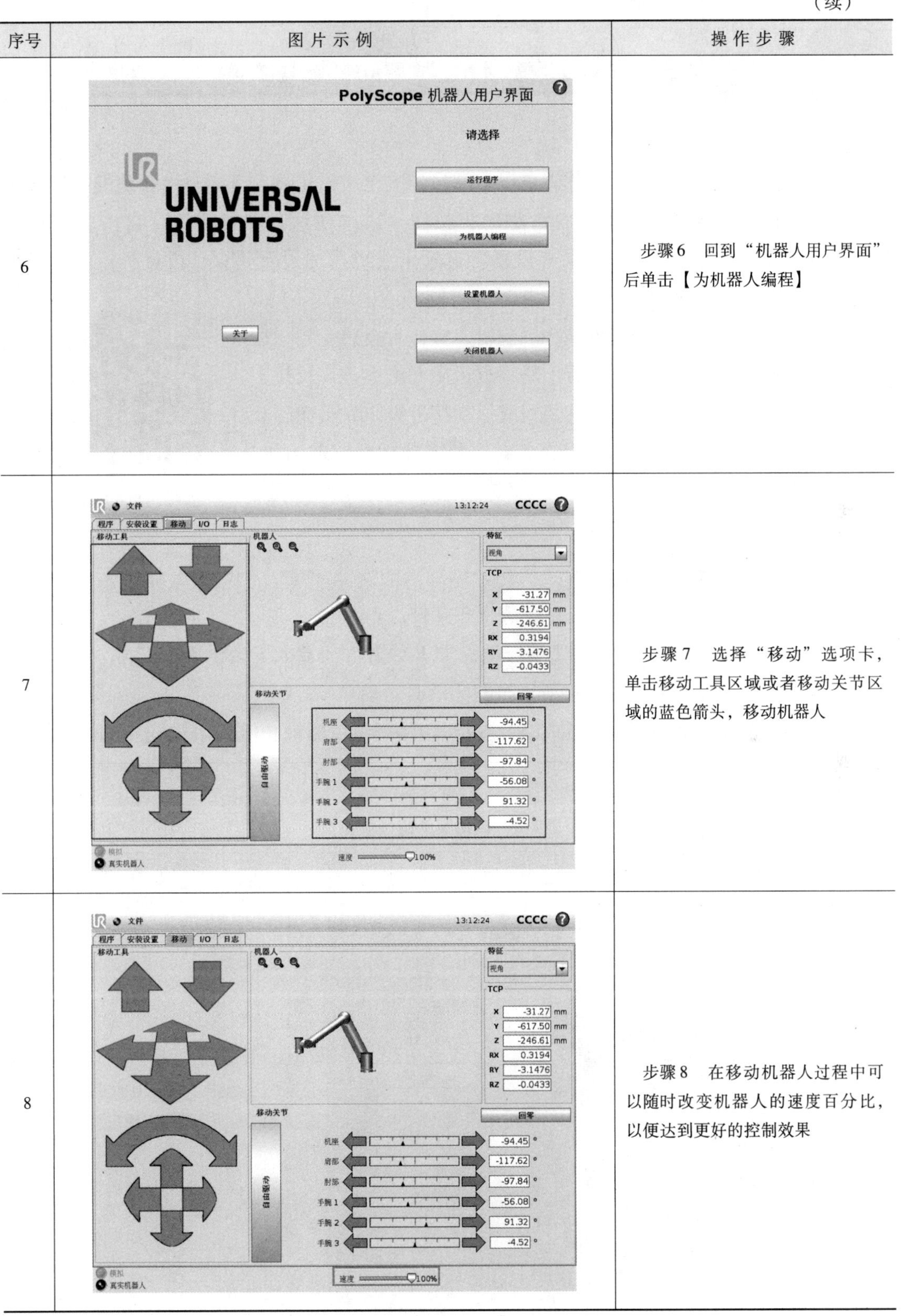

序号	图 片 示 例	操 作 步 骤
6		步骤6　回到“机器人用户界面”后单击【为机器人编程】
7		步骤7　选择“移动”选项卡，单击移动工具区域或者移动关节区域的蓝色箭头，移动机器人
8		步骤8　在移动机器人过程中可以随时改变机器人的速度百分比，以便达到更好的控制效果

4.3 自由驱动

当处于自由驱动模式时，操作者可以拖拽机器人至所需位置。开启自由驱动的操作方法是：按住“移动”选项卡中的【自由驱动】按钮，或按住示教器背面的【自由驱动】按钮，即可进入自由驱动模式。如果“设置”选项卡中的重力设置错误，或者机器人手臂承受重载，按住【自由驱动】按钮后，机器人可能开始运动（下降）。

当拖动机器人手臂运动接近某一限制时，操作者会感受到一股反抗力，力的大小随着机器人手臂不断接近极限而增大。该反抗力的目的是提醒操作者机器人当前的位置或速度接近极限，从而防止机器人违反该极限。不过，如果操作者对机器人施加足够的力量，该极限可以被违反。

8. 机器人基本操作（2）

使用自由驱动功能时请注意以下几点。

1）确保使用正确的安装设置（例如，机器人的安放角度、TCP 的重量、TCP 偏移）。该安装设置需与程序一起保存并加载安装设置文件。

2）在按下【自由驱动】按钮之前，确保 TCP 设置和机器人安装设置都正确。如果这些设置不正确，机器人会在【自由驱动】按钮激活时运动。

3）只有通过风险评估，才允许在安装过程中使用自由驱动功能（阻抗/逆向驱动）。

自由驱动操作步骤见表 4-4。

表 4-4　自由驱动操作步骤

序号	图片示例	操作步骤
1	PolyScope 机器人用户界面 请选择 UNIVERSAL ROBOTS 运行程序 为机器人编程 设置机器人 关于 关闭机器人	步骤 1　进入“机器人用户界面”后单击【为机器人编程】

（续）

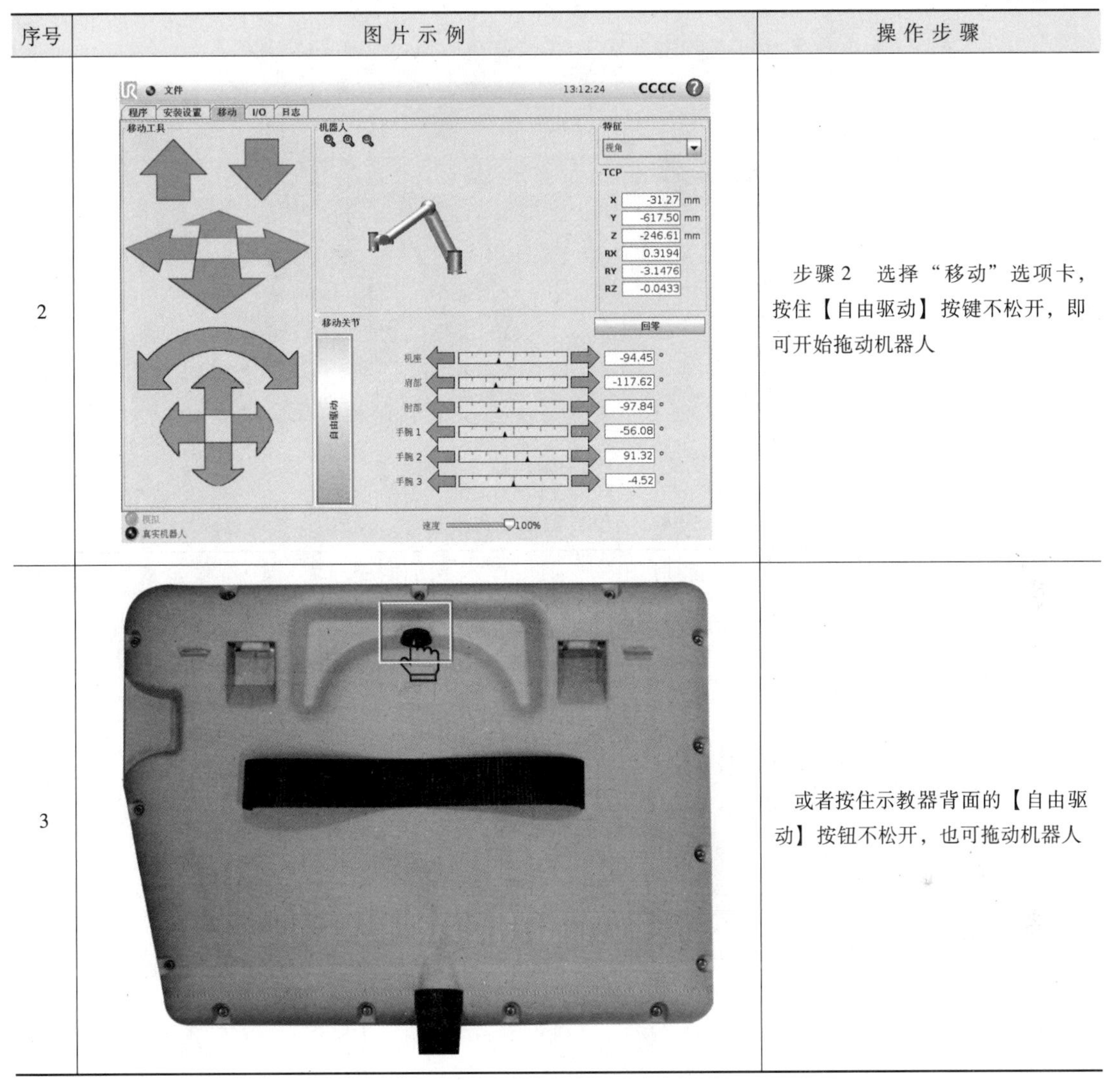

序号	图片示例	操作步骤
2		步骤2 选择“移动”选项卡，按住【自由驱动】按键不松开，即可开始拖动机器人
3		或者按住示教器背面的【自由驱动】按钮不松开，也可拖动机器人

4.4 位姿编辑

除了通过示教器点动控制机器人和通过自由驱动模式拖拽机器人这两种移动方式外，用户还可以预先设定目标位置，然后让机器人平缓地到达目标位置。单击“移动”选项卡界面上的 TCP 或者关节数据框，软件转至“位姿编辑器”界面，如图 4-6 所示。在该界面，不能直接控制机器人移动，用户可以通过文本框右边的 [+] 和 [−] 按钮来改变数值，也可以单击文本框，然后直接输入数值。更改相应的位置数据后，界面左边的“机器人”3D 视图中会多出一个“阴影部分”，表示更改后的数据对应的机器人的位姿。

位姿编辑操作步骤见表 4-5。

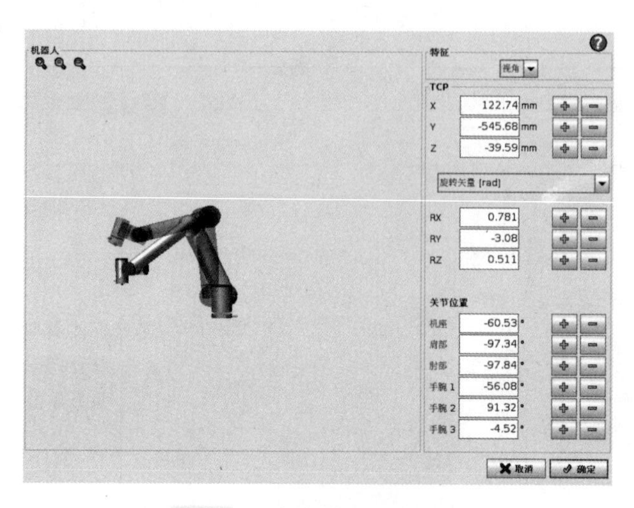

图 4-6 “位姿编辑器”界面

表 4-5 位姿编辑操作步骤

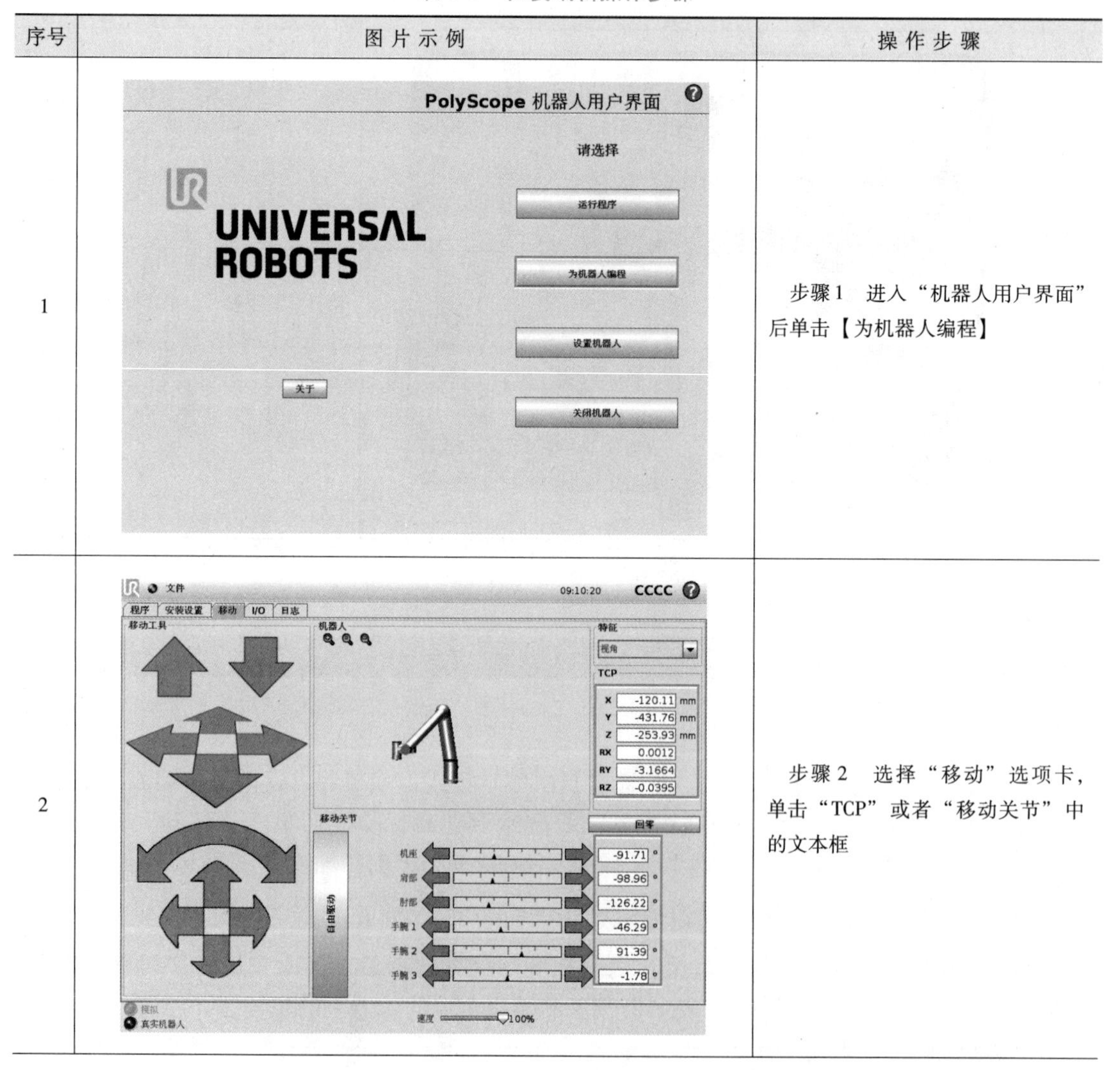

序号	图片示例	操作步骤
1		步骤 1 进入“机器人用户界面”后单击【为机器人编程】
2		步骤 2 选择“移动”选项卡，单击“TCP”或者“移动关节”中的文本框

（续）

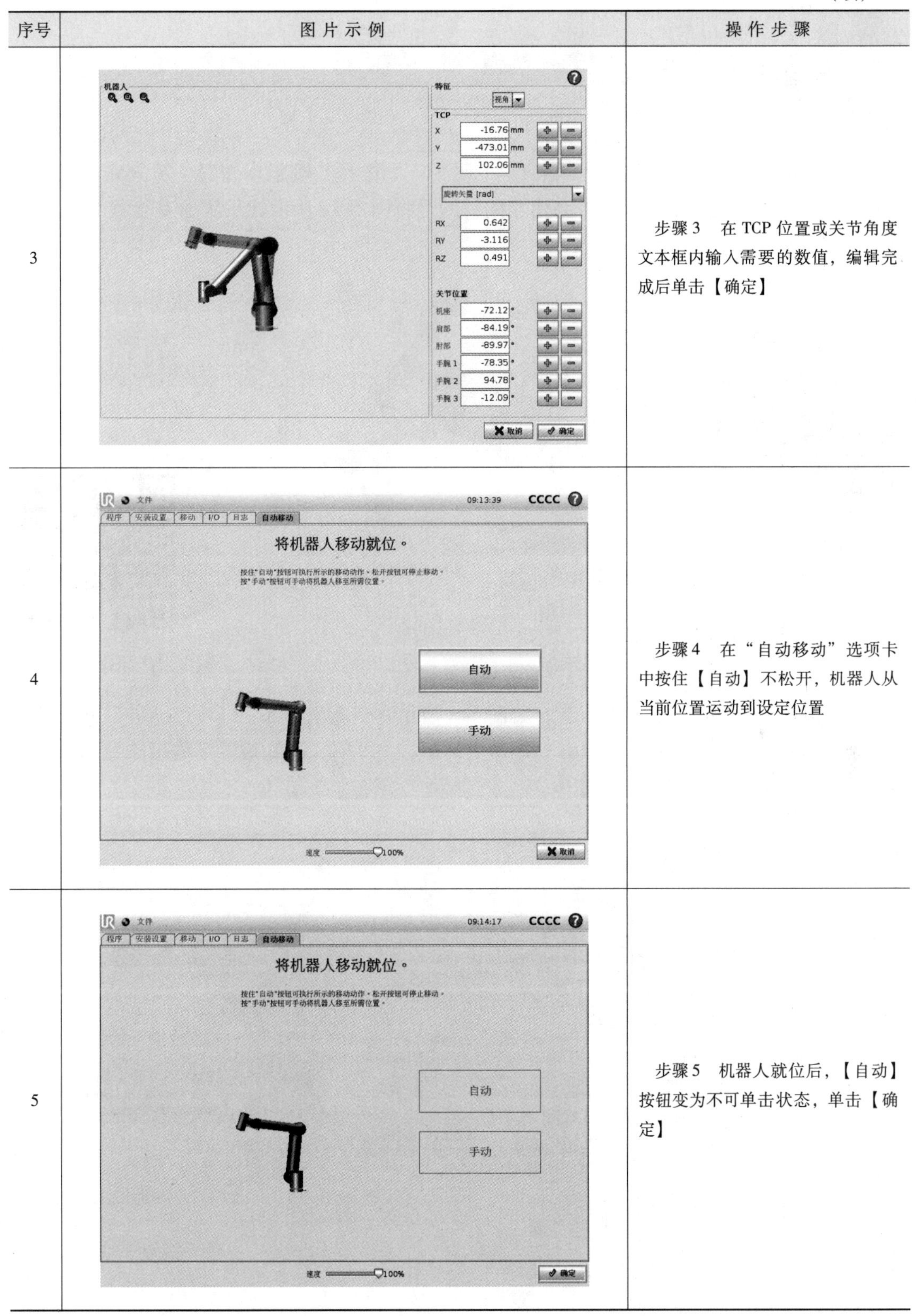

序号	图片示例	操作步骤
3		步骤3　在TCP位置或关节角度文本框内输入需要的数值，编辑完成后单击【确定】
4		步骤4　在“自动移动”选项卡中按住【自动】不松开，机器人从当前位置运动到设定位置
5		步骤5　机器人就位后，【自动】按钮变为不可单击状态，单击【确定】

4.5 TCP 配置

工具中心点（TCP）即机器人工具的特征点，每个 TCP 都包含相对于工具输出法兰中心而设定的转换和旋转。工具坐标系建立的目的是将图 4-7a 所示的默认 TCP 变换为图 4-7b 所示的自定义 TCP。

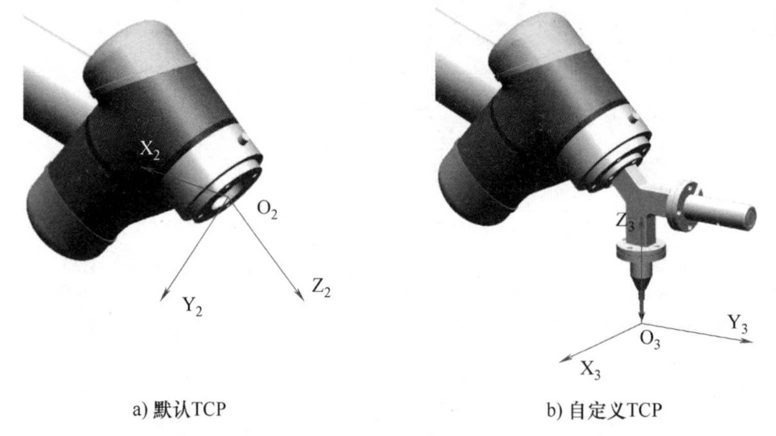

a) 默认TCP　　b) 自定义TCP

图 4-7　TCP

9. TCP 配置

TCP 配置界面可以定义多个 TCP，如图 4-8 所示。位置坐标 X、Y 和 Z 决定了 TCP 的位置，而 RX、RY 和 RZ 决定了其方向。当指定的值均为 0 时，TCP 与工具输出法兰的中心点重合，并应用屏幕右侧显示的坐标系。

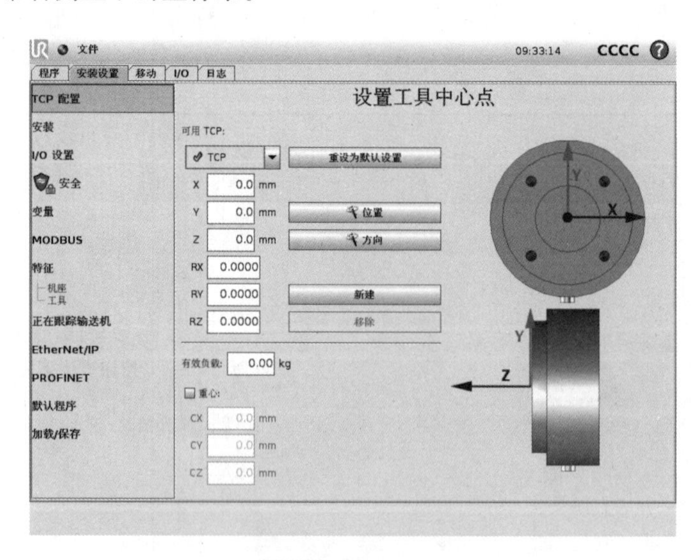

图 4-8　TCP 配置

系统可以配置多个 TCP，但只有一个是默认 TCP。在 TCP 下拉菜单中，默认 TCP 的名称左侧有一个绿色图标。要将当前所选的 TCP 设为默认 TCP，单击【重设为默认设置】按钮即可。用户可在“图形”选项卡上观看激活 TCP 的运动。在程序运行或启动前，要先将默认 TCP 设为激活的 TCP。在程序中，任何指定 TCP 都可设为激活的 TCP，用于机器人的特定移动。

UR 机器人的 TCP 配置可以直接输入相应的位置和姿态参数，也可以通过【位置】和【方向】两个按钮示教 TCP 位置。TCP 位置示教步骤如下。

1）在机器人工作空间选择一个固定的点。

2）将工具的 TCP 从至少三个不同角度移至所选的点上，并保存工具输出法兰的相应位置。

3）示教的姿态变化幅度要大，以确保计算结果正确。当示教的前三个点位符合要求时，相应按钮上的 LED 灯为绿色，否则为红色。通常只要三个位置便足可确定正确的 TCP，但仍然需要使用第四个位置来进一步验证计算结果的正确性。

4）使用【设置】按钮将其设定到所选的 TCP 上。

TCP 方向示教步骤如下。

1）选择一个特征。

2）使工具在指向所选特征 Z 轴的方向上设置一个点。

3）验证计算所得的 TCP 方向，并使用【设置】按钮将其设定到所选的 TCP 上。

TCP 配置的操作步骤见表 4-6。操作过程中选取的固定点是基础实训模块上标定尖锥末端点，如图 4-9 所示。

图 4-9　基础实训模块

表 4-6　TCP 配置的操作步骤

序号	图片示例	操作步骤
1	PolyScope 机器人用户界面 请选择 UNIVERSAL ROBOTS 运行程序 为机器人编程 设置机器人 关于 关闭机器人	步骤 1　进入“机器人用户界面”后单击【为机器人编程】

（续）

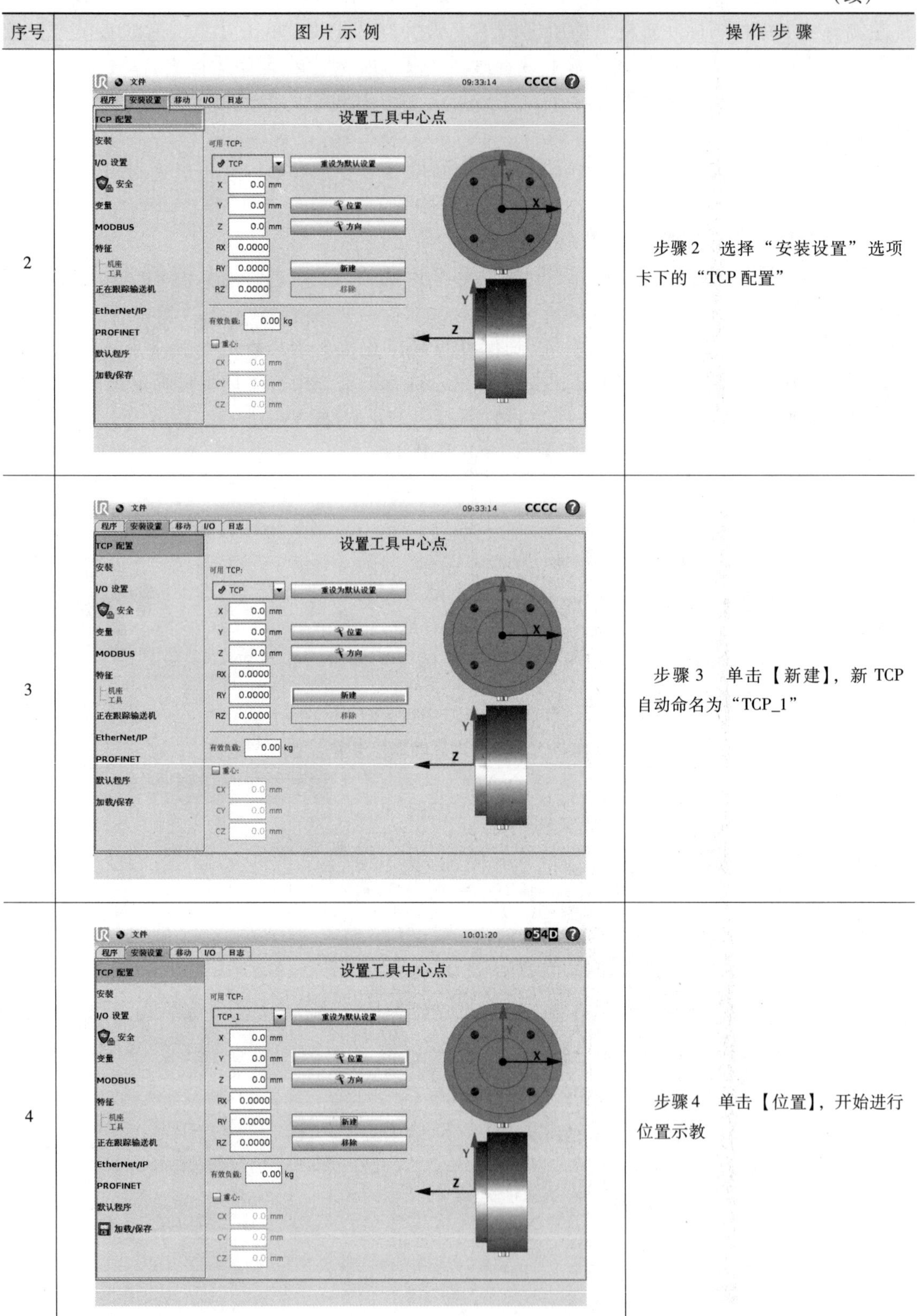

序号	图片示例	操作步骤
2		步骤 2　选择“安装设置”选项卡下的“TCP 配置”
3		步骤 3　单击【新建】，新 TCP 自动命名为“TCP_1”
4		步骤 4　单击【位置】，开始进行位置示教

（续）

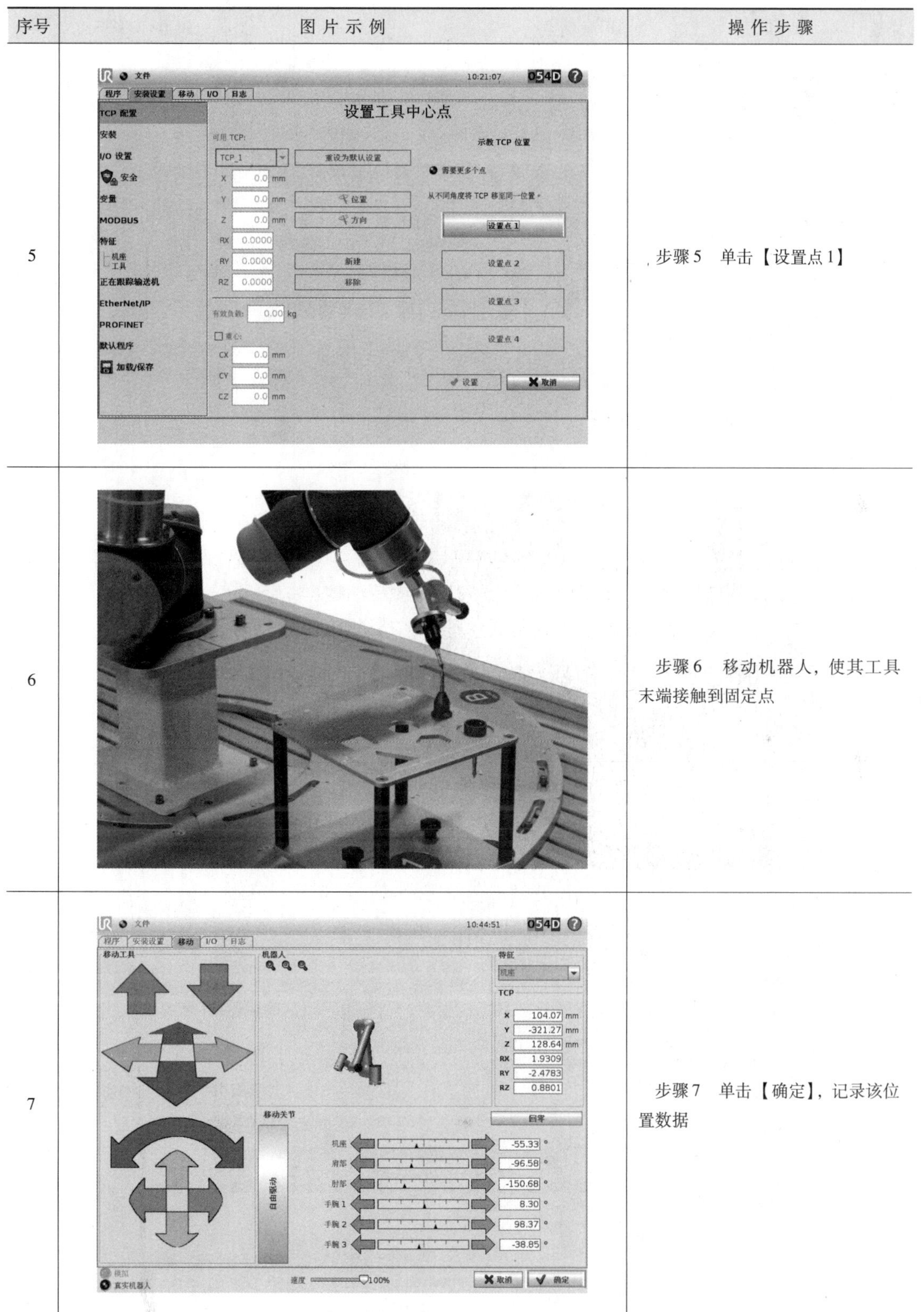

序号	图片示例	操作步骤
5		步骤 5　单击【设置点 1】
6		步骤 6　移动机器人，使其工具末端接触到固定点
7		步骤 7　单击【确定】，记录该位置数据

（续）

序号	图片示例	操作步骤
8	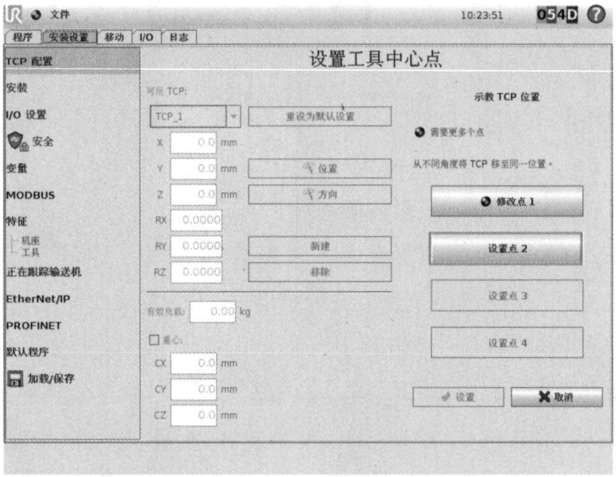 文件 10:23:51 054D 程序 安装设置 移动 I/O 日志 TCP 配置 安装 I/O 设置 安全 变量 MODBUS 特征 机座 工具 正在跟踪输送机 EtherNet/IP PROFINET 默认程序 加载/保存 设置工具中心点 可用 TCP: TCP_1 重设为默认设置 X 0.0 mm Y 0.0 mm Z 0.0 mm RX 0.0000 RY 0.0000 RZ 0.0000 位置 方向 新建 移除 有效负载: 0.00 kg 重心: CX 0.0 mm CY 0.0 mm CZ 0.0 mm 示教 TCP 位置 需要更多个点 从不同角度将 TCP 移至同一位置。 修改点1 设置点2 设置点3 设置点4 设置 取消	步骤8　单击【设置点2】
9	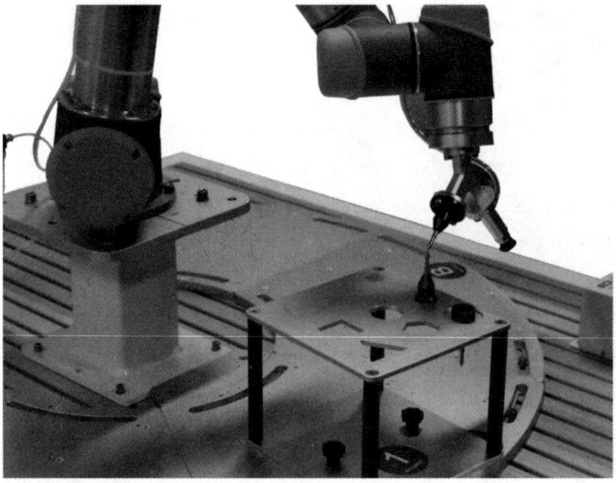	步骤9　移动机器人，使其工具末端接触到固定点
10	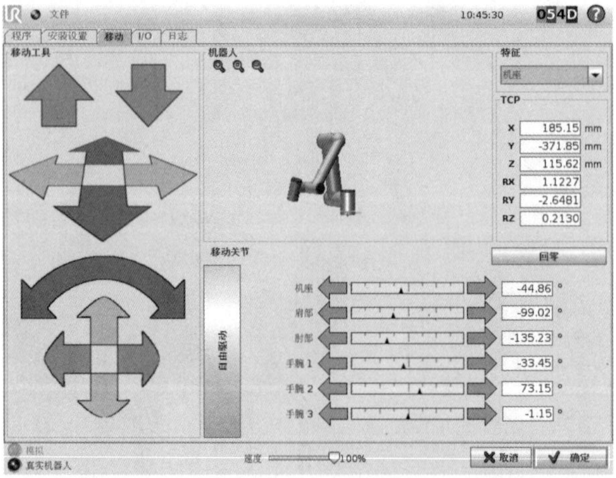 文件 10:45:30 054D 程序 安装设置 移动 I/O 日志 移动工具 机器人 特征 机座 TCP X 185.15 mm Y -371.85 mm Z 115.62 mm RX 1.1227 RY -2.6481 RZ 0.2130 移动关节 回零 自由驱动 机座 -44.86° 肩部 -99.02° 肘部 -135.23° 手腕1 -33.45° 手腕2 73.15° 手腕3 -1.15° 模拟 真实机器人 速度 100% 取消 确定	步骤10　单击【确定】，记录该位置数据

（续）

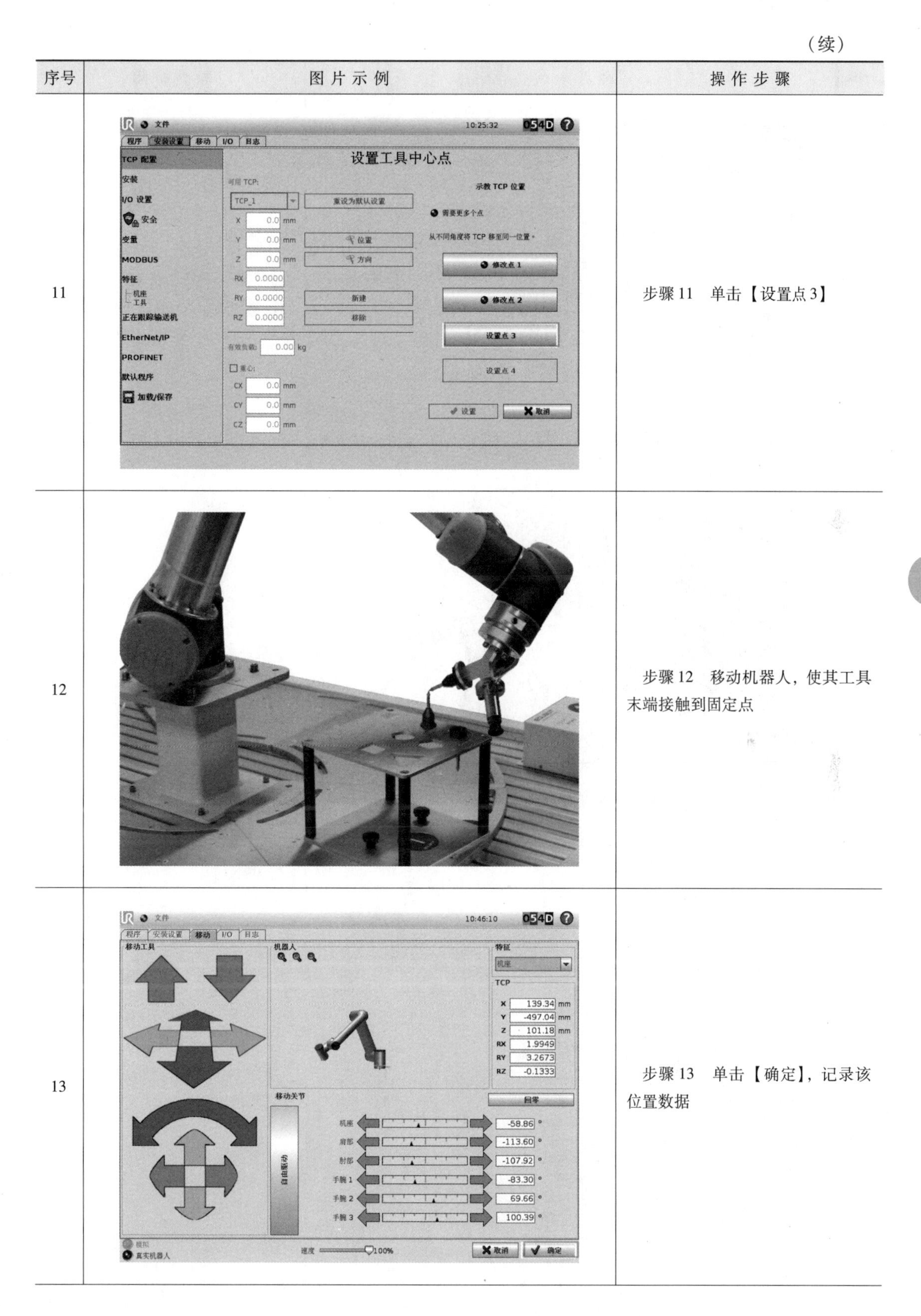

序号	图片示例	操作步骤
11		步骤 11 单击【设置点 3】
12		步骤 12 移动机器人，使其工具末端接触到固定点
13		步骤 13 单击【确定】，记录该位置数据

（续）

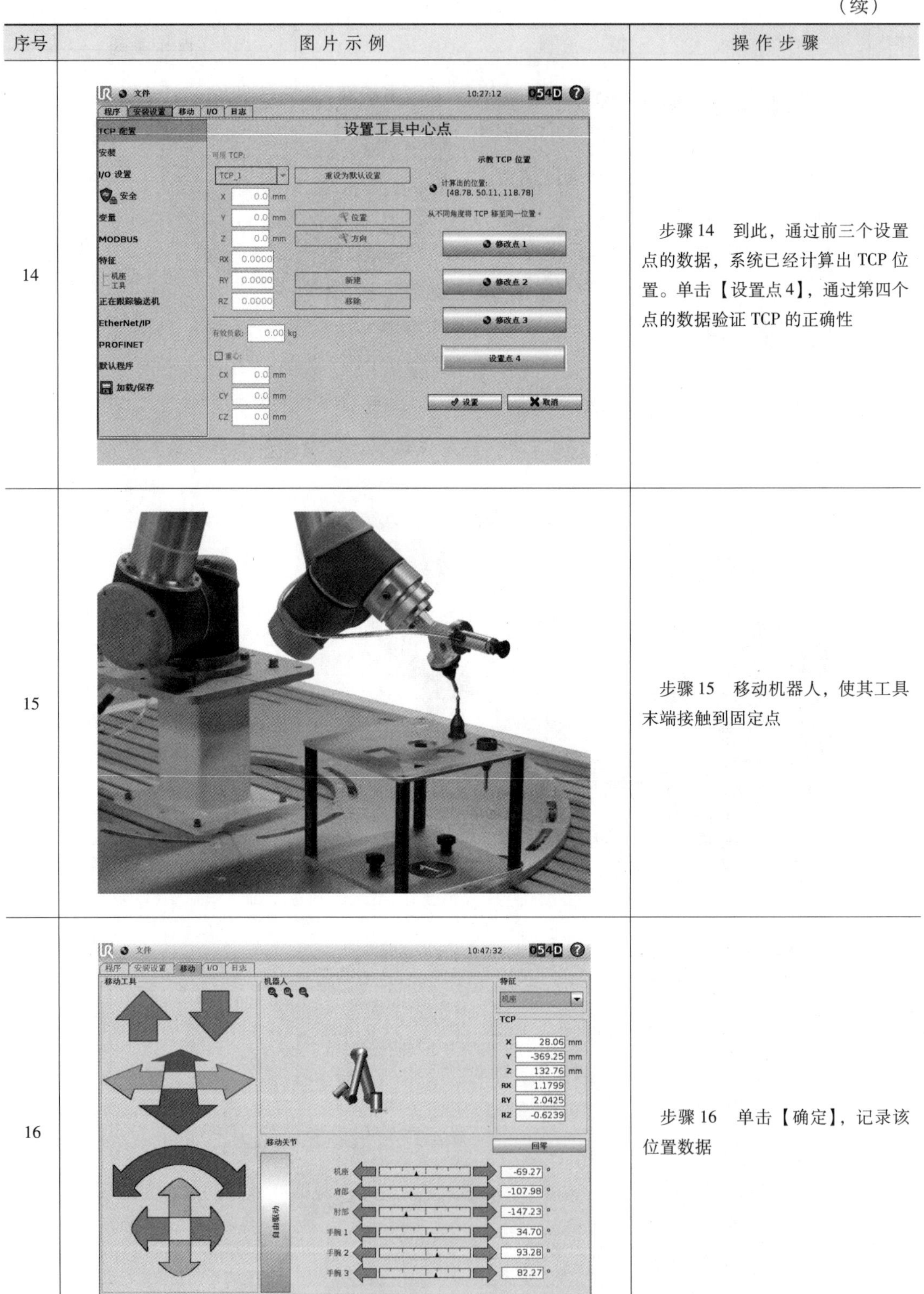

序号	图片示例	操作步骤
14		步骤 14　到此，通过前三个设置点的数据，系统已经计算出 TCP 位置。单击【设置点 4】，通过第四个点的数据验证 TCP 的正确性
15		步骤 15　移动机器人，使其工具末端接触到固定点
16		步骤 16　单击【确定】，记录该位置数据

（续）

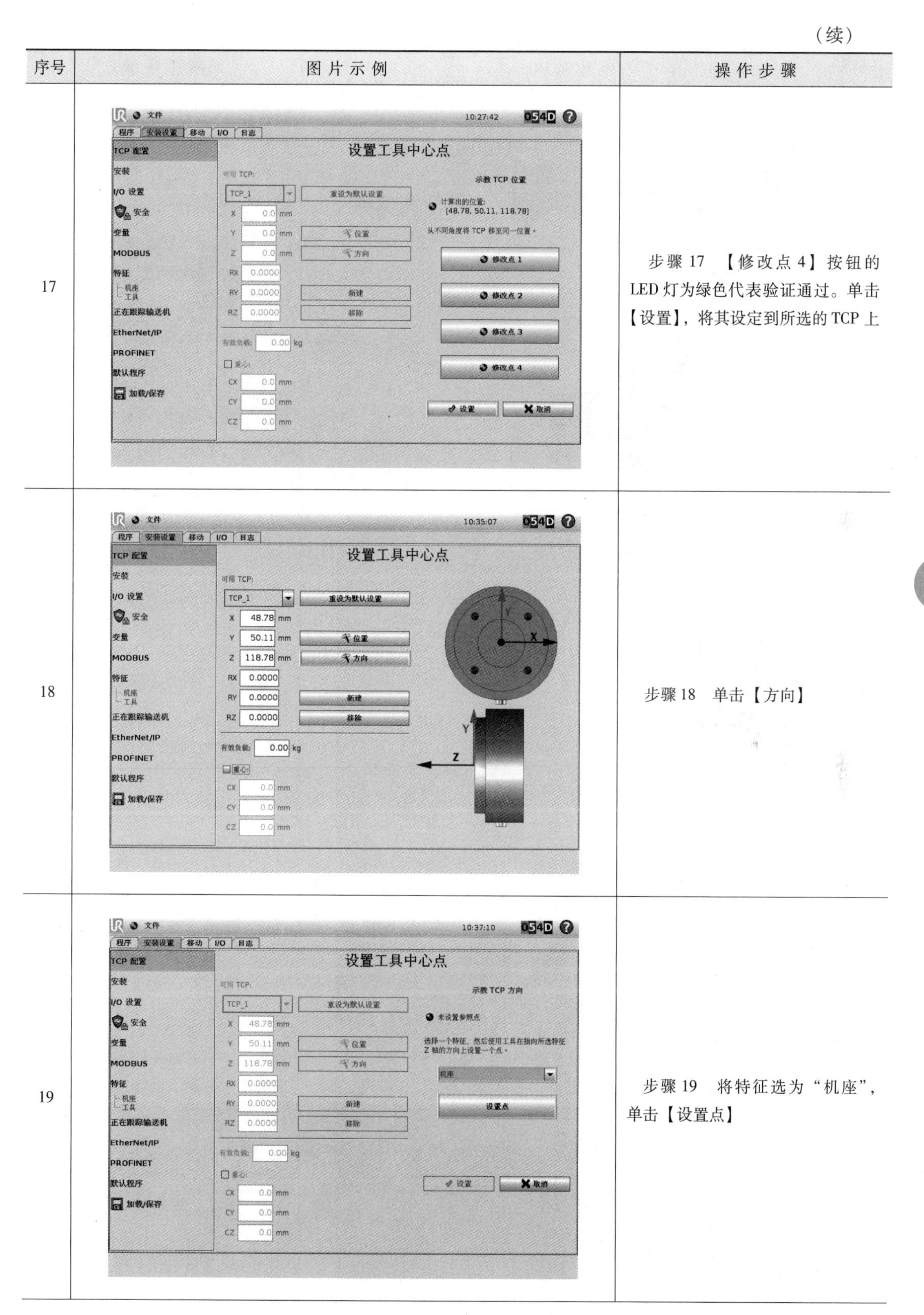

序号	图片示例	操作步骤
17		步骤 17　【修改点 4】按钮的 LED 灯为绿色代表验证通过。单击【设置】，将其设定到所选的 TCP 上
18		步骤 18　单击【方向】
19		步骤 19　将特征选为“机座”，单击【设置点】

（续）

序号	图片示例	操作步骤
20	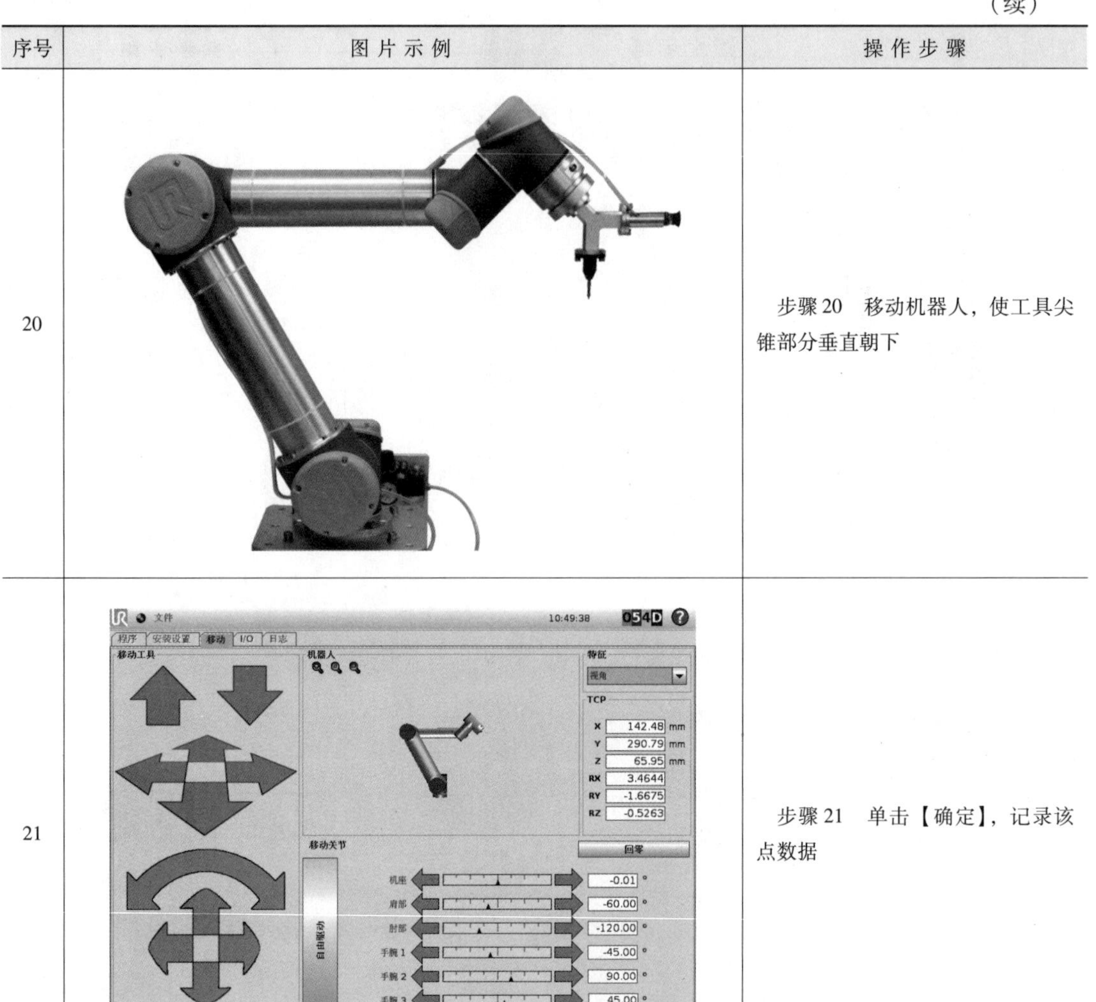	步骤 20　移动机器人，使工具尖锥部分垂直朝下
21		步骤 21　单击【确定】，记录该点数据
22	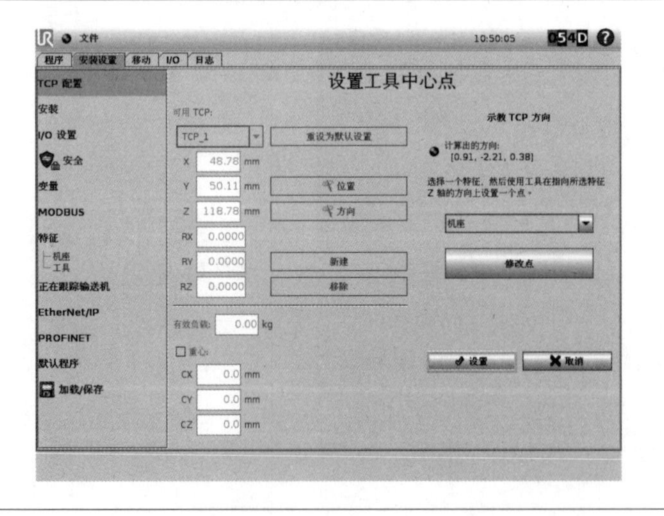	步骤 22　系统自动计算出 TCP 方向数据，单击【设置】，将数据应用到所选的 TCP 中。到此，TCP 方向设置完成

（续）

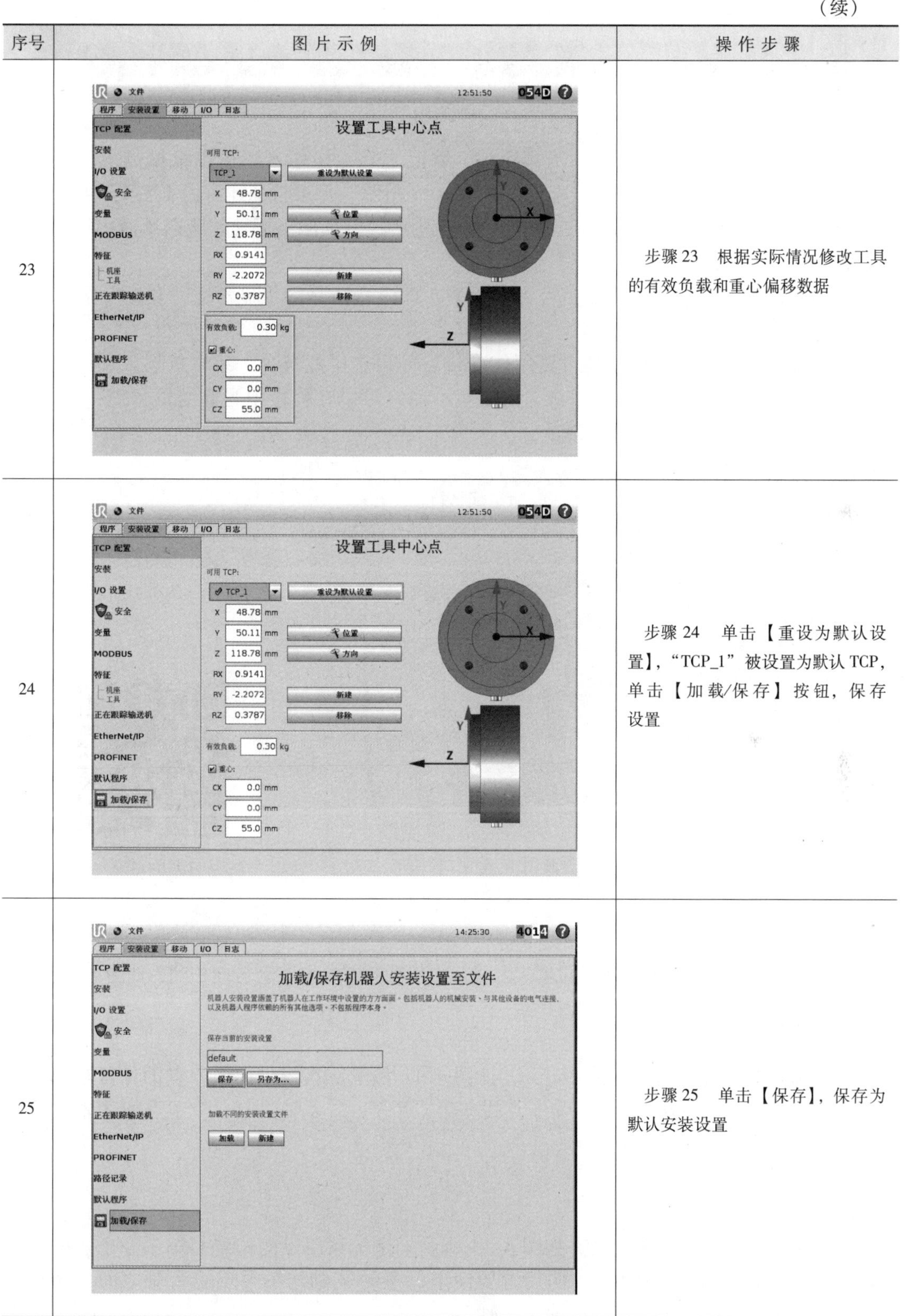

序号	图片示例	操作步骤
23		步骤 23　根据实际情况修改工具的有效负载和重心偏移数据
24		步骤 24　单击【重设为默认设置】，“TCP_1”被设置为默认 TCP，单击【加载/保存】按钮，保存设置
25		步骤 25　单击【保存】，保存为默认安装设置

4.6 创建其他特征

UR 机器人系统默认有机座和工具特征。除此之外，操作者还可以根据需求自行创建点、线、平面三种特征。“特征”选项卡如图 4-10 所示。每个特征还有以下三个选项。

（1）显示坐标轴　选择是否在 3D 视角中显示所选特征的坐标轴。该选择适用于此界面和“移动”界面。

（2）可唤醒　选择所选特征是否将可唤醒，即该特征是否将显示在“移动”屏幕的特征菜单中。

（3）变量　选择所选特征是否可用作变量。如果选中此选项，编辑机器人程序时，将可使用以特征名称后面加“_var”命名的变量，而且可以在程序中为此变量分配一个新值，然后可用其控制依赖于特征值的路点。

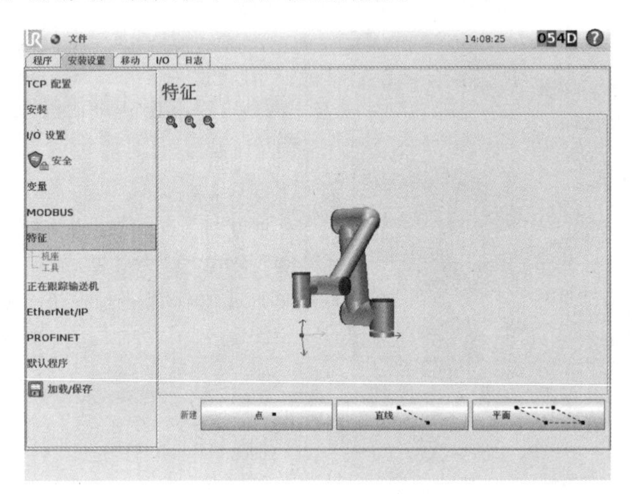

图 4-10 “特征”选项卡

10. 创建其他特征

4.6.1 创建点特征

点特征的位置由 TCP 在该点的位置来定义。点特征的方向与 TCP 方向相同，如图 4-11 所示。

4.6.2 创建线特征

直线由两个点特征之间的轴来定义，如图 4-12 所示。直线坐标系原点的位置与第一个子点的位置相同。*Y* 轴方向由第一个子点指向第二个子点。*Z* 轴由第一个子点的 *Z* 轴在直线垂面上的投影来定义。

4.6.3 创建平面特征

平面由三个子点特征来定义，如图 4-13 所示。坐标系原点的位置与第一个子点的位置相同。*Z* 轴为平面法线，轴的正方向设置要使坐标系的 *Z* 轴与第一点的 *Z* 轴之间夹角小于 180°。从第一个点指向第二个点的轴为 *Y* 轴。

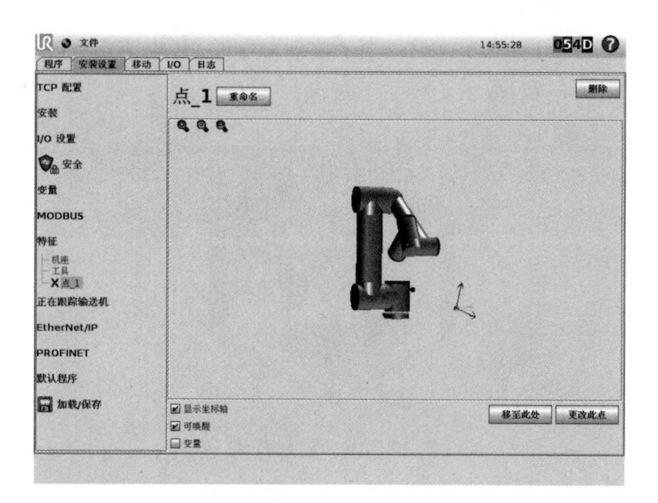

图 4-11　点特征

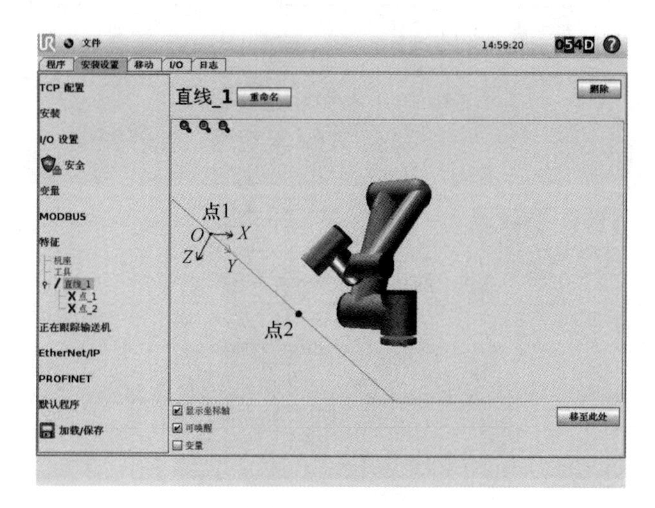

图 4-12　线特征

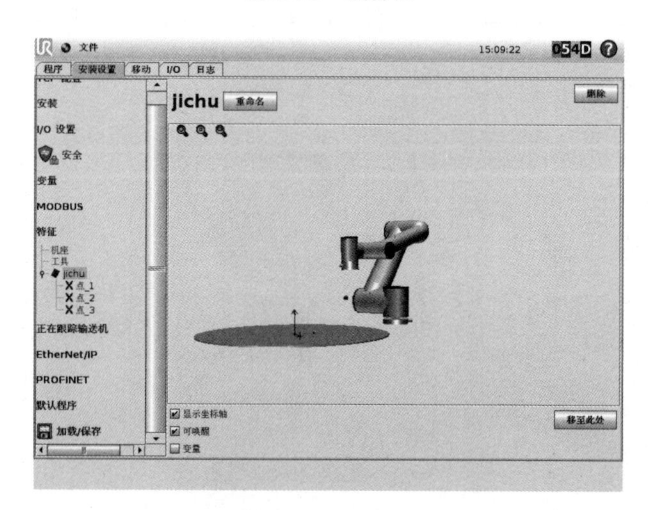

图 4-13　平面特征

平面特征建立的操作步骤见表 4-7。其操作目标是在基础实训模块上表面建立平面特征，该特征的坐标系如图 4-14 所示。

图 4-14　平面特征坐标系

表 4-7　平面特征建立的操作步骤

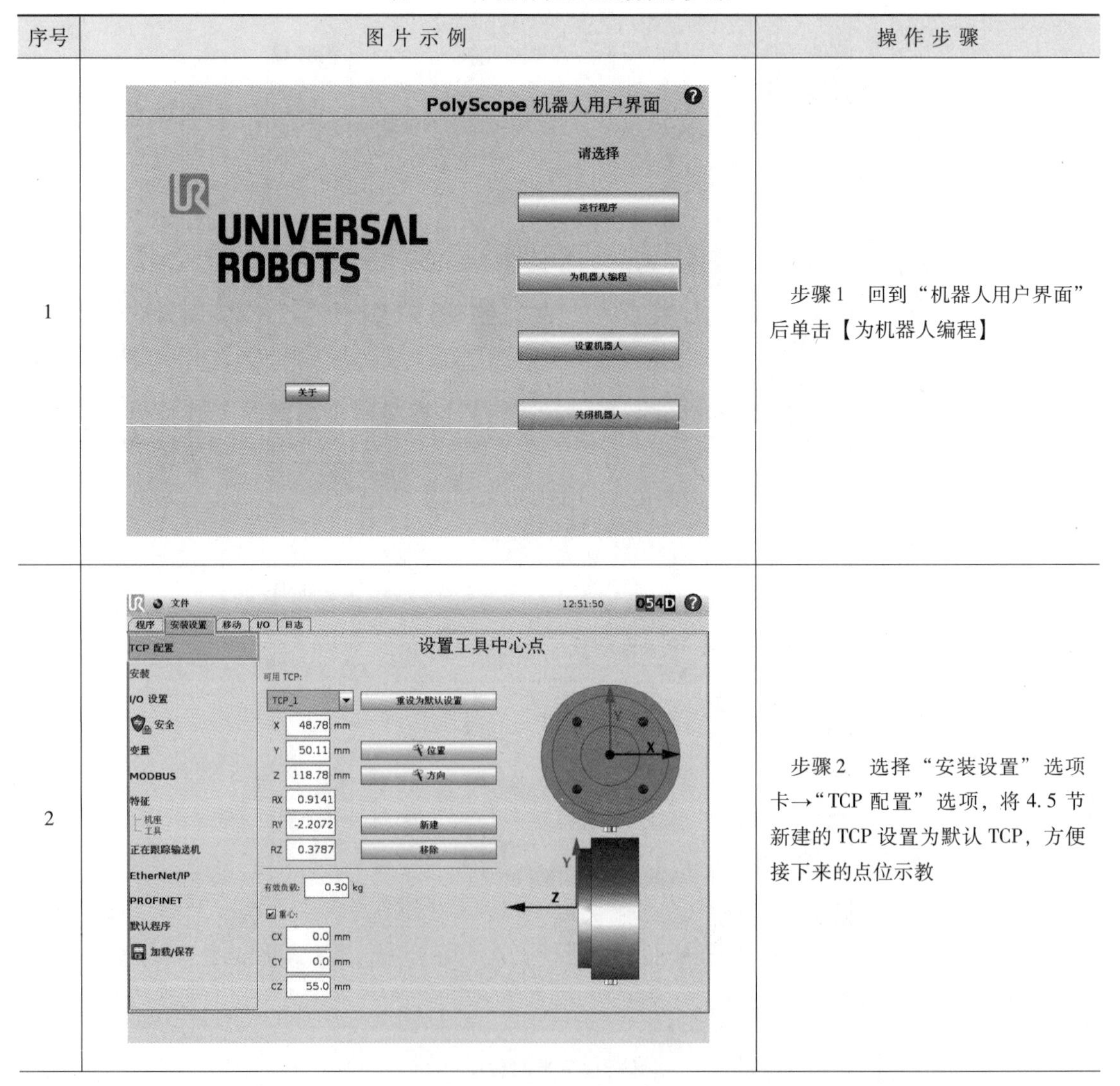

序号	图 片 示 例	操 作 步 骤
1		步骤 1　回到“机器人用户界面”后单击【为机器人编程】
2		步骤 2　选择“安装设置”选项卡→“TCP 配置”选项，将 4.5 节新建的 TCP 设置为默认 TCP，方便接下来的点位示教

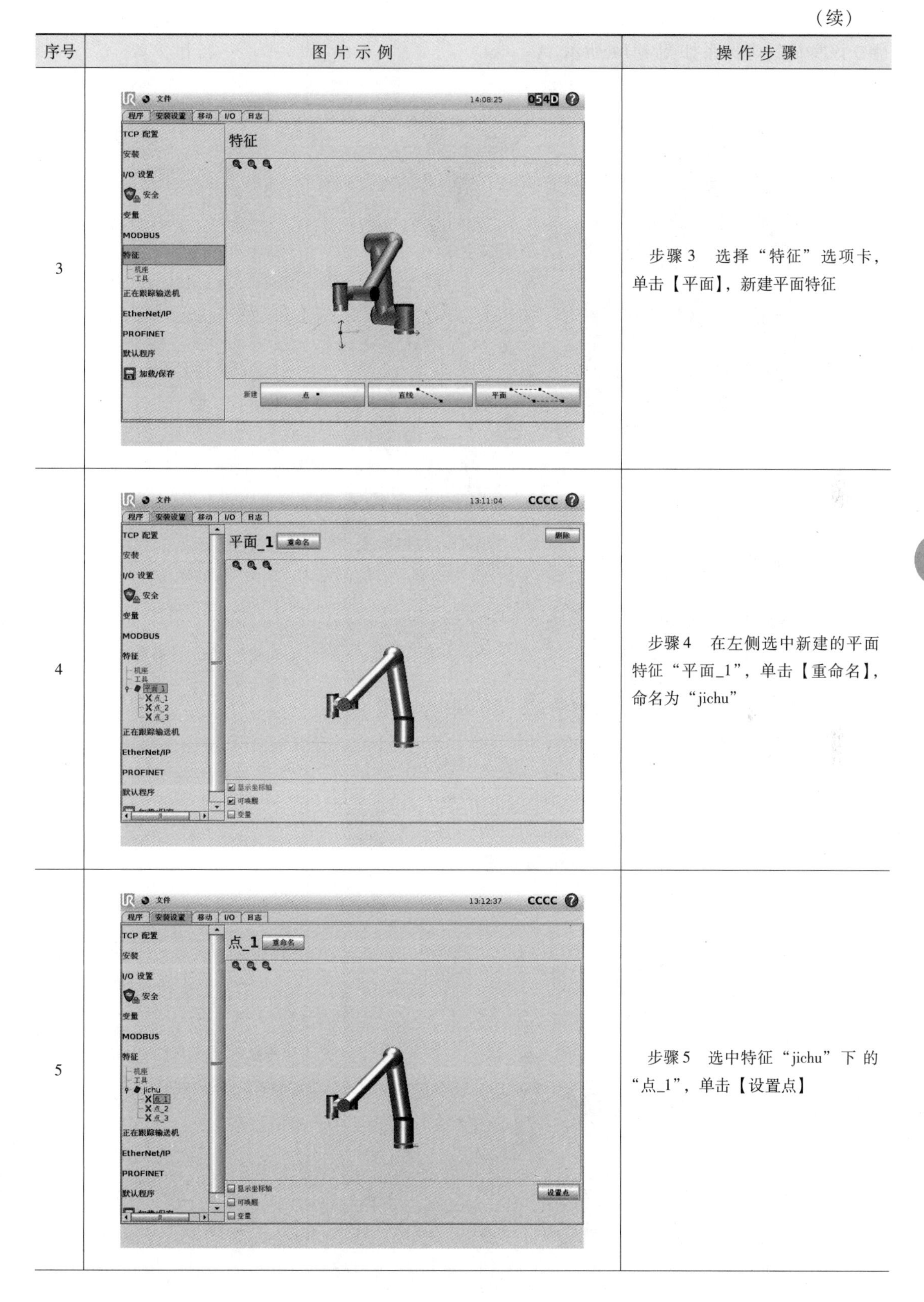

（续）

序号	图片示例	操作步骤
3		步骤3 选择“特征”选项卡，单击【平面】，新建平面特征
4		步骤4 在左侧选中新建的平面特征“平面_1”，单击【重命名】，命名为“jichu”
5		步骤5 选中特征“jichu”下的“点_1”，单击【设置点】

（续）

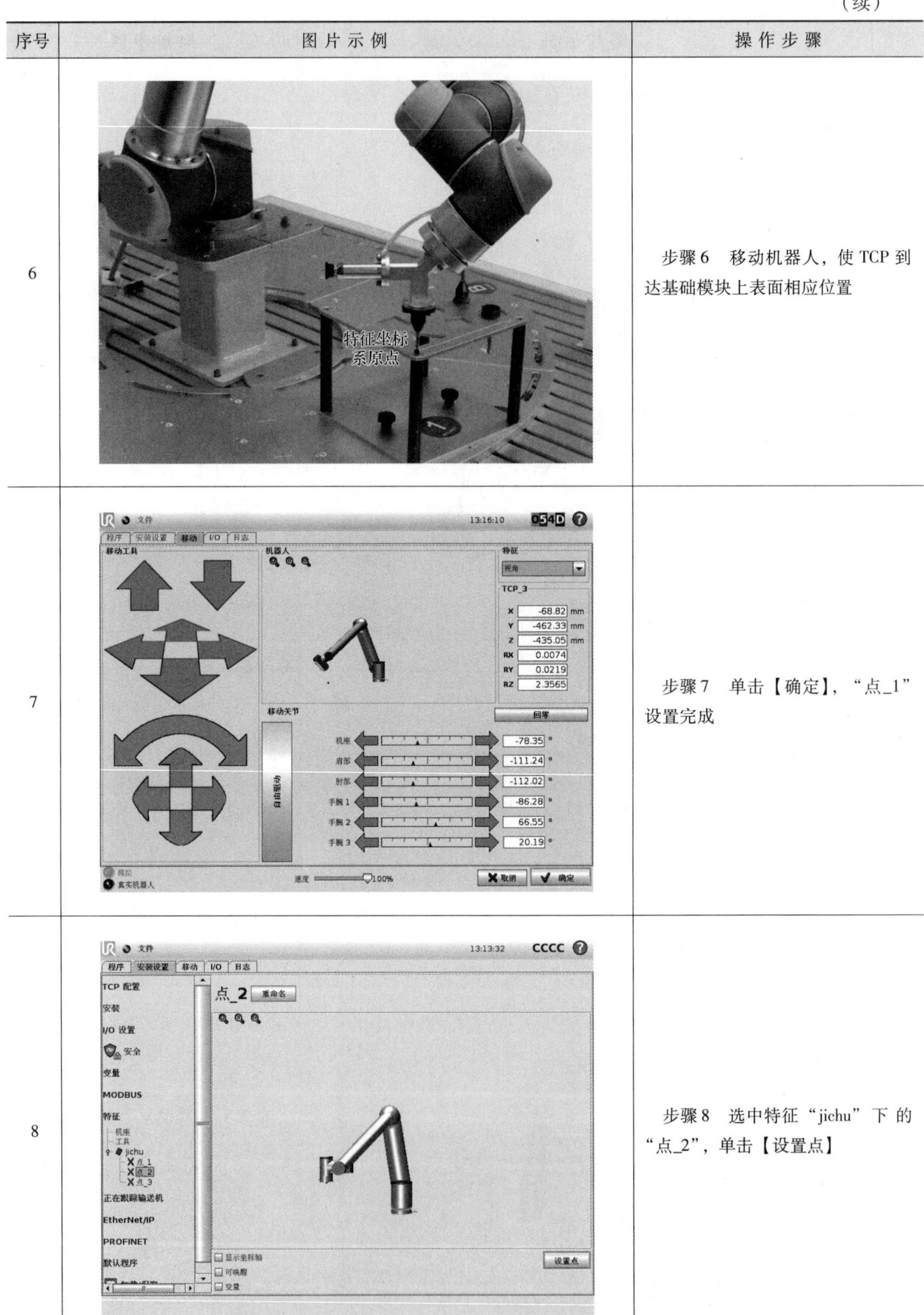

序号	图片示例	操作步骤
6		步骤 6　移动机器人，使 TCP 到达基础模块上表面相应位置
7		步骤 7　单击【确定】，“点_1”设置完成
8		步骤 8　选中特征“jichu”下的“点_2”，单击【设置点】

（续）

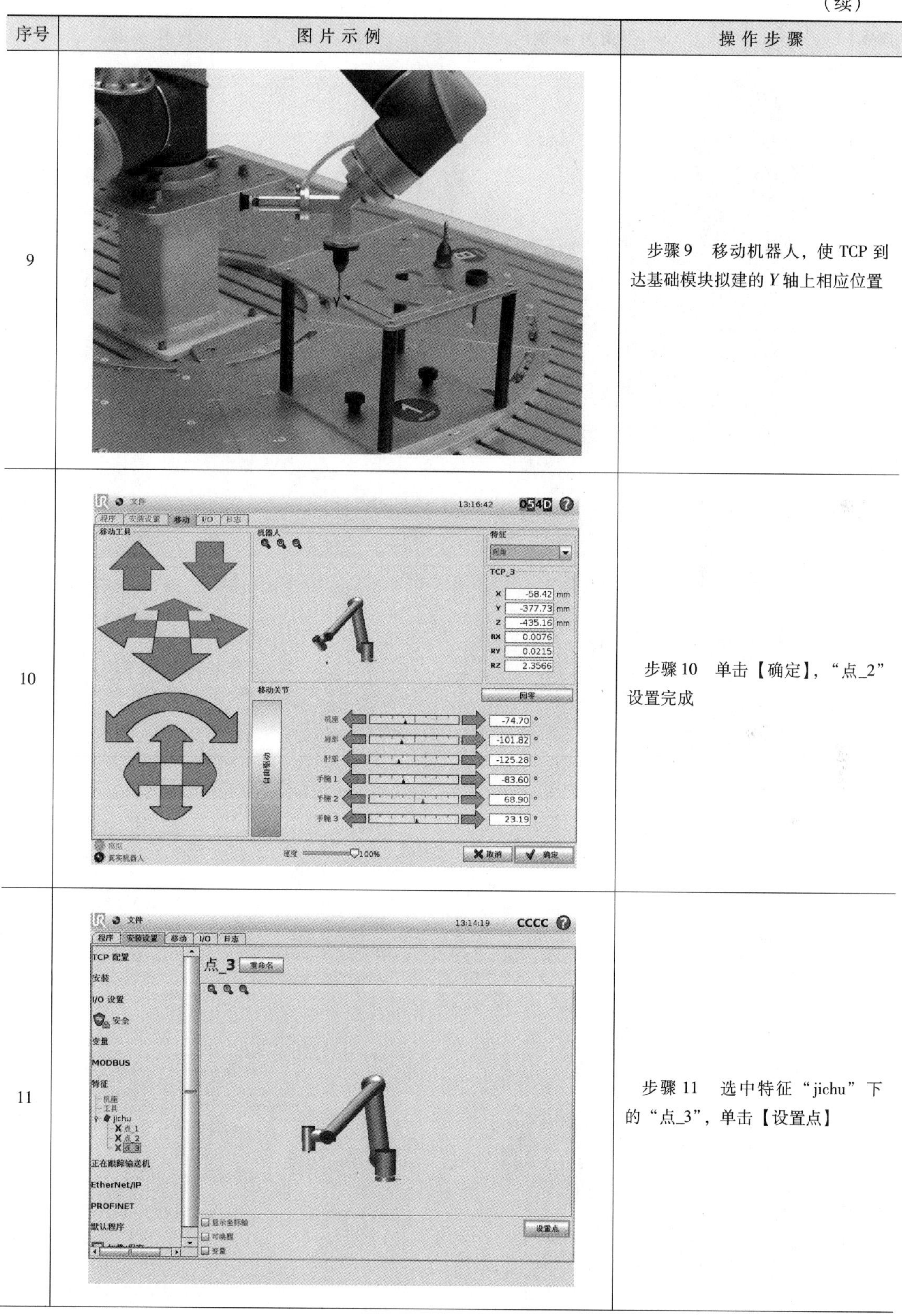

序号	图片示例	操作步骤
9		步骤 9　移动机器人，使 TCP 到达基础模块拟建的 Y 轴上相应位置
10		步骤 10　单击【确定】，“点_2”设置完成
11		步骤 11　选中特征“jichu”下的“点_3”，单击【设置点】

（续）

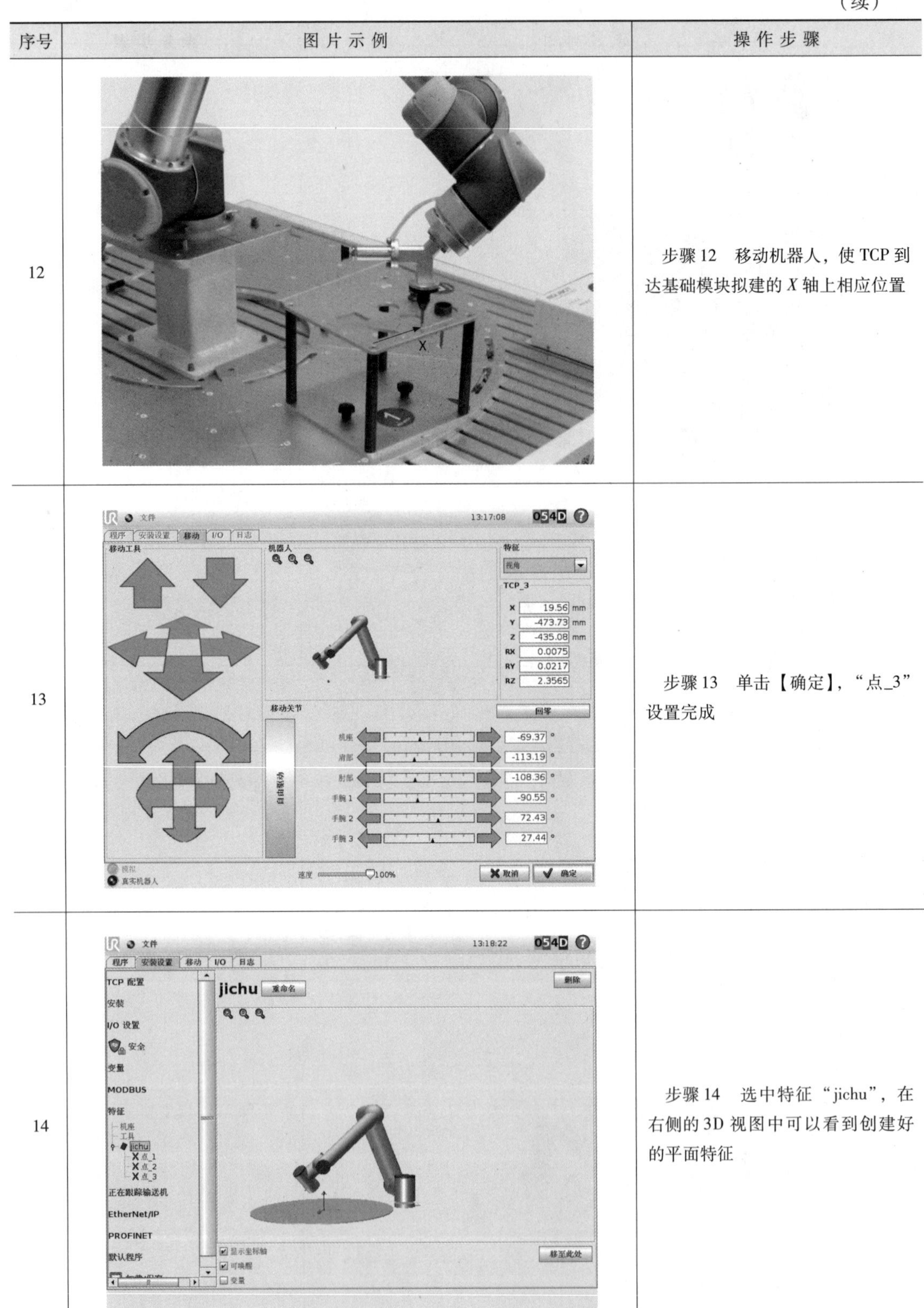

序号	图片示例	操作步骤
12		步骤 12　移动机器人，使 TCP 到达基础模块拟建的 X 轴上相应位置
13		步骤 13　单击【确定】，“点_3”设置完成
14		步骤 14　选中特征“jichu”，在右侧的 3D 视图中可以看到创建好的平面特征

（续）

<table>
<tr><th>序号</th><th>图片示例</th><th>操作步骤</th></tr>
<tr><td>15</td><td>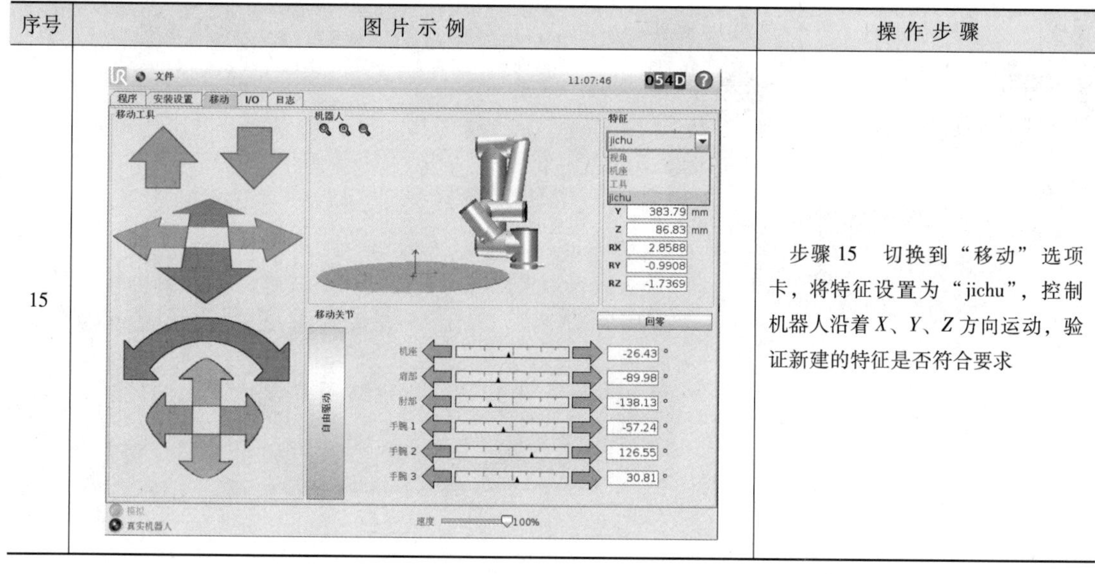
</td><td>步骤 15　切换到“移动”选项卡，将特征设置为“jichu”，控制机器人沿着 X、Y、Z 方向运动，验证新建的特征是否符合要求</td></tr>
</table>

思　考　题

1. 机器人特征有哪几类？
2. 简述关节运动操作方法。
3. 简述直线运动操作方法。
4. 简述自由驱动操作方法。
5. 如何进行 TCP 配置？
6. 如何示教平面特征？

I/O通信

I/O 信号即输入/输出信号，是机器人与末端执行器、外部装置等系统外围设备进行通信的电信号。UR 机器人的 I/O 信号可分为三类：控制器 I/O、工具 I/O 和 MODBUS 客户端 I/O。启动机器人控制器后，单击“机器人用户界面”中的【为机器人编程】按钮，选择“I/O”选项卡即可看到机器人所有 I/O 的当前状态，如图 5-1 所示。在此界面除了可以监控 I/O，还可以手动强制部分输出信号，更改相关设置。

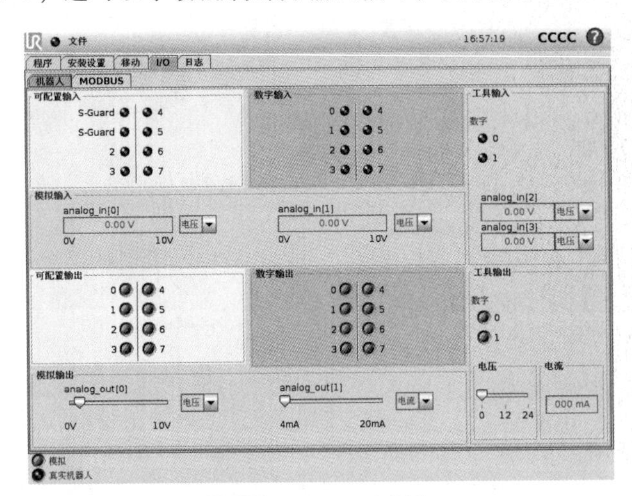

图 5-1 “I/O”选项卡

11. 控制器 I/O（1）

5.1 控制器 I/O

控制器 I/O 分为安全 I/O、通用数字 I/O、通用模拟 I/O、远程控制 I/O。控制箱内部的电气接口如图 5-2 所示。

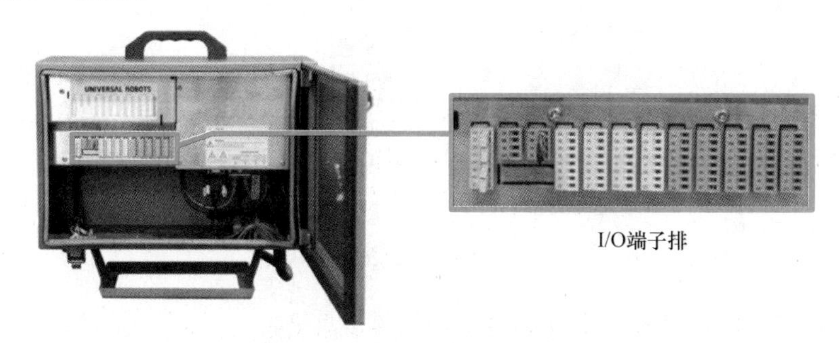

图 5-2 控制箱内部的电气接口

控制箱 I/O 布局示意图如图 5-3 所示，不同颜色的含义见表 5-1。

	Safety	Remote	Power	Configurable Inputs		Configurable Outputs		Digital Inputs		Digital Outputs		Analog	
Emergency Stop	24V	12V	PWR	24V	24V	0V	0V	24V	24V	0V	0V	AG	Analog Inputs
	EI0	GND	GND	CI0	CI4	CO0	CO4	DI0	DI4	DO0	DO4	AI0	
	24V	ON	24V	24V	24V	0V	0V	24V	24V	0V	0V	AG	
	EI1	OFF	0V	CI1	CI5	CO1	CO5	DI1	DI5	DO1	DO5	AI1	
Safeguard Stop	24V			24V	24V	0V	0V	24V	24V	0V	0V	AG	Analog Outputs
	SI0			CI2	CI6	CO2	CO6	DI2	DI6	DO2	DO6	AO0	
	24V			24V	24V	0V	0V	24V	24V	0V	0V	AG	
	SI1			CI3	CI7	CO3	CO7	DI3	DI7	DO3	DO7	AO1	
	①	②	③	④				⑤				⑥	

图 5-3 控制箱 I/O 布局示意图

表 5-1 控制器 I/O 含义

序号	类型	功能
①	黄色，含红色文本	专用安全信号
②	灰色，含黑色文本	远程 ON/OFF 控制
③	灰色，含黑色文本	电源
④	黄色，含黑色文本	可进行安全配置
⑤	灰色，含黑色文本	通用数字 I/O
⑥	绿色，含黑色文本	通用模拟 I/O

5.1.1 数字 I/O 通用规范

使用控制器的安全 I/O、可配置 I/O 和通用 I/O，这些 24V 数字 I/O 都需要遵循以下相应的电气规范。

数字 I/O 可由内部 24V 电源供电，也可通过配置“电源”接线盒，由外部电源供电。“电源”终端盒由四个终端组成，如图 5-4 所示。其中，“PWR”和“GND”分别为内部电源的 24V 和 0V。终端盒的“24V”和“0V”是数字 I/O 的 24V、0V 公共端。默认配置是使用内部电源，如图 5-4a 所示。如果需要更大的电流，可按图 5-4b 所示，将外部电源连接到数字 I/O 的公共端。

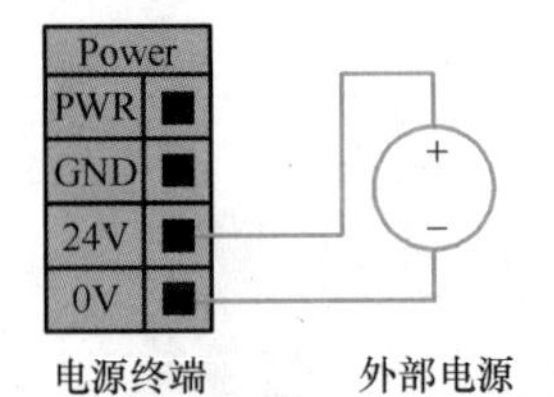

a) 内部电源供电　b) 外部电源供电

图 5-4　电源配置

内部电源、外部电源和数字 I/O 的电气规范见表 5-2。

表 5-2　电源电气规范

终　端	参　数	范　围
内置 24V 电源 [PWR - GND]	电压/V	23 ~ 25（典型值 24）
	电流/A	0 ~ 2
外部 24V 输入 [24V - 0V]	电压/V	20 ~ 29（典型值 24）
	电流/A	0 ~ 6
数字输出 [COx/DOx]	电流/A	0 ~ 1
	输出类型	PNP
数字输入 [EIx/SIx/CIx/DIx]	电压/V	−3 ~ 30
	OFF 区域	−3 ~ 5
	ON 区域	11 ~ 30
	输入类型	PNP

5.1.2　安全 I/O

安全 I/O 是为了保障机器人或人员安全而设置的 I/O，具有触发机器人停止的功能。所有安全 I/O 均成对存在（冗余），并保留成两个独立的分支，以便单一线路故障不会导致安全功能丧失。

安全 I/O 固定的输入有两个：紧急停止和防护停止。

1）紧急停止输入仅用于紧急停止设备。

2）防护停止输入用于所有类型的安全型保护设备。紧急停止和防护停止的功能差异见表 5-3。

表 5-3　紧急停止和防护停止的功能差异

类　型	紧急停止	防护停止
机器人停止运动	是	是
程序执行	停止	暂停
机器人电源	关	开
重置	手动	自动或手动
使用频率	不常使用	每个运行周期不超过一次

（续）

类　　型	紧急停止	防护停止
需要重新初始化	仅释放制动器	否
停机类别（IEC 60204-1）	1	2

下面列举一些关于使用安全 I/O 的示例。

1. 默认安全配置

交付给用户的机器人都进行了默认安全配置，利用四个桥接件短接安全 I/O 和 24V，使机器人在没有任何附加安全设备的情况下进行操作，如图 5-5 所示。

2. 连接紧急停止按钮

在大多数应用中，需要使用一个或多个额外的紧急停止按钮。单个紧急停止按钮接线示意图如图 5-6 所示。

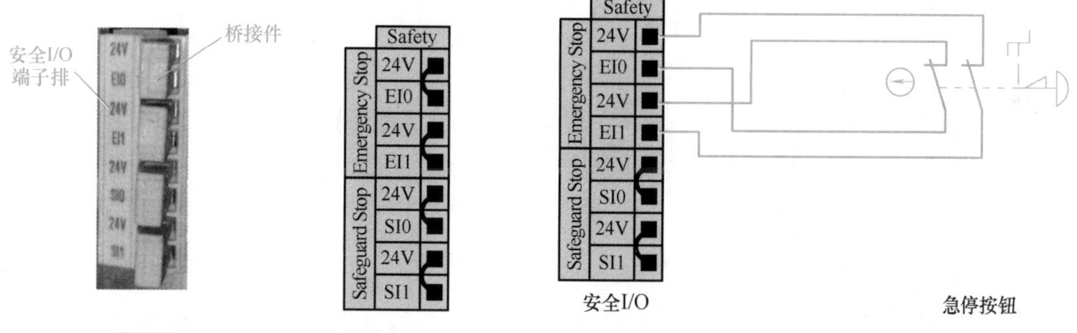

图 5-5　默认安全配置

图 5-6　紧急停止按钮接线示意图

3. 可自动恢复的防护停止

门开关是基本防护停止设备的一个例子，工作站门打开时，机器人停止，接线示意图如图 5-7 所示。

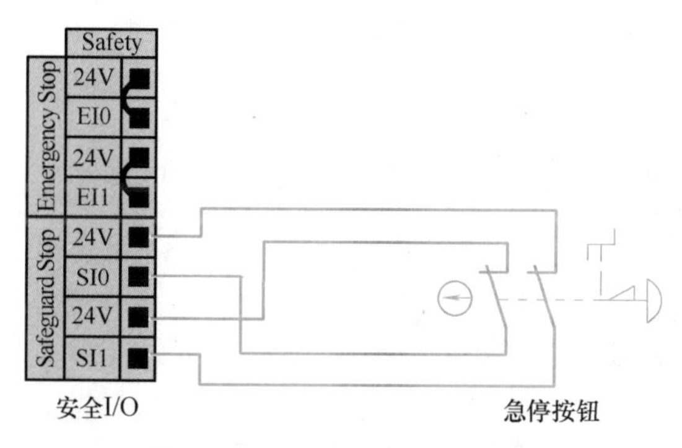

图 5-7　防护停止设备接线示意图

5.1.3　可配置 I/O

可配置 I/O 可以当成通用数字 I/O 使用，也可配置为安全 I/O。用户可以将可配置 I/O 设置为紧急停止输出等其他安全 I/O 功能。配置可配置 I/O 的操作步骤见表 5-4。

表 5-4　配置可配置 I/O 的操作步骤

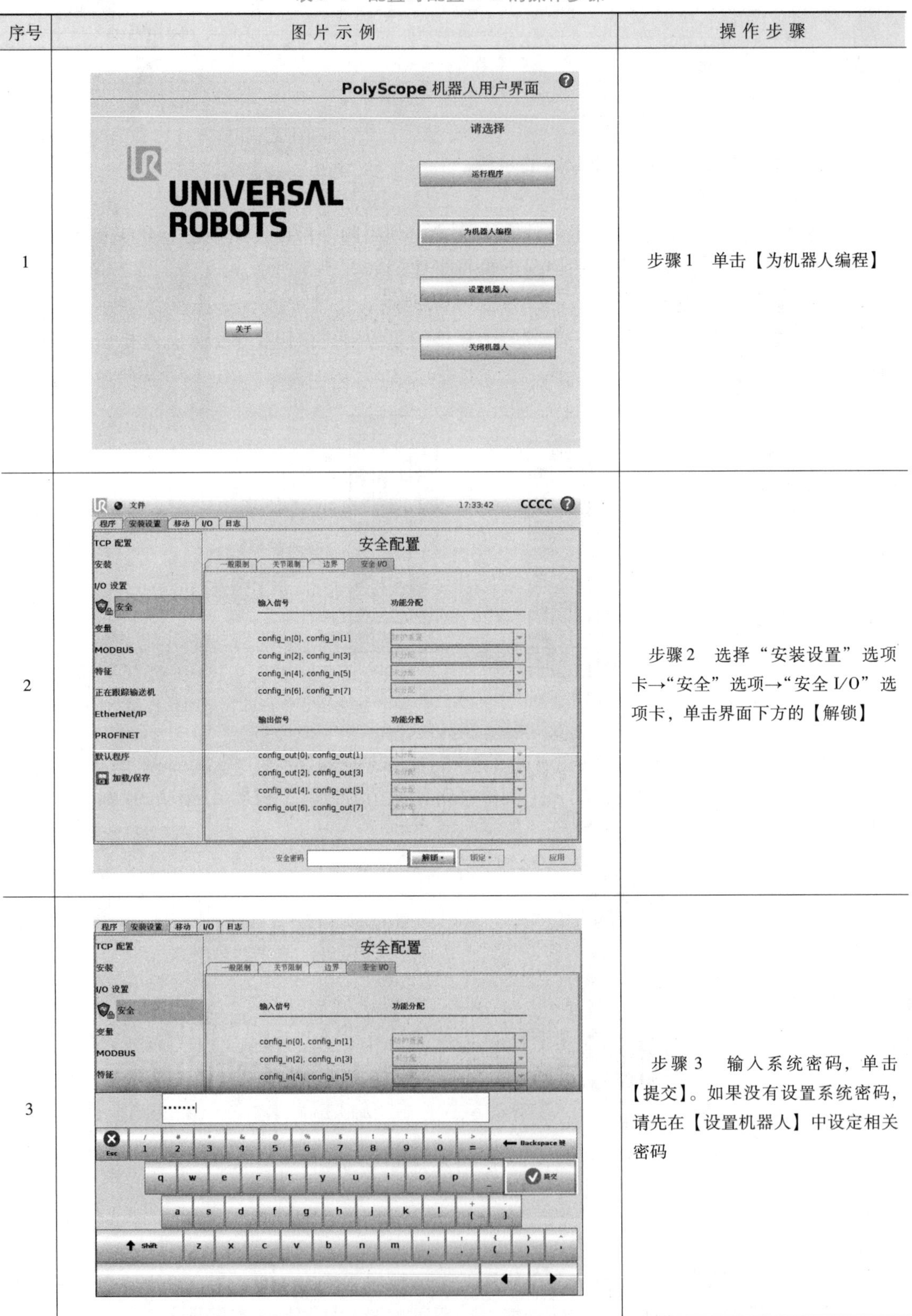

序号	图片示例	操作步骤
1		步骤 1　单击【为机器人编程】
2		步骤 2　选择“安装设置”选项卡→“安全”选项→“安全 I/O”选项卡，单击界面下方的【解锁】
3		步骤 3　输入系统密码，单击【提交】。如果没有设置系统密码，请先在【设置机器人】中设定相关密码

（续）

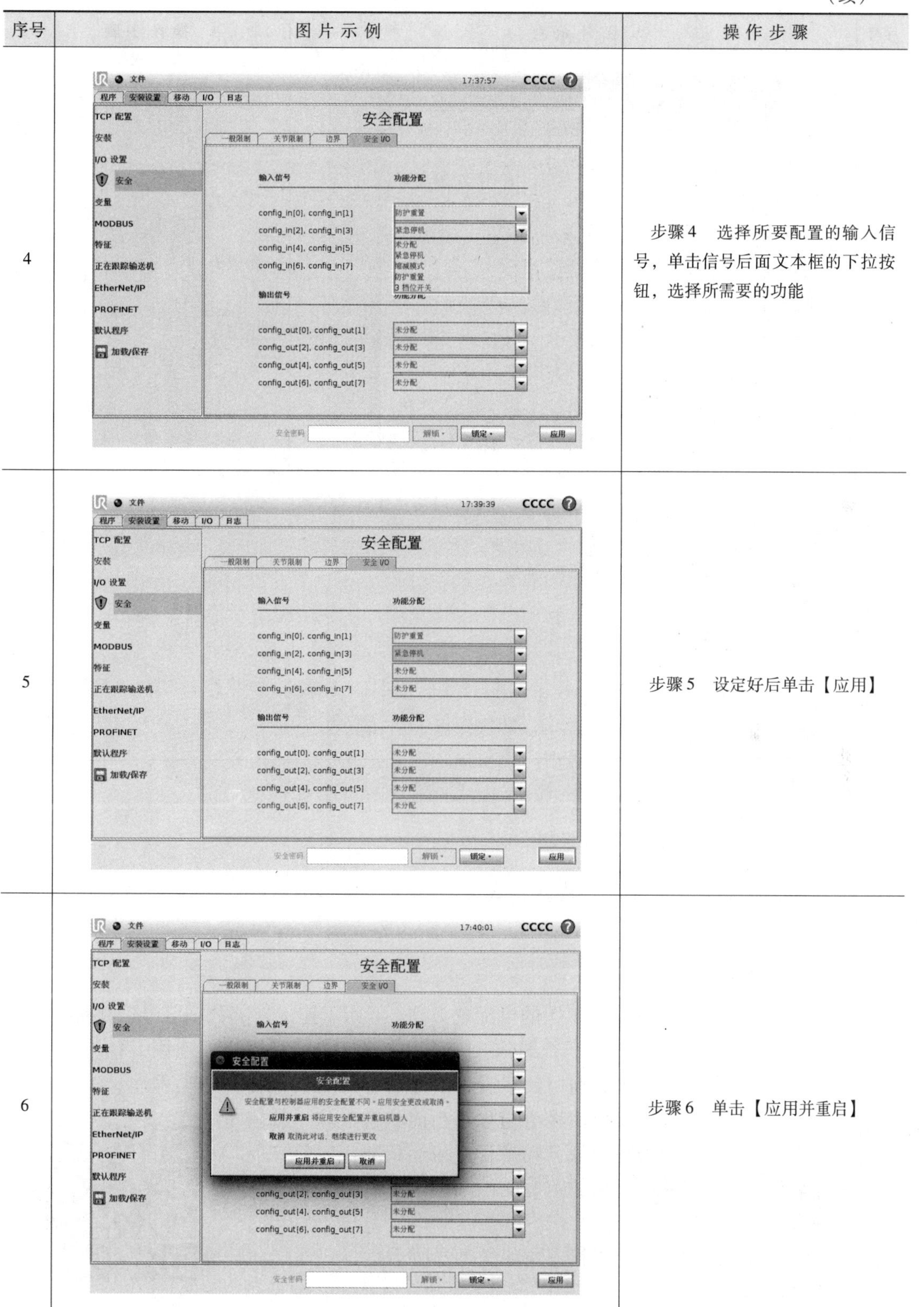

序号	图片示例	操作步骤
4		步骤 4　选择所要配置的输入信号，单击信号后面文本框的下拉按钮，选择所需要的功能
5		步骤 5　设定好后单击【应用】
6		步骤 6　单击【应用并重启】

（续）

序号	图片示例	操作步骤
7		步骤 7　单击【确认安全配置】
8		步骤 8　可配置 I/O 配置完成

5.1.4　通用数字 I/O

通用 I/O 或者未配置为安全 I/O 的可配置 I/O，可用于连接外部数字信号，直接驱动继电器等设备，或用于与其他 PLC 系统通信。除了以上功能外，还可以对通用 I/O 进行设置，使其关联一些特殊功能。其中，通用数字输入信号可以关联的操作有启动程序、停止程序、暂停程序、自由驱动。数字输出信号可与程序当前状态关联，使得当程序未运行时数字输出为高或低，或者程序未运行时高，停止时低。下面列举一些关于使用通用数字 I/O 的示例。

1. 数字输出

通过数字输出控制负载的连接方式如图 5-8 所示。

2. 数字输入

简单按钮与数字输入的连接方式如图 5-9 所示。

12. 控制器 I/O（2）

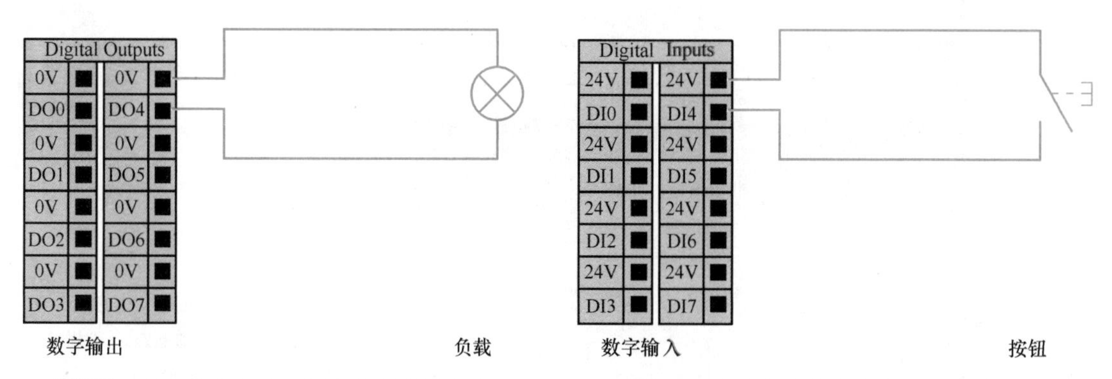

图 5-8 通过数字输出控制负载的连接方式

图 5-9 简单按钮与数字输入的连接方式

配置通用数字 I/O 的具体操作步骤见表 5-5。

表 5-5 配置通用数字 I/O 的操作步骤

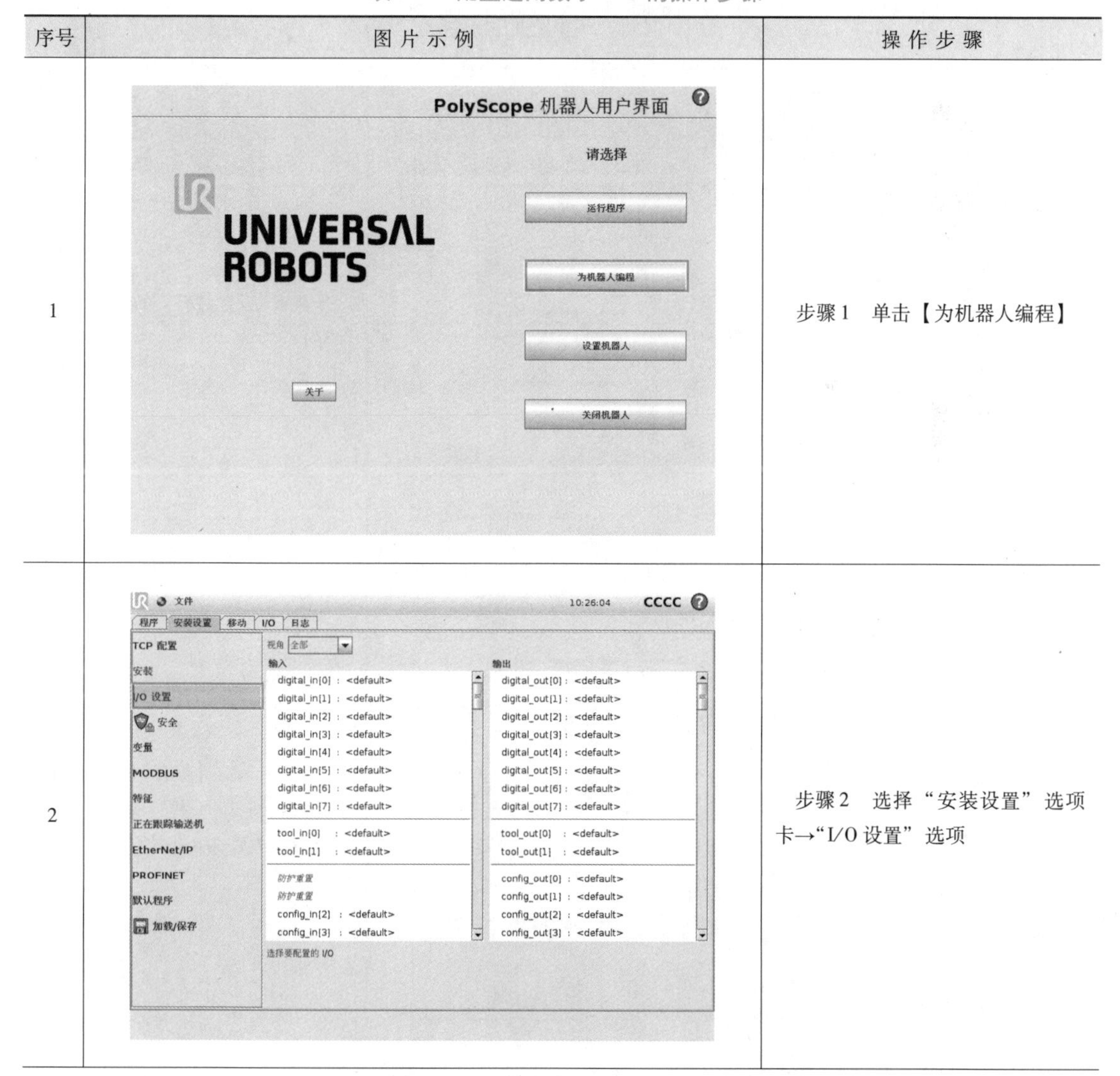

序号	图片示例	操作步骤
1		步骤 1 单击【为机器人编程】
2		步骤 2 选择“安装设置”选项卡→“I/O 设置”选项

（续）

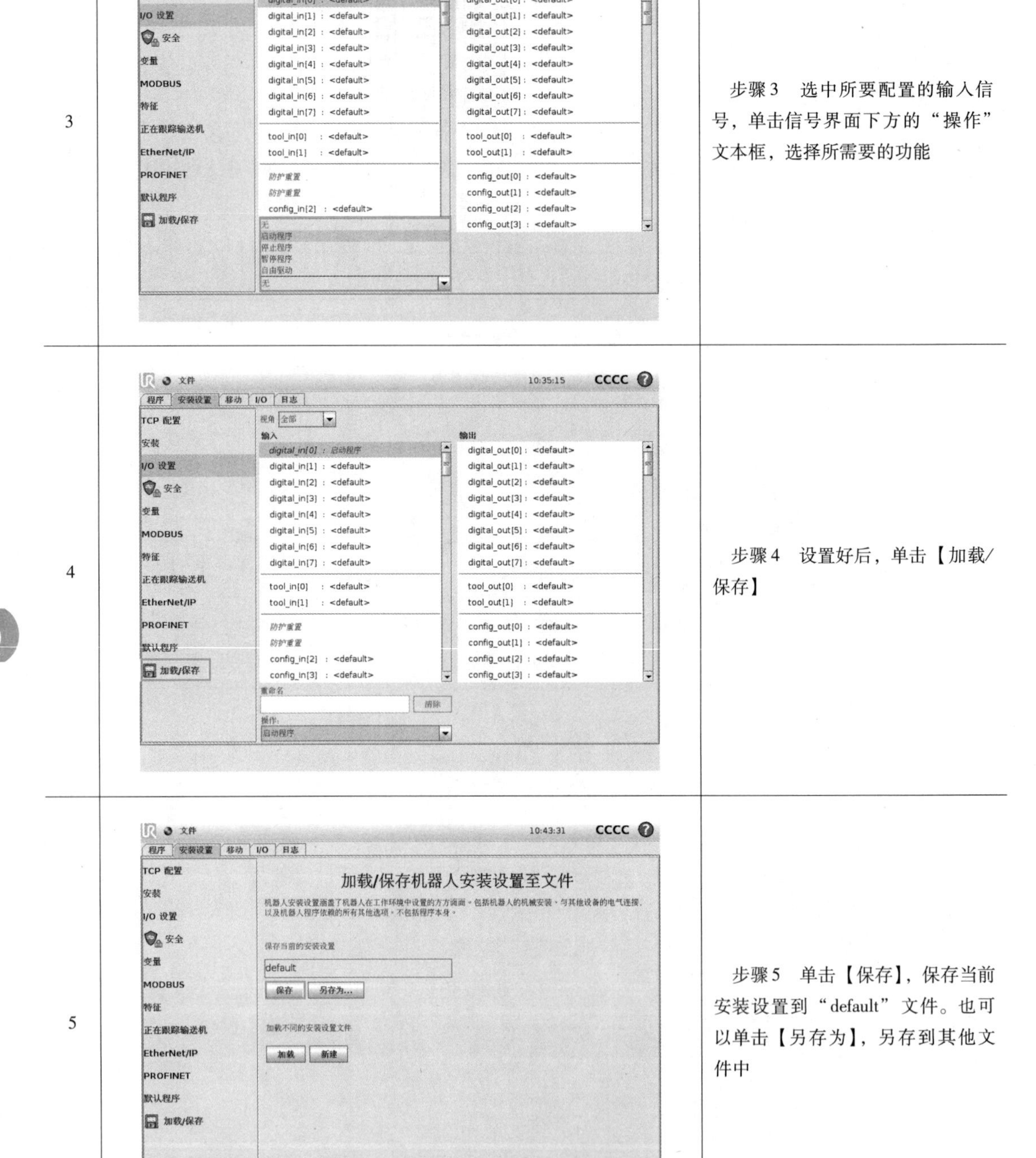

序号	图片示例	操作步骤
3		步骤 3　选中所要配置的输入信号，单击信号界面下方的“操作”文本框，选择所需要的功能
4		步骤 4　设置好后，单击【加载/保存】
5		步骤 5　单击【保存】，保存当前安装设置到“default”文件。也可以单击【另存为】，另存到其他文件中

5.1.5 通用模拟 I/O

模拟 I/O 接口可用于设置或测量进出其他设备的电压（0~10V）或电流（4~20mA）。为获得高准确度，建议遵循以下说明。

1）使用最靠近此 I/O 的 AG 终端。此 I/O 共享同一个滤模器。

2）设备和控制器使用相同的接地（0V）。模拟 I/O 与控制器不进行电位隔离。

3）使用屏蔽电缆或双绞线，将屏蔽线与“电源”端子上的“GND”终端相连。

4）使用在电流模式下工作的设备。电流信号的敏感度低于接口。

使用模拟 I/O 的电气规范见表 5-6。下面列举一些使用通用模拟 I/O 的示例。

表 5-6 模拟 I/O 电气规范

终　　端	参　　数	范　　围
电流模式下的模拟输入 AIx-AG	电流/mA	4~20
	电阻/Ω	20
	分辨率/bit	12
电压模式下的模拟输入 AIx - AG	电压/V	0~10
	电阻/Ω	10
	分辨率/bit	12
电流模式下的模拟输出 AOx - AG	电流/mA	4~20
	电阻/Ω	10
	分辨率/bit	12
电压模式下的模拟输出 AOx - AG	电压/V	0~10
	电流/mA	-20~20
	电阻/Ω	1
	分辨率/bit	12

1. 使用模拟输出

利用模拟输出控制传送带速度的连接方式如图 5-10 所示。

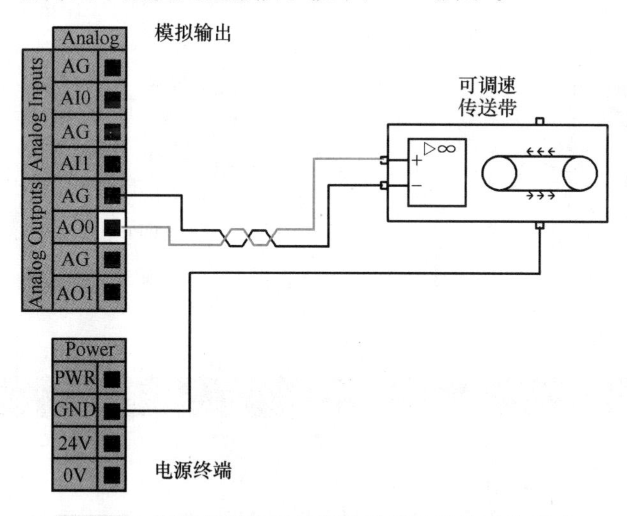

图 5-10 利用模拟输出控制传送带速度的连接方式

2. 使用模拟输入

使用模拟输入时，与模拟传感器的连接方式如图 5-11 所示。

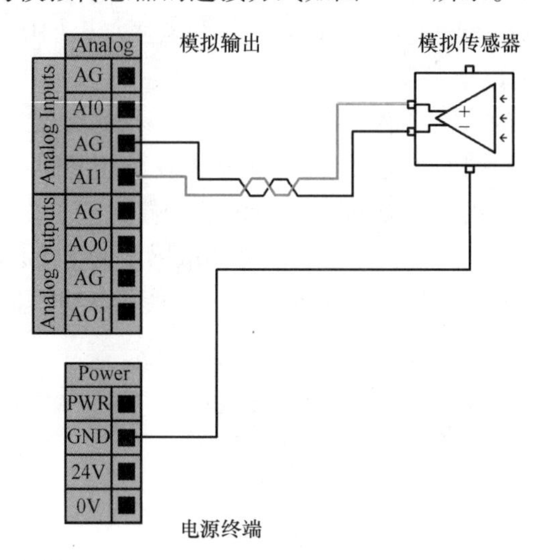

图 5-11　利用模拟输入与模拟传感器的连接方式

5.1.6　远程控制 I/O

利用远程控制 I/O，可在不使用示教盒的情况下开启和关闭控制器。它通常用于以下方面。

1）示教盒不可接近的情况。

2）PLC 系统必须实施全面控制的情况。

3）必须同时开启或关闭多个机器人的情况。

远程控制 I/O 提供有 12V 的小型辅助电源，控制器关闭时此电源将保持活动状态。“ON” 和 “OFF” 输入只能用于短时间激活。“ON” 输入与电源按钮的工作原理相同。务必对远程关闭控制使用 “OFF” 输入，因为此信号允许控制器保存文件和正常关闭。远程 ON 的激活时间是 200 ~ 600ms。

远程 ON 按钮的连接方式如图 5-12 所示。远程 OFF 按钮的连接方式如图 5-13 所示。

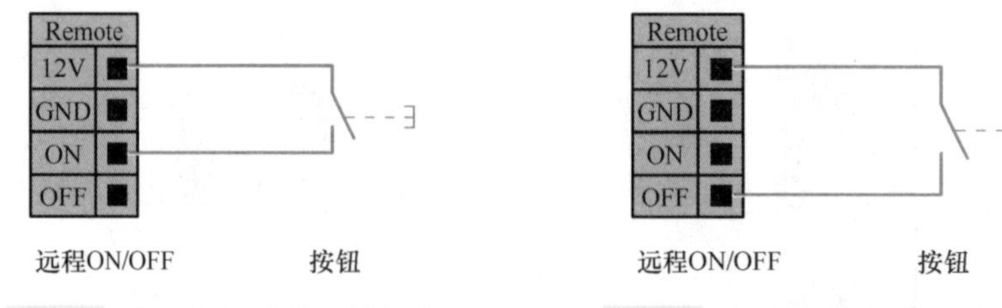

图 5-12　远程 ON 按钮连接方式　　图 5-13　远程 OFF 按钮连接方式

5.2 工具 I/O

在机器人的工具端，有一个 8 引脚的小型连接器，如图 5-14 所示。此连接器为特定机器人工具上使用的夹持器和传感器提供电源和控制信号。要使用工具 I/O，需有适配的接头和线缆，例如 Lumberg RKMV 8-354 工业电缆，如图 5-15 所示。该电缆内部的八条线有不同颜色，不同颜色代表不同的功能，见表 5-7。

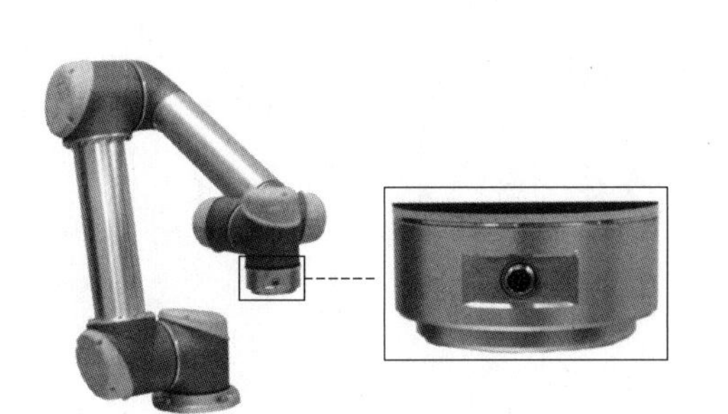

图 5-14　工具 I/O 连接器

图 5-15　Lumberg RKMV 8-354 工业电缆

13. 工具 I/O

表 5-7　电缆线信号

颜　色	信　号
红色	0V（GND）
灰色	0V/ +12V/ +24V（电源）
蓝色	工具数字输出 0（TO0）
粉红色	工具数字输出 1（TO1）
黄色	工具数字输入 0（TI0）
绿色	工具数字输入 1（TI1）
白色	模拟输入 2（AI2）
棕色	模拟输入 3（AI3）

在 GUI 的 I/O 选项卡中，可将内部电源设置为 0V、12V 和 24V。

5.2.1　数字 I/O

1. 数字输出

工具 I/O 数字输出以 NPN 的形式实现，数字输出激活后，相应的接头即会被驱动接通 GND。数字输出端禁用后，相应的接头将处于开路（开集/开漏）。

工具 I/O 的数字输出和负载的连接方式如图 5-16 所示。其中，“POWER” 指的是 12V 或 24V 的内部电源。

注意：使用工具 I/O 数字输出前必须要在 I/O 选项卡中定义输出电压，即使负载已关闭，“电源” 接头和防护罩/地面之间仍存在电压。

2. 数字输入

工具 I/O 数字输入以配有弱下拉电阻器的 PNP 形式实现，这意味着浮置输入的读数始终为低。工具 I/O 的数字输入和按钮的连接方式如图 5-17 所示。

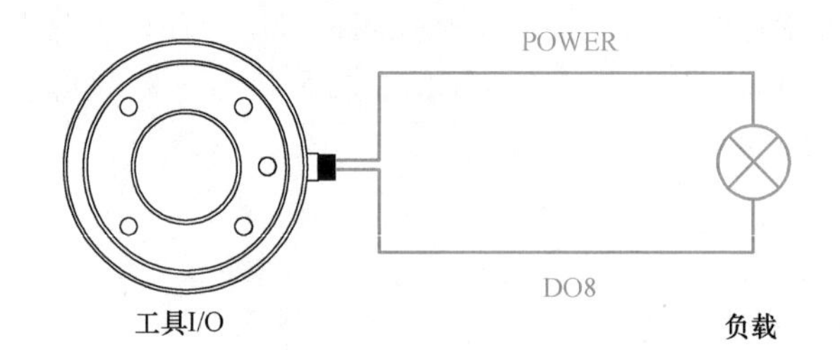

图 5-16　工具 I/O 数字输出和负载的连接方式

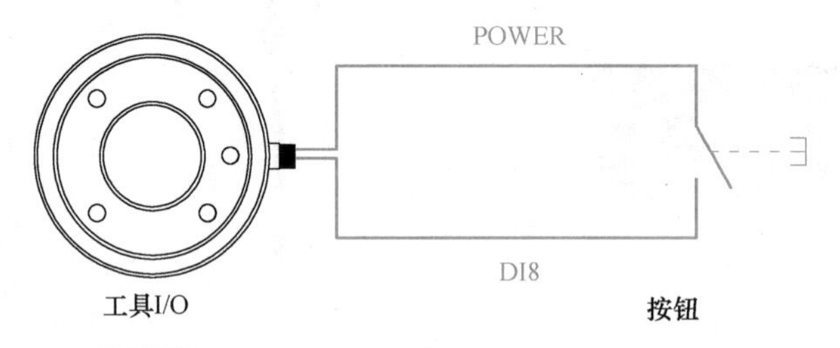

图 5-17　工具 I/O 数字输入和按钮的连接方式

5.2.2　模拟输入

工具 I/O 模拟输入为非差分输入，可在 I/O 选项卡上设置为电压或电流模式。相关电气规范见表 5-8。

表 5-8　工具 I/O 模拟输入电气规范

参　　数	范　　围
电压模式下的输入电压/V	-0.5～26
0～10V 电压范围内的输入电阻/kΩ	15
电流模式下的输入电压/V	-0.5～5.0
电流模式下的输入电流/mA	-2.5～25
4～20mA 电流范围内的输入电阻/Ω	200

工具 I/O 模拟输入与模拟传感器非差分输出的连接方式如图 5-18 所示。只要模拟输入的输入模式设置与 I/O 选项卡中的设置相同，那么传感器的输出端可设置为电流模式，也可设置为电压模式。请确保带有电压输出端的传感器可以驱动工具的内部电阻，否则测量值可能无效。

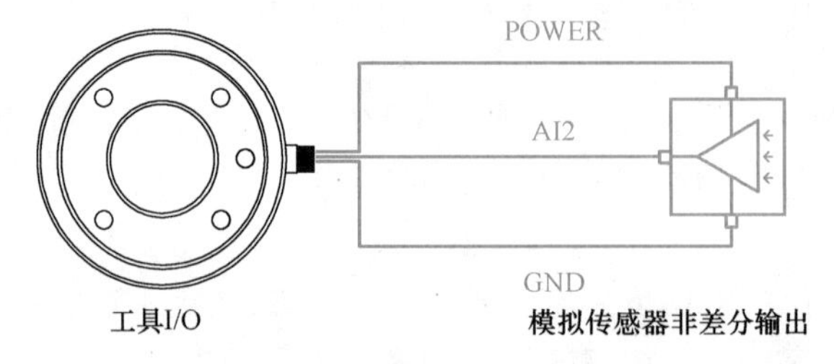

图 5-18　工具 I/O 模拟输入与模拟传感器非差分输出的连接方式

思 考 题

1. 控制器 I/O 分为哪几类?
2. 如何使用安全 I/O?
3. 如何配置可配置 I/O?
4. 如何远程启动控制器?
5. 简述模拟 I/O 的使用方法。

第6章 机器人指令

Chapter

机器人的指令也称为命令，是为了让机器人完成某些动作而设定的描述语句。在 UR 机器人系统中，指令分为三部分：基本指令、高级指令和功能向导。基本指令中包含了机器人运动方式、位置点设置等基础功能。高级指令中包含了条件判断、赋值和循环运行等高级功能。功能向导中包含了码垛设置、力的应用、传送带跟踪等特殊功能。

6.1 基本指令

6.1.1 移动

14. 基本指令（1）

“移动”命令通过基本路点控制机器人的运动，如图 6-1 所示。路点必须置于“移动”命令下。“移动”命令定义机器人手臂在这些路点之间的运动方式。

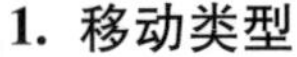

1. 移动类型

移动类型有 MoveJ、MoveL 和 MoveP 三种。移动的速度曲线分为加速、稳速和减速三段，如图 6-2 所示。稳速阶段的速度值由移动的速度设置而定，加速和减速阶段的陡度则由加速参数而定。

（1）MoveJ　在机器人手臂关节区内执行所计算的移动。系统同时控制每个关节运动至所需的终点位置，该过程中工具的移动路径是曲线（见图 6-3）。适用于此移动类型的共用参数包括用于进行移动计算的最大关节速度和最大关节加速度［单位分别为 (°)/s 和 $(°)/s^2$］。此移动类型适用于机器人手臂在路点之间快速移动，而不用考虑工具在这些路点之间的移动路径。

图 6-1　“移动”命令

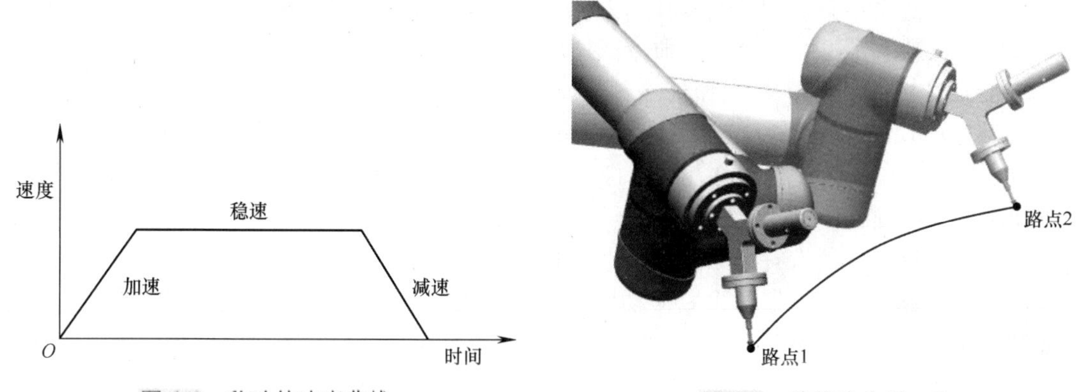

图 6-2　移动的速度曲线

图 6-3　关节移动 MoveJ

（2）MoveL　使工具在路点之间进行线性移动。这意味着每个关节都会执行更为复杂的移动，以使工具保持在直线路径上（见图 6-4）。适用于此移动类型的共用参数包括所需工具速度和工具加速度（单位分别为 mm/s 和 mm/s^2）以及特征。工具位置路点将由所选特征的特征空间表示。与特征空间相关的具体影响参数包括可变特征和可变路点。

（3）MoveP　使工具以恒定速度通过圆形混合区进行线性移动（见图 6-5），适用于黏合或配制等工艺操作。默认情况下，所有路点使用相同的交融半径。交融半径越小，路径转角越大；反之，交融半径越大，路径越平直。机器人手臂以恒定速度经过各路点时，机器人控制器不会等待 I/O 操作或操作员的操作。若存在 I/O 操作或操作员采取行动，可能会使机器人手臂停止运动，或导致保护性停止。

圆形移动可以添加至 MoveP 命令下，包含两个路点：第一个路点规定圆弧上的一个经过点；第二个路点即移动的终点。机器人将从当前位置开始做圆形移动，然后通过两个规定的路点。模式可以是固定（只有起点用于定义工具方向）或者无约束（从起点的方向转换为终点的方向）。

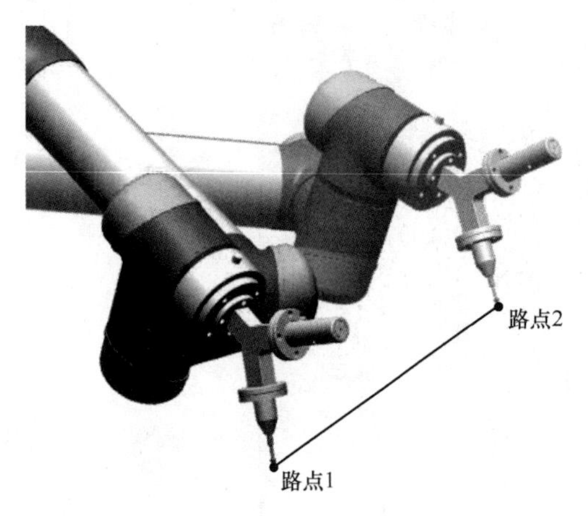

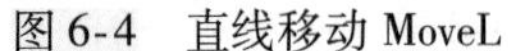
图 6-4　直线移动 MoveL

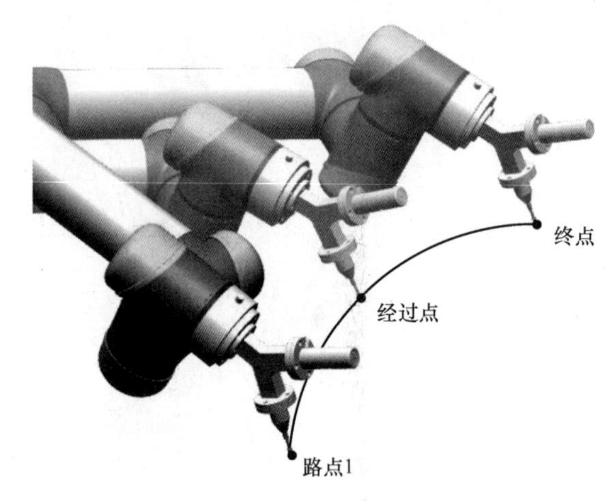

图 6-5　圆形移动 MoveP

2. TCP 选择

当机器人手臂移至该“移动”命令下的每个路点时，选中的 TCP 便处于激活状态。如果设定 TCP，激活的 TCP 便不会以任何方式修改。如果此运动所用的激活 TCP 是在程序运行时设定的，则需要使用“设置”命令或使用“脚本”命令进行动态设定。

3. 特征选择

对于 MoveL 和 MoveP，设置“移动”命令中的路点时可以选择使用所需的特征空间表示路点。也就是说，设置路点时，程序将记住工具在所选特征的特征空间中的坐标值。以下几种情况需要详细解释。

（1）相对路点　所选特征对相对路点无影响。总是针对机座方向发生相对移动。

（2）可变路点　当机器人手臂移动到可变路点时，系统会将工具目标位置计算为所选特征的特征空间中变量的坐标值。因此，如果选择不同特征，机器人手臂向可变路点的移动将不同。

（3）可变特征　如果在当前加载的安装设置中选择的特征是可变特征，那么这些相应的变量在特征选择菜单中也将是可选的。如果选择特征变量（根据特征名称命名且后面带有“_var”），那么机器人手臂的移动（除了移至相对路点）将取决于程序运行时变量的实际值。特征变量的初始值是安装时配置的实际特征值，如果该值被修改，则机器人移动的特征将改变。

6.1.2　路点

路点是机器人运动路径上的点，是机器人程序的核心要素，指示机器人手臂移动到的位置，如图 6-6 所示。路点可分为固定路点、相对路点和可变路点。

1. 固定路点

固定路点通过将机器人手臂实际移至相应位置来确定。

2. 相对路点

相对路点指该路点的位置是以相对于机器人手臂上一个位置的位置差的方式给出的，例如“偏左两厘米”。相对位置是根据两个给定位置（从左至右）之间的偏差定义的。

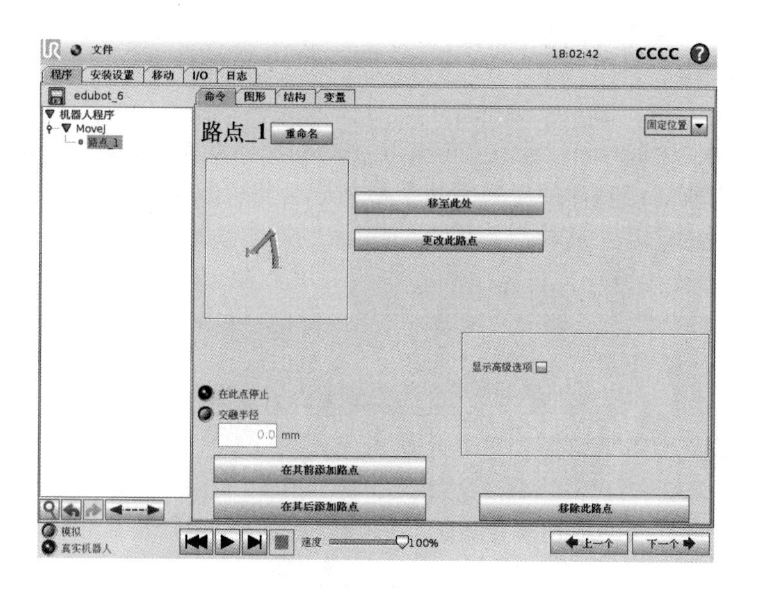

图6-6　路点

注意，重复的相对位置可能会将机器人手臂移出其工作空间。

这里的距离是指两个TCP位置之间的笛卡儿距离。角度代表两个位置之间TCP方向的变化幅度。更确切地说，是指描述方向变化的旋转矢量的长度。

3. 可变路点

可变路点指该路点的位置由变量给定，在此情况下，calculated_pos即为变量。变量必须是一个位姿，例如var = p[0.5,0.0,0.0,3.14,0.0,0.0]。前三个数字表示X、Y、Z坐标，后三个数字表示方向，以旋转矢量表示，由矢量$\boldsymbol{RX}$、$\boldsymbol{RY}$、$\boldsymbol{RY}$给定。轴长是指要旋转的角度，以弧度表示，矢量本身给定了要绕之旋转的轴。位置始终是相对于参考框架或坐标系给定的，由所选特征定义。机器人手臂始终以线性方式移至可变路点。

4. 交融

交融使机器人能够在两个轨迹之间平顺过渡，不会在路点处停止。交融的主参数是半径。当机器人位于路点的交融半径以内时，它可能启动交融并偏离原始路径。这样允许机器人更快、更平顺地移动，因为机器人不需要减速停止和再加速。

交融不能重叠，因此不可以设置一个与上一路点或下一路点的交融半径重叠的交融半径。但如果交融半径设置在一个固定的路点上且之前和之后的路点可变，或者交融半径设置在可变路点上，则不会检查交融半径是否重叠。如果在程序运行时交融半径重叠了一个路点，则机器人会忽略它并移动到下一个路点。

交融参数除了路点，还有多个参数将影响交融轨迹（见图6-7）。

1）交融半径r。

2）机器人的初始速度和最终速度（分别位于位置p1和p2）。

3）移动时间（例如：若为轨迹设置一个具体时间，将影响机器人的初始速度/最终速度）。

4）交融起始和结束的轨迹类型（MoveL、MoveJ）。

条件交融轨迹受设置交融半径的路点以及程序树中的下一个路点影响。也就是说，在图 6-8 所示的程序中，当围绕路点 3 交融时，存在两个可能的结束位置。为确定哪一个是要交融的下一个路点，当输入交融半径时，机器人必须已经评估了 digital_input[1] 的当前读数。这意味着 if…then 表达式（或判断下一个路点的其他必要语句，如可变路点）在实际抵达路点 3 之前已经被评估。如果某个路点是一个停止点，后接判断下一个路点的条件表达式（例如本例程序中将路点 3 后面的交融去掉），则机器人手臂停在该路点时执行该表达式判断。

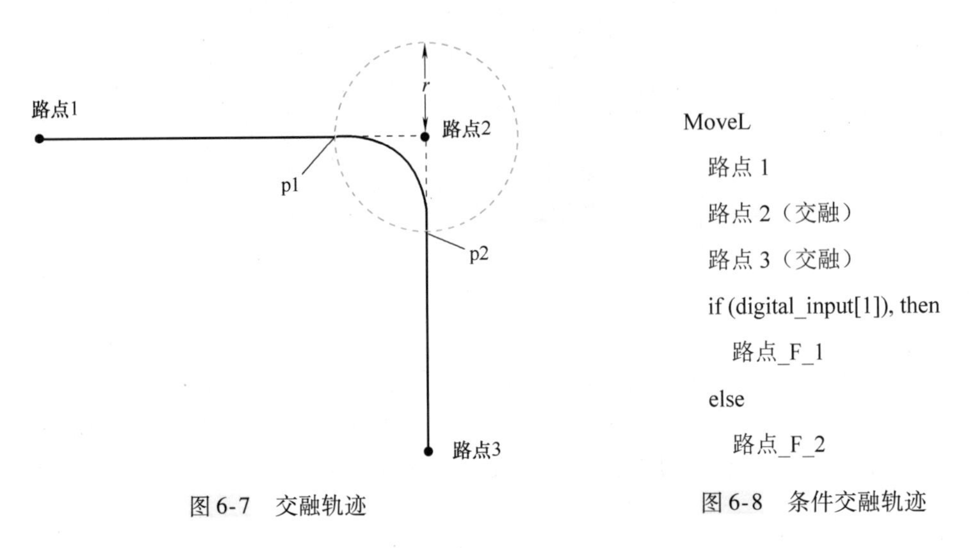

图 6-7　交融轨迹　　　　图 6-8　条件交融轨迹

6.1.3　等待

“等待”命令可以在所制定的时间、输入信号或函数满足要求之前使程序暂停向下执行，等待条件满足，如图 6-9 所示。

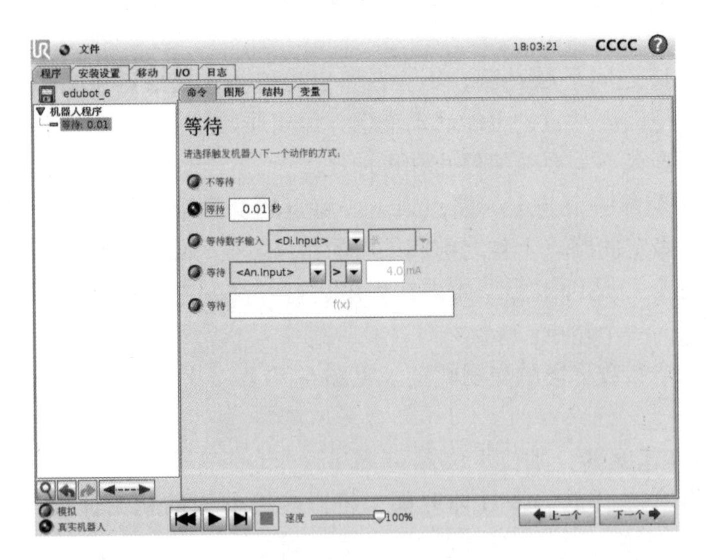

图 6-9　“等待”命令

15. 基本指令（2）

6.1.4　设置

“设置”命令将数字输出或模拟输出设置为给定值，如图 6-10 所示。“设置”命令也可以设置机器人手臂的有效负载。如果工具处承受的重量与预期有效负载不同，则需要调整有效负载重量，以避免触发机器人保护性停止。默认使用激活的 TCP 作为重心。如果不用激活的 TCP 作为重心，则取消勾选【使用主动 TCP 作为重心】复选按钮。可以使用“设置”命令修改激活的 TCP，勾选【设置 TCP】复选按钮，并从下拉菜单中选择一个 TCP 偏移。如果在写入程序时已知为特定运动指定的激活 TCP，那么请在“移动”选项卡上使用该 TCP 选择。

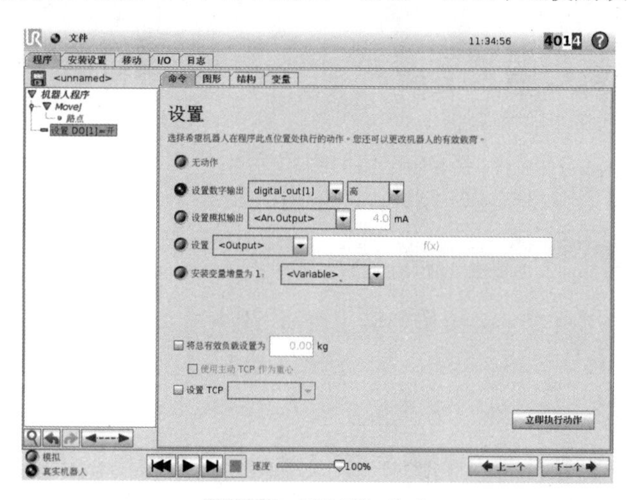

图 6-10　“设置”命令

6.1.5　弹出窗口

利用“弹出窗口”命令可指定一则消息，使程序运行至此命令时在屏幕上显示该消息，如图 6-11 所示。用户可以选择消息的样式，通过屏幕键盘可输入消息文本。显示弹出窗口后，机器人将等待用户或操作员按下窗口中的【确定】按钮后，再继续运行程序。如果勾选【显示此弹出窗口时中止程序执行】复选按钮，机器人程序将在弹出此消息窗口时中止运行。

图 6-11　“弹出窗口”命令

6.1.6 中止

执行“中止”命令，程序将在该点停止运行，如图6-12所示。

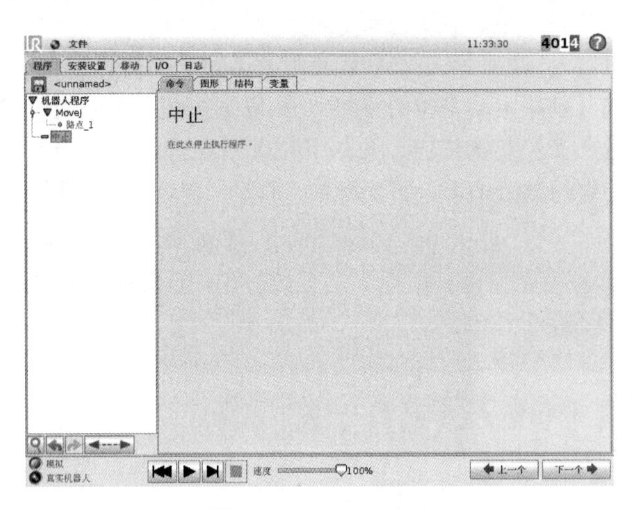

图6-12 “中止”命令

6.1.7 注释

“注释”命令允许编程员向程序添加一行文本进行注释说明。程序运行期间，此行文本不会执行任何操作，如图6-13所示。

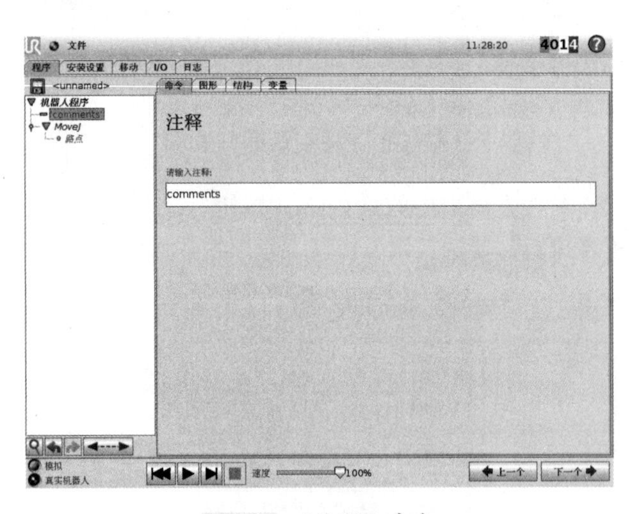

图6-13 “注释”命令

6.1.8 文件夹

“文件夹”命令用于整理程序并给具体的程序部分加注标签，以使程序树清晰明了，程序更易于读取和浏览，如图6-14所示。文件夹本身不执行任何操作。

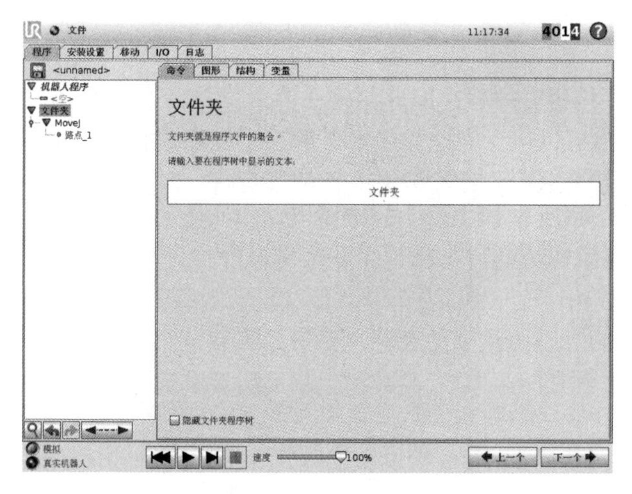

图 6-14　“文件夹”命令

6.2 高级指令

6.2.1　循环

“循环”命令包括始终循环、循环 X 次和当表达式为真时循环三种模式。循环 X 次时，程序将创建一个专用循环变量（即图 6-15 中的“循环_1”），此变量可在循环内部的表达式中使用。循环变量从 0 开始计数，直至 $n-1$。如果循环命令的结束条件是一个表达式，PolyScope 允许选择持续判断该表达式，因此，执行循环期间可随时中断“循环”，而不是只在每次迭代运行之后中断。

图 6-15　“循环”命令

16. 高级指令

6.2.2 byun

“byun”命令可以将所需的程序部分存放在多个位置，如图6-16所示。子程序可以指向磁盘上的独立文件，也可以包含在此程序中。调用子程序时将运行子程序中的程序行，运行完子程序中的程序行后再返回到程序的下一行继续运行。

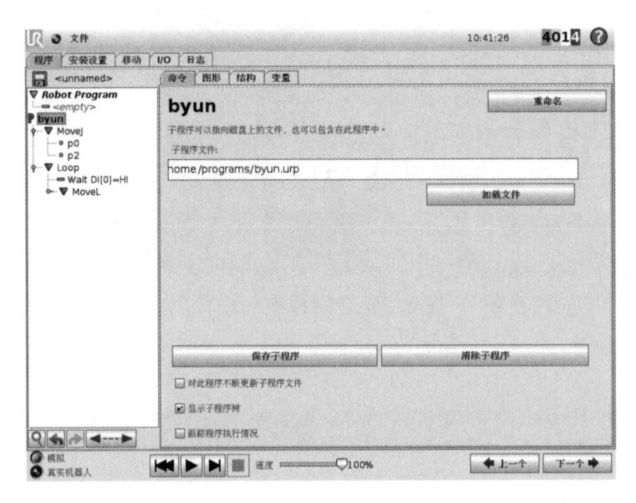

图6-16 “byun”命令

6.2.3 赋值

“赋值”命令为变量赋值。如图6-17所示，通过赋值可将右侧表达式的计算值赋给左侧的变量。此命令在复杂程序中很实用。

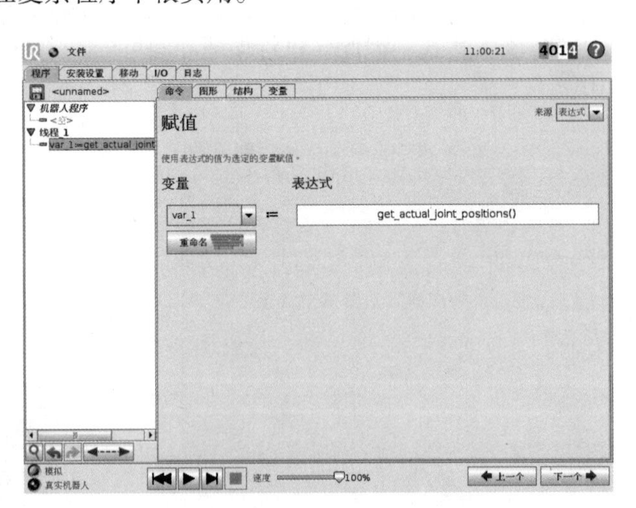

图6-17 “赋值”命令

6.2.4 If

“If…Else”结构可以指示机器人根据传感器输入或变量值来改变其行为。如图6-18所示，使用表达式编辑器可描述指定机器人继续执行此“If”命令的子命令的条件。如果条件为真，则将执行此“If”命令内部的命令行。

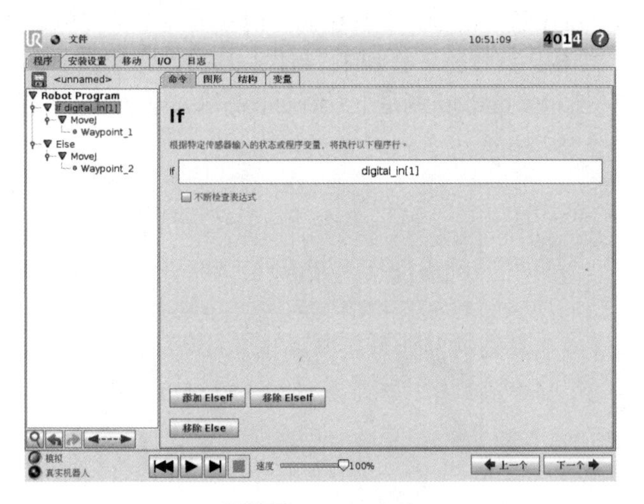

图 6-18　“If”命令

每个“If”命令可以包含多个“ElseIf”命令和一个“Else”命令。可以使用屏幕上的按钮添加这些命令。“ElseIf”命令可从该命令屏幕上删除。

如果勾选“不断检查表达式”复选按钮，将在执行所含的命令行时，判断 If 和 ElseIf 语句的条件。如果正在执行 If 所包含的程序过程中，表达式判断结果为 False（假），那么将转至运行后面的 ElseIf 或 Else 对应的程序。

6.2.5　脚本

“脚本”命令可访问由机器人控制器执行的底层实时脚本语言，如图 6-19 所示。该命令专门针对高级用户，可以在支持网站上的脚本手册中找到使用指南（http://www.universal-robots.com/support）。

图 6-19　“脚本”命令

6.2.6 事件

“事件”命令可用于监控输入信号，以及在输入信号呈高电平时执行某个动作或设置变量，如图 6-20 所示。例如，当输出信号呈高电平时，事件程序可等待 100ms，然后将其重新设置为低电平。这样，如果外部机器上的触发机制是上升沿而非高输入电平时，主程序代码要简单得多。

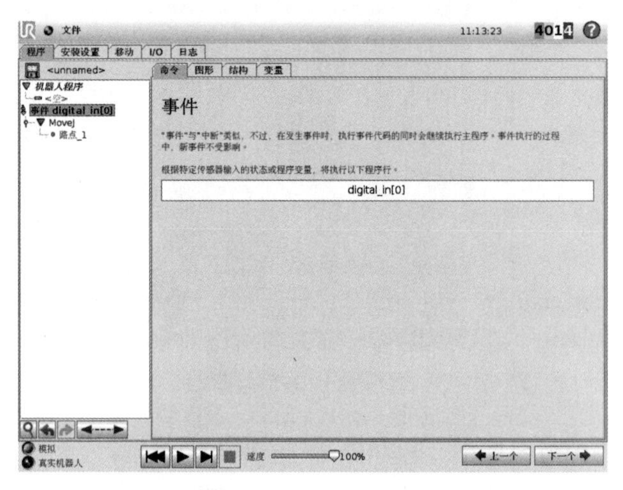

图 6-20 “事件”命令

6.2.7 线程

线程是机器人程序的一个并行进程。如图 6-21 所示，“线程”命令可用于控制与机器人手臂无关的外部机器。“线程”命令可以通过变量和输出信号与机器人程序进行通信。

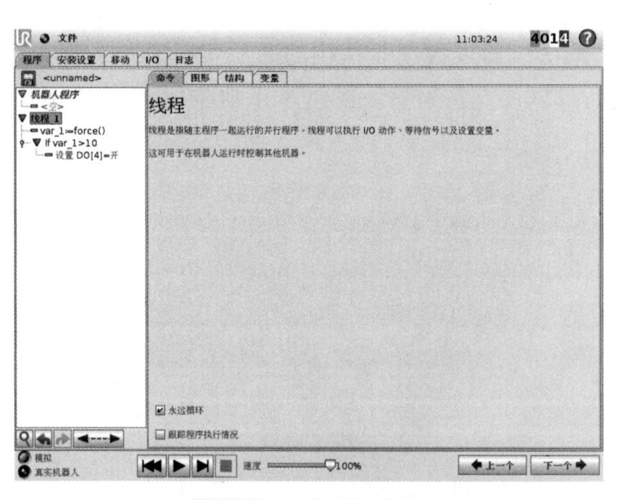

图 6-21 “线程”命令

6.2.8 开关

“开关”命令可以指示机器人根据传感器输入或变量值来改变其行为，如图 6-22 所示。使用表达式编辑器可以描述基本条件并定义机器人应继续执行此开关命令的子命令的情况。

如果条件被评估为匹配其中一种情况，则执行情况命令内的子命令。如果默认情况命令已指定，那么只有当没有找到其他匹配的情况时，子命令才会被执行。

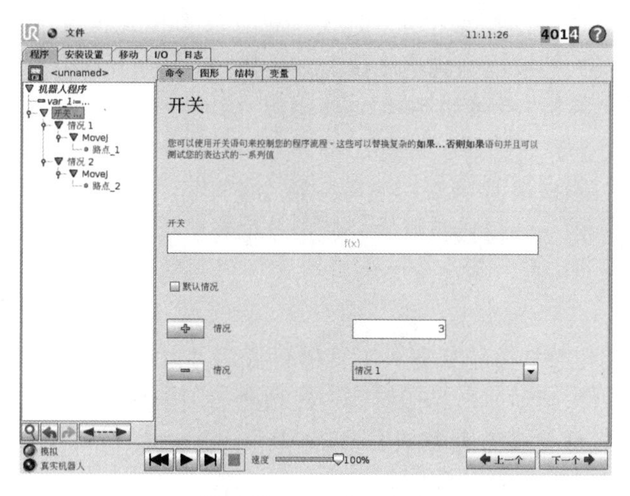

图 6-22　“开关”命令

每个“开关”命令可以包含多个“情况”命令和一个“默认情况”命令。“开关”命令只能有一种情况，那就是任何情况值都已定义。“情况”命令可使用屏幕上的按钮添加，也可从该开关屏幕上移除。

6.3 功能向导

6.3.1　托盘

“托盘”命令可以在以模式形式给定的一组位置执行运动序列，如图 6-23 所示。在模式中的每个位置处，将相对于此模式位置执行运动序列。

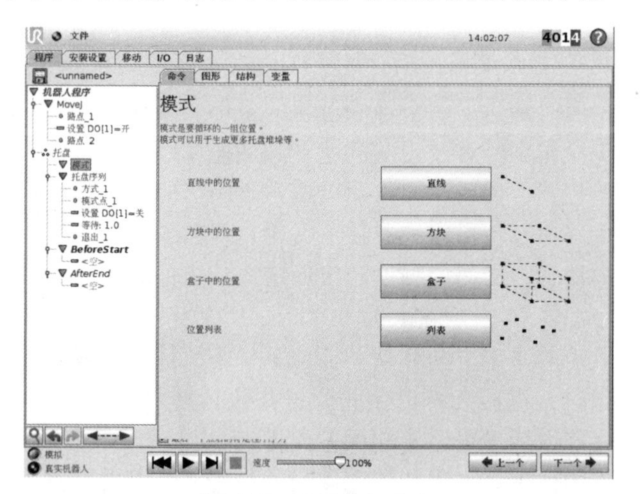

图 6-23　“托盘”命令

17. 功能向导（1）

“托盘”命令程序编程步骤如下。

1）定义模式。“托盘”命令中有直线、方块、盒子和列表四种模式。

2）确定拾取/放置工件的托盘序列。序列描述在每个模式位置（工件位置）应完成的一系列动作，例如机器人抓取物料到达工位上方（方式_1）→下降至工位（模式点_1）→释放物料（设置）→等待1s（等待）→回到工位上方（退出_1）。

3）在“序列”命令界面选择“锚点”位置。“托盘”命令中还有两个可选序列：BeforeStart和AfterEnd。BeforeStart序列只在操作开始之前运行，用于等待信号就绪。AfterEnd序列在操作完成后运行，用于向输送机发送开始运动信号。

6.3.2 探寻

“探寻”命令使用传感器确定机器人工具何时抵达可以抓取或放下工件的正确位置。传感器可以是按钮、压力传感器或电容传感器。此功能适用于处理厚度不一的工件堆垛或者工件精确位置无从知晓或难以编程的情况。

如图6-24所示，编写用于处理堆垛探寻操作程序时，必须定义 s（起始点）、d（堆垛方向）和 i（堆垛中的工件厚度）。

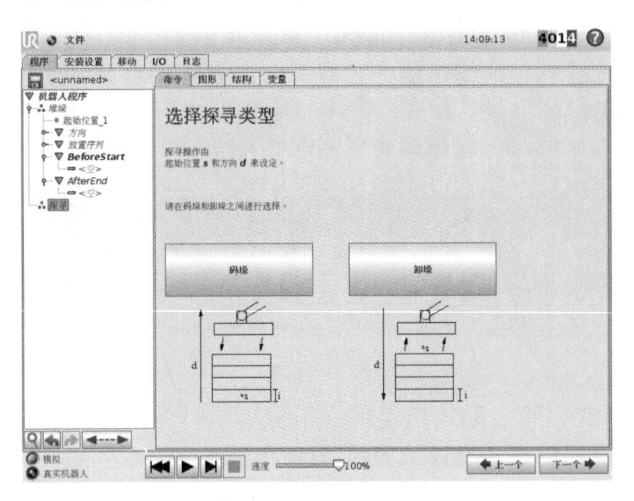

图6-24 码垛与卸垛

而在此之前，必须定义用于确定何时到达下一个堆垛位置的条件以及在每个堆垛位置将要执行的特定程序序列，并给出堆垛操作中所涉及运动的速度和加速度。

码垛时，机器人手臂将移至起始位置，然后反向移动以搜索下一个码垛位置。找到下一个码垛位置时，机器人将记住此位置并执行特定序列。在下一轮，机器人将从所记住的位置开始以工件厚度为增量沿着码垛方向搜索。当码垛高度超出所定义的数值时，或者传感器发送信号时，码垛操作即告完成。

卸垛时，机器人手臂从起始位置沿着指定方向移动，搜索下一个工件。屏幕上的条件决定何时到达下一个工件。当条件满足时，机器人将记住此位置并执行特定序列。在下一轮，机器人将从所记住的位置开始以工件厚度为增量沿着卸垛方向搜索。

起始位置是指开始执行堆垛操作的位置。如果忘记定义起始位置，堆垛操作将从机器人手臂当前位置开始。

方向由两个位置确定，通过第一个位置 TCP 到第二个位置 TCP 之间的位置差距来计算。

注意：方向不考虑点的朝向。

下一个堆垛位置表达式：机器人手臂沿着方向矢量移动，同时不断判断是否已到达下一个堆垛位置。当表达式结果为真时，将执行特定序列。

可选的 BeforeStart 序列只在操作开始之前运行，用于等待信号就绪。可选的 AfterEnd 序列在操作完成后运行，用于向输送机发送开始运动信号，为下一个堆垛做好准备。

拾取/放置序列：与“托盘”命令类似，机器人在每个堆垛位置会执行一个特定程序序列。

6.3.3 力

“力”命令允许可选轴在机器人工作空间内具有柔顺性和力，如图 6-25 所示。在“力”命令下，机器人手臂的所有移动都处于力模式。机器人手臂在力模式下移动时，可以选择一个或多个轴为机器人手臂的柔性轴。机器人手臂将沿着/绕着柔性轴适应环境，也就是说它将自动调节自身的位置以达到所需要的力，或者对其环境（如工件）施加一个力。

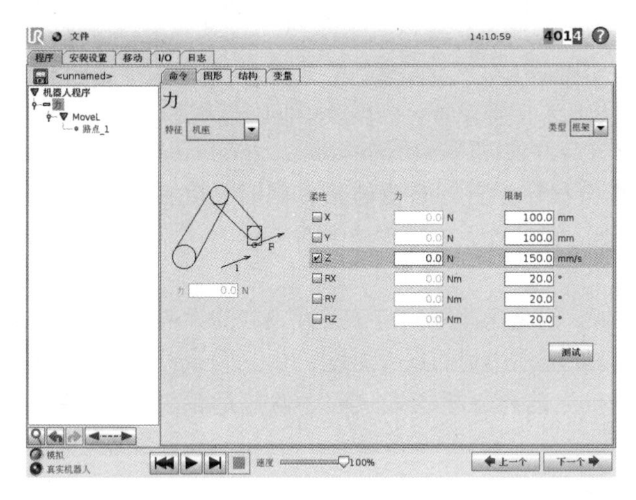

图 6-25 “力”命令

18. 功能向导（2）

力模式适用于沿预定轴的实际 TCP 位置不重要，但沿着该轴所需的力度必须达到一定值的情况，例如机器人 TCP 在曲面上滚动时，或者当推动或拉动工件时力模式还支持绕预定轴施加一定力矩的情况。如果某个设置了非零力度的轴没有遇到障碍物，机器人手臂将尝试沿着/绕着该轴加速。即使某个轴已被选为柔性轴，机器人程序仍将试图沿着/绕着该轴移动机器人，确保机器人手臂仍然施加接近规定的力值。

1. 特征选择

“特征”下拉菜单用于选择机器人在力模式下工作时将使用的坐标系（轴）。菜单中的特征为安装时所定义的特征。

2. 力模式类型

力模式有四种不同的类型，每种类型定义一种对所选特征的理解方式。

（1）简单　选择简单类型将只有一个柔性轴，沿着该轴的力可以调节。所需的力将始终沿着所选特征的 Z 轴施加。但是，对于“直线”特征，会沿着它们的 Y 轴施加力。

（2）框架　框架类型可实现更高级的应用。选择该类型，所有六个自由度的柔顺性和力都可以单独选择。

（3）点　选择点类型时，任务框架会让 Y 轴从机器人 TCP 指向所选特征的起点。机器人 TCP 与所选特征的起点之间的距离至少为 10mm。

注意，运行过程中任务框架将随着机器人 TCP 位置的变化而变化。任务框架的 X 轴和 Z 轴取决于所选特征的原始方向。

（4）运动　选择运动类型，任务框架将随 TCP 运动方向而变化。任务框架的 X 轴将是 TCP 移动方向投射到所选特征的 X 轴和 Y 轴所决定平面上的投影。Y 轴将垂直于机器人手臂运动，并在所选特征的 X-Y 平面内。此类型适用于沿复杂路径的去毛刺作业，此时需要一个垂直于 TCP 运动的力。

注意，当机器人手臂不再移动时，如果在机器人手臂站立不动时进入力模式，那么在 TCP 速度高于 0 之前将没有柔性轴。如果随后依然是在力模式下机器人手臂再次站立不动，任务框架的方向与上一次 TCP 速度大于 0 时的方向相同。

对于后三种类型，当机器人正在力模式下工作时，实际任务框架可在“图形”选项卡上查看。

3. 力值选择

力既可以为柔性轴设置也可以为非柔性轴设置，但效果不同。

（1）柔性　机器人手臂将调节自身位置以达到所选的力。

（2）非柔性　机器人手臂将遵循程序设置的自身轨迹，同时达到在此设置的外力值。对于平移参数，力的单位为 N，对于旋转参数，力矩单位为 N·m。

4. 限制选择

针对所有轴都可以设置一个限制，但是这些限制对于柔性轴和非柔性轴有不同的意义。

（1）柔性　限制为允许 TCP 沿轴/绕轴达到的最大速度，单位为 mm/s 和（°）/s。

（2）非柔性　限制为在安全停机之前允许机器人从程序轨迹的最大偏离，单位为 mm 和（°）。

5. 测试力设置

标有【测试】的按钮可将示教盒背面【自由驱动】按钮的行为从正常自由驱动模式切换到测试力命令。

当【测试】按钮开启、示教盒背面的【自由驱动】按钮按下时，机器人将仿照程序已达到此力命令的情况来进行工作。通过这一方法，可在实际运行完整程序之前验证各项设置。这一可能性对验证柔性轴和力是否选择正确尤其有用。具体操作步骤为：用一只手握住机器人 TCP，另一只手按【自由驱动】按钮，并注意机器人手臂能够/不能够移动的方向。离开测试屏幕时，【测试】按钮会自动关闭，这意味着示教盒背面的【自由驱动】按钮再次用于正常自由驱动模式。

注意：仅当为“力”命令选择了有效的特征时，【自由驱动】按钮才有效。

6.3.4　输送机跟踪

当使用输送机时，可对机器人进行配置以跟踪它的移动，配置界面如图 6-26 所示。当安装中定义的输送机跟踪正确配置时，直线或环形输送机可被跟踪。当程序在输送机跟踪节点下执行时，机器人将调节程序点的移动以跟上输送机。当使用跟踪输送机时，允许其他移动，但要求与输送机传送带的运动相关。

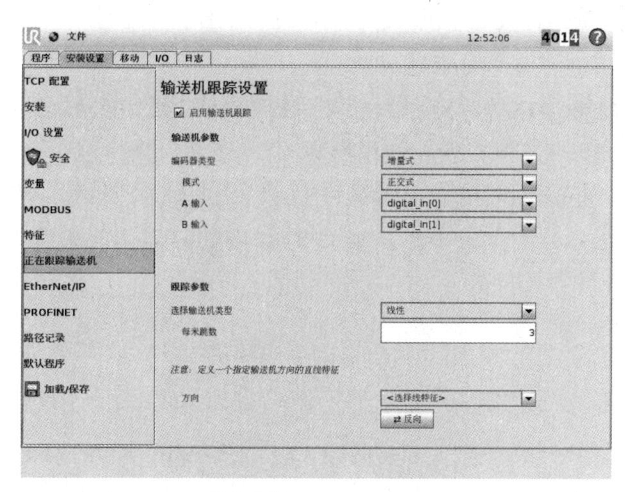

图 6-26 输送机跟踪

6.4 URCap

如果在“机器人设置”中安装了 URCap，则在“结构”选项卡下的 URCap 子选项卡中就能看到相应的菜单，如图 6-27 所示。

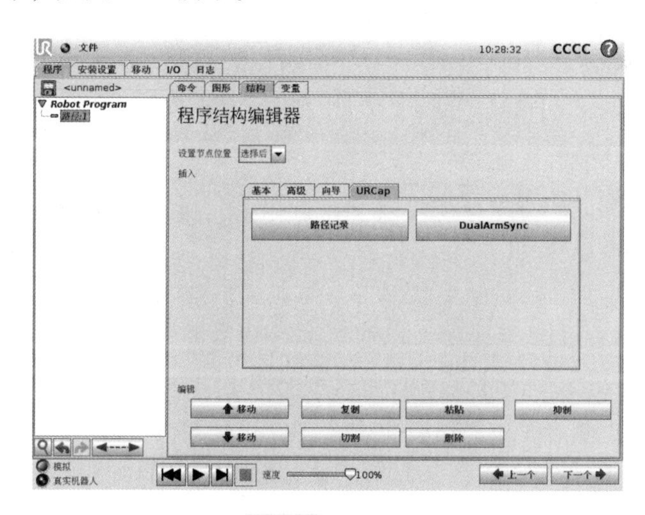

图 6-27 URCap

选项卡中的“路径记录”功能对应的是“PathRecord”的 URCap，该软件包可以在优傲机器人官网上下载，其功能是记录并再现机器人的路径，使用方法如下。

1）单击【路径记录】按钮，则左侧程序中添加了“路径 1”。

2）在“安装设置”中选择“路径记录”选项卡，单击【启动】，启动路径记录服务器。

3）切换到“命令”选项卡，按文字提示设置分辨率，如图 6-28 所示。

4）单击【开始】按钮，此时机器人处于自由驱动模式，操作者可以手动拖拽机器人手臂至相应位置，控制器自动记录路径点。

5）单击【停止】按钮，路径记录结束。操作者可以单击【运动至路径起始点】和【运动至路径终止点】按钮来查看记录的位置。

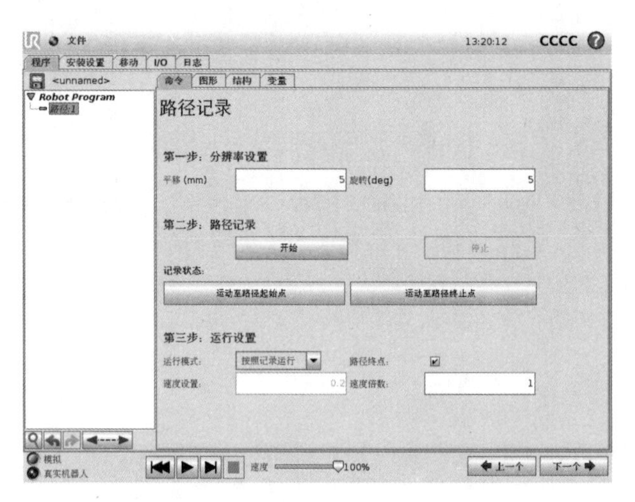

图 6-28 “路径记录”选项卡

思 考 题

1. 基本指令有哪些？
2. 高级指令有哪些？
3. 简述“等待”指令的功能。
4. 如何设置托盘功能？
5. 如何使用力的探寻功能？
6. 简述线程功能的作用。

第7章 Chapter 机器人编程基础

本章介绍 UR 机器人程序的编辑、调试和运行的方法。完成程序的编辑后，即可对程序进行调试，查看机器人动作是否符合预期要求。最后让程序自动运行，用于实际生产。

7.1 程序编辑

程序是指示机器人操作的一系列命令。借助于 PolyScope 软件，操作人员只需具备少量编程经验即可对机器人进行编程。对于大多数任务，整个编程过程使用触摸屏即可完成，无须输入任何晦涩难懂的命令。

因为工具运动是机器人程序中非常重要的一部分，因此，机器人运动示教方式必不可少。在 PolyScope 软件中，运动路径是由一系列路点，即机器人工作空间内的点确定的。路点可通过将机器人移至某个具体位置来确定，或由软件计算得出。为了将机器人手臂移至某个具体位置，既可以使用“移动”选项卡的按钮，也可以简单地在按住示教盒后侧的【自由驱动】按钮的同时，将机器人手臂拉到该具体位置。除了移动通过路点外，程序还可在机器人路径中的特定点向其他机器发送 I/O 信号，并可根据变量和 I/O 信号执行“if…then”命令和“loop”等命令。“程序”选项卡如图 7-1 所示，左侧是程序树，以命令列表形式显示当前要编辑的程序，右侧是“命令”“图形”“结构”“变量”四个子选项卡，用来编辑程序。

7.1.1 结构

在“结构”选项卡中，可以插入、移动、复制和移除各种命令，相关命令分布在“基本”“高级”“向导”这三个子选项卡中，如图 7-2 所示。

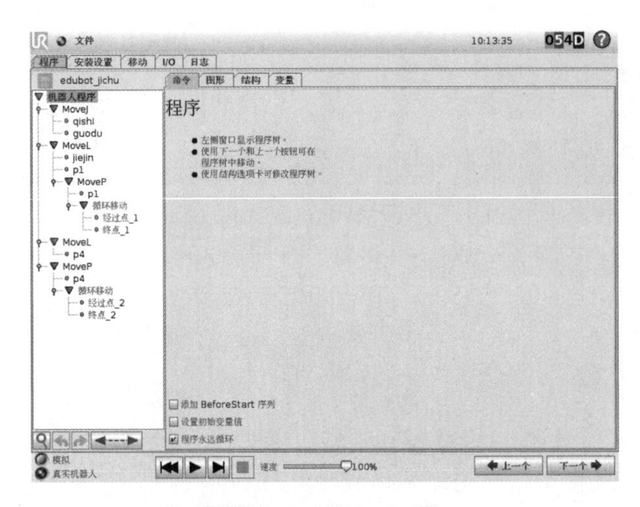

图 7-1 “程序”选项卡

19. 程序编辑

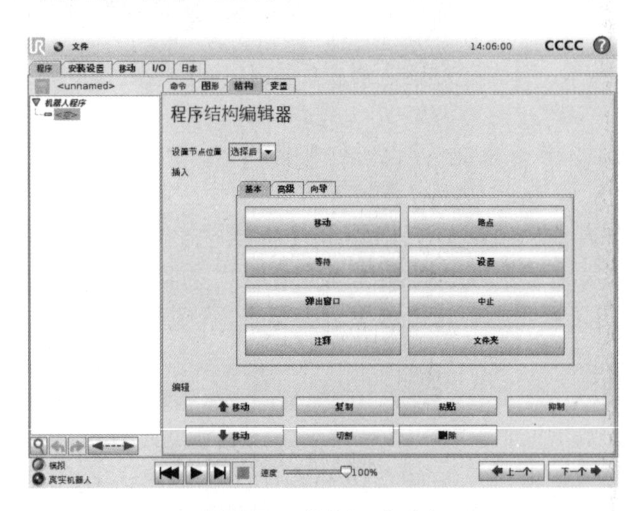

图 7-2 “结构”选项卡

插入新命令的步骤如下。

1）选择现有程序命令。

2）选择将新命令插入所选命令的上方还是下方。

3）单击要插入的命令类型所对应的按钮。若要调整新命令的具体内容，则使用“命令”选项卡。

使用编辑框架中的按钮可以移动、复制或删除命令。如果命令含有子命令（命令旁边有一个三角形符号），则所有子命令也将随之移动、复制或删除。除了编辑框中的按钮外，界面中其余部分按钮功能见表 7-1。

并非所有命令都适合放在程序中的所有位置：路点必须包含（但不必直接包含）在“移动”命令之中；“ElseIf”命令和“Else”命令必须位于“If”命令之后；使用变量之前必须为其赋值。编辑框架中还有一个特别的按钮——【抑制】。程序运行时可以直接跳过被抑制的程序行，被抑制的程序行也可以解除抑制。使用【抑制】按钮可以快速更改程序，而且确保不破坏原始内容。

表 7-1　部分按钮功能

图　形	名　称	功　能
	搜索	在程序树中执行文本搜索，匹配的程序节点将黄色高亮显示
	撤销/重做	撤销或重做在程序树及其所含命令中所做的更改
	保存	保存程序

7.1.2　命令

“命令”选项卡显示与当前命令相关的信息，可以编辑所有插入的命令，如图 7-3 所示。每个程序命令旁边都有一个点状小图标，颜色有红色、黄色和绿色三种。红色图标表示该命令出错，黄色图标表示命令尚未完成，绿色图标表示一切正常。只有当所有命令旁边都显示绿色图标时，程序方可运行。每个命令在“命令”选项卡中显示的内容各不相同，操作者需根据相关文字提示进行操作。

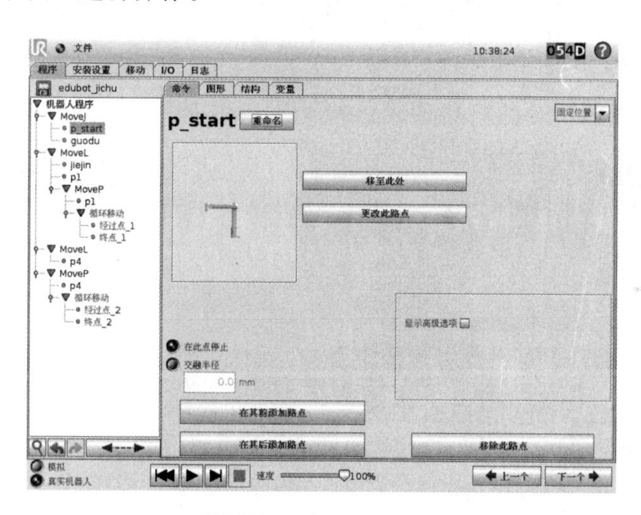

图 7-3　“命令”选项卡

7.1.3　图形

“图形”选项卡可以将机器人程序以图形化表示，如图 7-4 所示。TCP 的路径以 3D 视图显示，运动段显示为黑色，交融段（运动段之间的过渡）显示为绿色，绿点标明程序中各路点的 TCP 位置。机器人手臂 3D 视图显示机器人手臂的当前位置，机器人手臂“阴影部分”显示左侧程序树中选中的路点对应的机器人手臂位置。

如果机器人 TCP 的当前位置距离安全板或触发板很近，又或者机器人工具的方向接近工具方向边界极限，则会显示相邻边界的 3D 成像。

注意，如果机器人在运行程序，则边界限制可视化将被禁用。

3D 视图可进行缩放和旋转，以更好地显示机器人手臂的运动状态。界面右上角的按钮

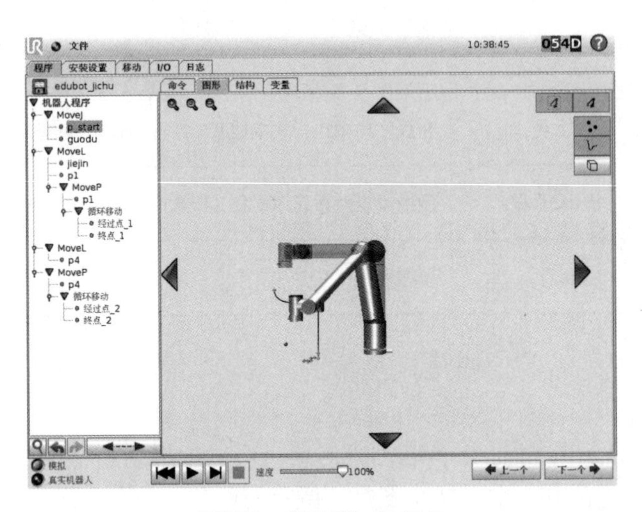

图 7-4 “图形”选项卡

可以禁用或启用 3D 视图中的各个图形组件。界面中所显示的运动段取决于所选的程序节点。如果选择移动节点，那么所显示的路径是指由该移动定义的运动。如果选择路点节点，那么屏幕将显示接下来的 10 步运动。

7.1.4 变量

“变量”选项卡显示程序运行中的实时变量值，并在程序运行之间保存传递变量和变量值列表，如图 7-5 所示。当程序中无变量时，该界面显示为空，当有变量时，变量按其名称的字母顺序排列。界面上的变量名最多以 50 个字符显示，变量值最多以 500 个字符显示。

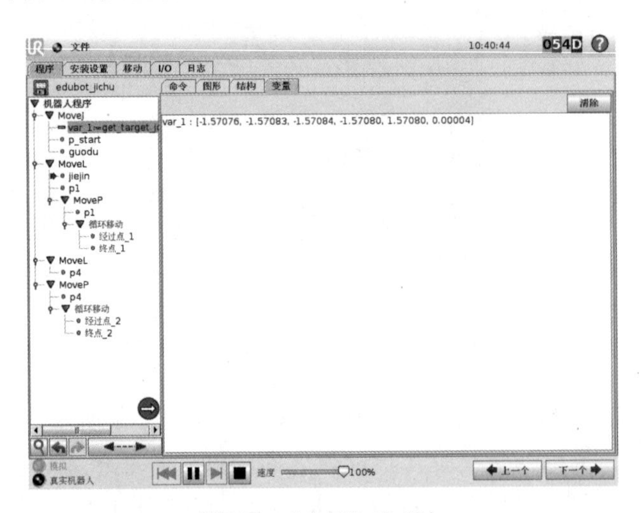

图 7-5 “变量”选项卡

7.1.5 程序创建

新建的机器人程序可以通过套用模板或参照现有（已保存）机器人程序来创建。模板提供整个程序结构，只需填写程序的细节内容即可。程序新建、编辑操作步骤见表 7-2。

表 7-2　程序新建、编辑操作步骤

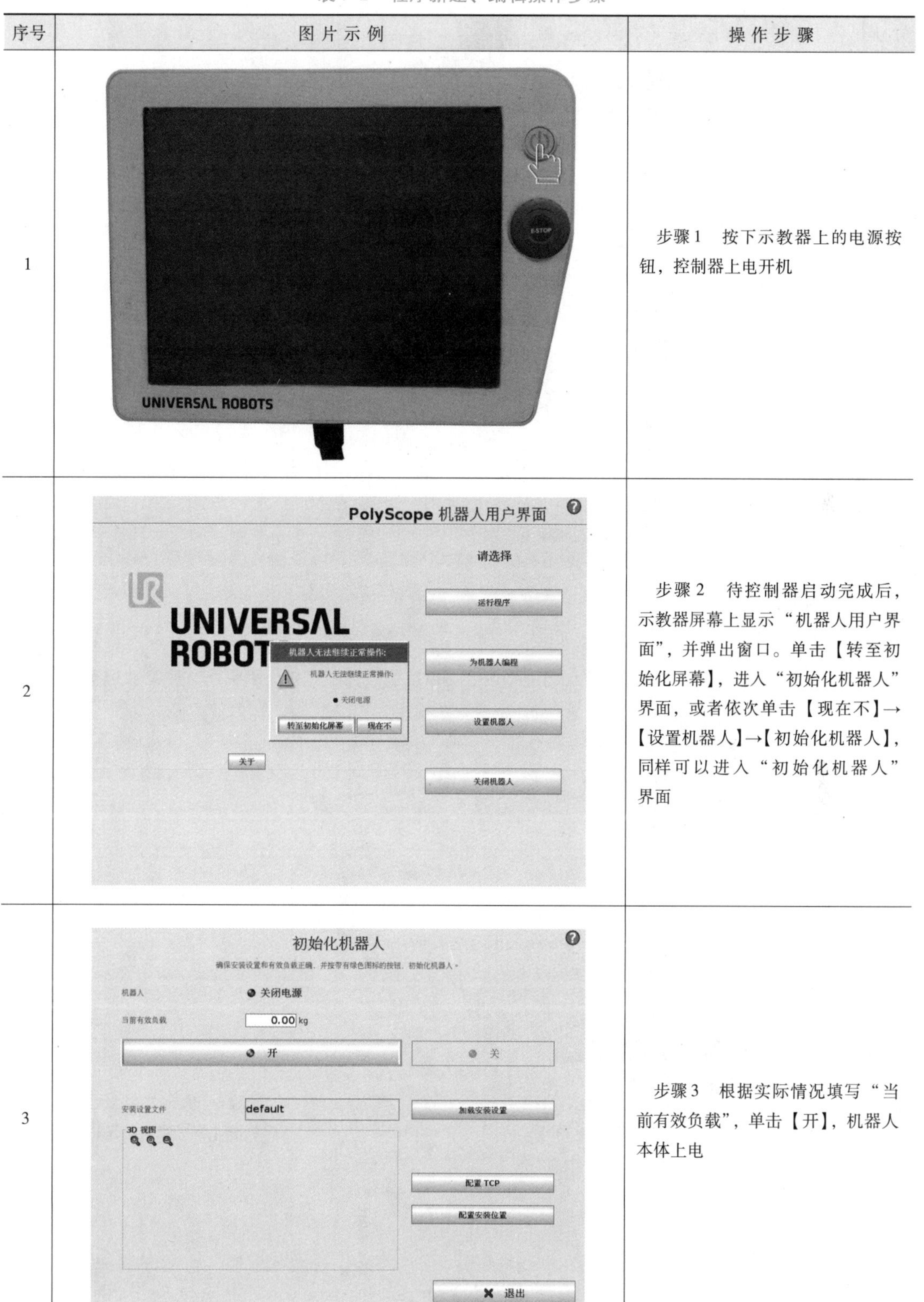

序号	图片示例	操作步骤
1		步骤 1　按下示教器上的电源按钮，控制器上电开机
2		步骤 2　待控制器启动完成后，示教器屏幕上显示“机器人用户界面”，并弹出窗口。单击【转至初始化屏幕】，进入“初始化机器人”界面，或者依次单击【现在不】→【设置机器人】→【初始化机器人】，同样可以进入“初始化机器人”界面
3		步骤 3　根据实际情况填写“当前有效负载”，单击【开】，机器人本体上电

（续）

序号	图片示例	操作步骤
4	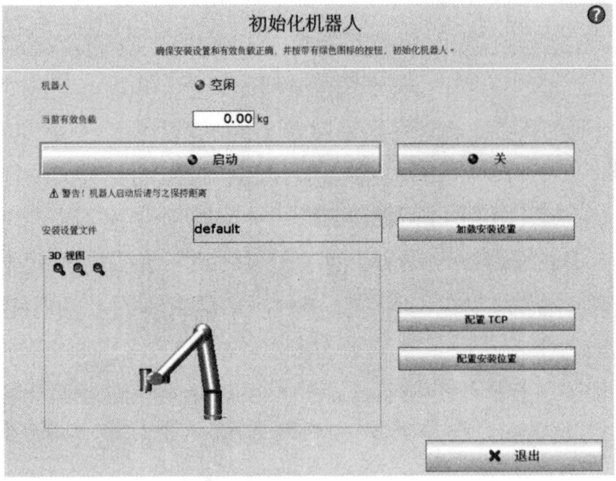	步骤4　单击【启动】，机器人制动器释放，并且发出噪声和移动少许位置
5	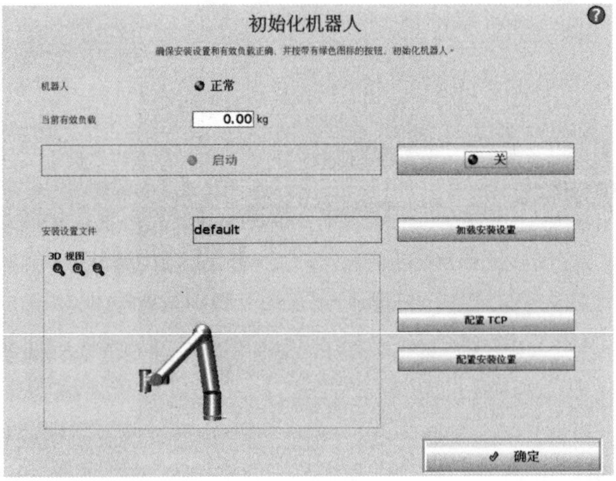	步骤5　单击【确定】，退出“初始化机器人”界面
6		步骤6　回到“机器人用户界面”后单击【为机器人编程】

（续）

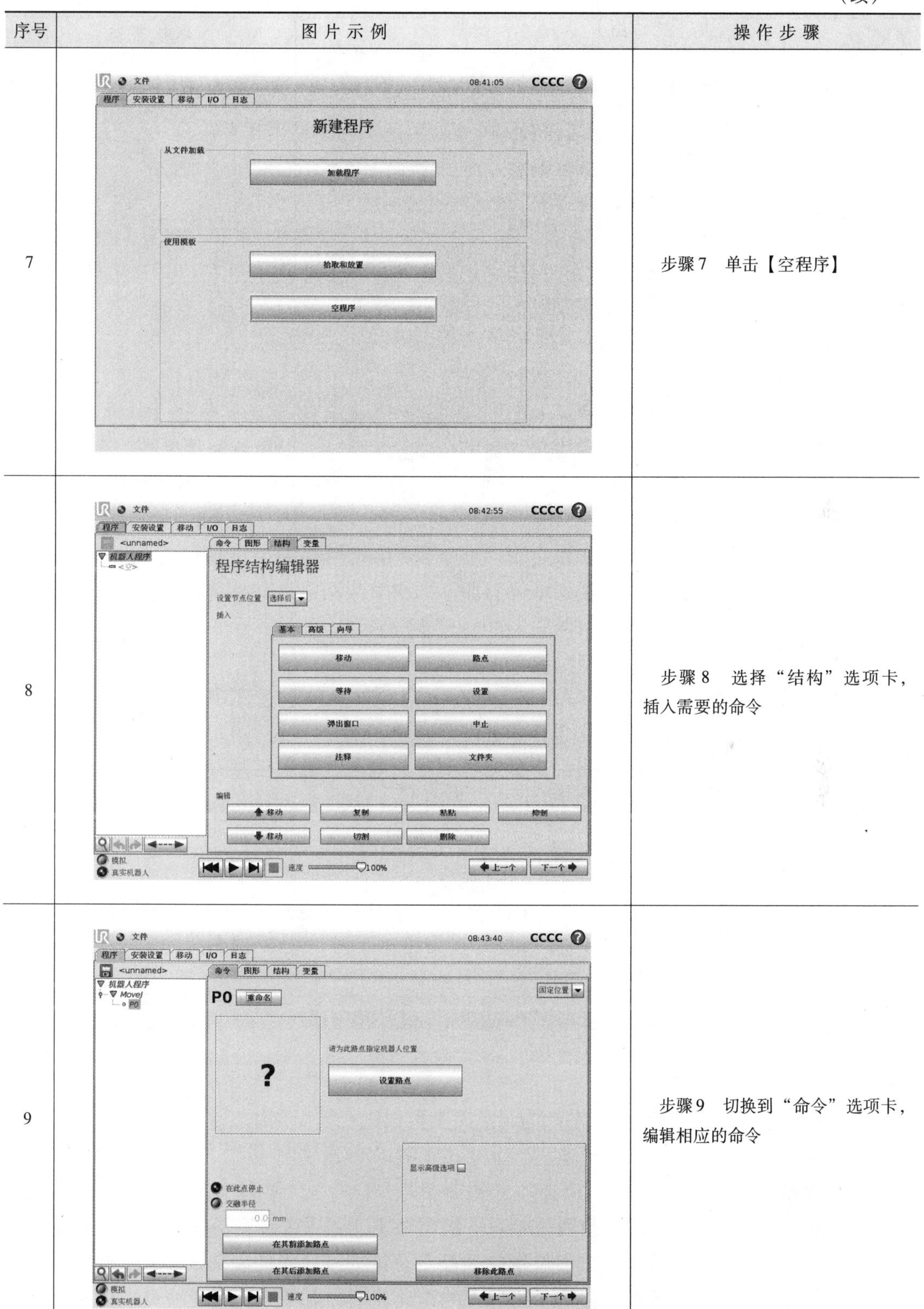

序号	图片示例	操作步骤
7		步骤7　单击【空程序】
8		步骤8　选择“结构”选项卡，插入需要的命令
9		步骤9　切换到“命令”选项卡，编辑相应的命令

（续）

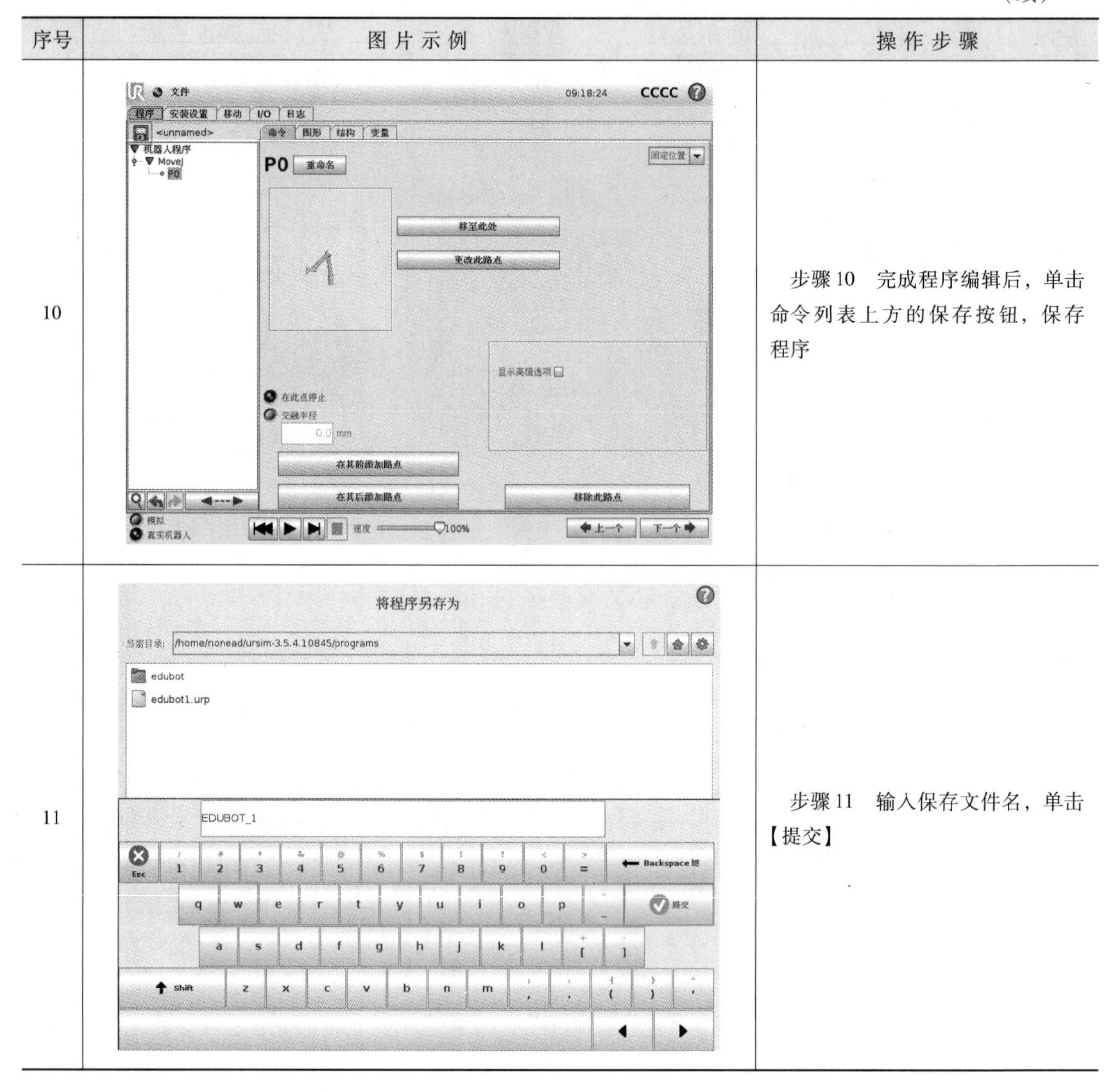

序号	图片示例	操作步骤
10		步骤 10　完成程序编辑后，单击命令列表上方的保存按钮，保存程序
11		步骤 11　输入保存文件名，单击【提交】

7.2 程序调试

程序编辑完并且所有命令的状态都为绿色时就可以进行程序调试了，调试时界面如图 7-6 所示。

1. 程序仪表板

程序仪表板在屏幕最底部。仪表板上有一组类似于老式磁带录音机按键的按钮，使用这些按钮可以启动、停止、单步调试和重新启动程序。各按钮功能见表 7-3。速度滑块可以随时调节程序速度，程序速度直接影响着机器人的运动速度。此外，速度滑块可以实时显示机器人手臂移动的相对速度，并将安全设置考虑在内。速度滑块对应的百分比是该运行程序在不触犯安全限值的情况下当前可实现的最大速度与程序命令中规定的最大速度的比值。

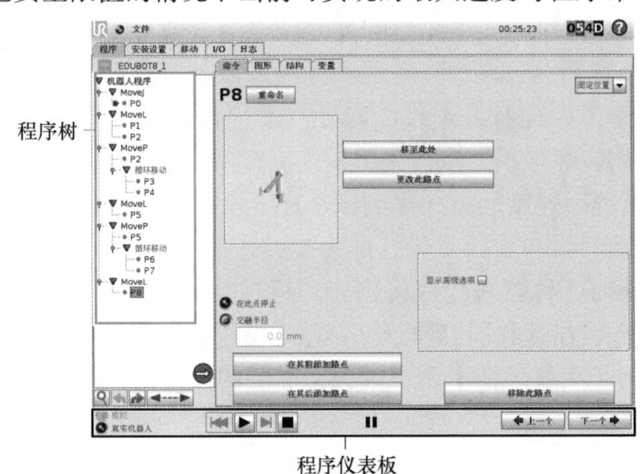

图 7-6　调试界面

20. 程序调试

表 7-3　仪表盘按钮功能

图　　标	名　　称	功　　能
	播放	启动程序
	步进	单步调试
	停止	停止运行
上一个	上一个	跳转到上一个命令
下一个	下一个	跳转到下一条命令

仪表板左侧的模拟和真实机器人按钮可切换程序的运行方式，即是以模拟形式运行，还是在真实机器人上运行。以模拟形式运行时，机器人手臂不会运动，因此不会因碰撞而受损或损坏附近任何设备，操作者可以在示教器的“图形”界面观察机器人的运动情况。如果不确定机器人手臂将要执行的动作，可使用模拟形式测试程序。

2. 程序树

程序树以可视化线索告知当前机器人控制器正在执行的命令。正在执行的命令左侧显示蓝色小图标，并且命令名称和该命令的父级命令（通常用 或 命令图标标示）的所有命令都以蓝色高亮显示。这可以帮助使用者在程序树中找到正在执行的命令。例如，如果机器人手臂正朝着一个路点移动，则标有图标的相应路点子命令及其名称和其所属的“移动”命令的名称都以蓝色高亮显示。如果程序暂停，则程序执行指示图标将标示出正在执行中的最后一条命令。单击程序树下的 按钮，将跳转到程序树中当前正在执行或最后执行的命令。如果在程序运行期间单击了某个命令，则“命令”选项卡将一直显示该所选命令的相关信息。按下 按钮将使“命令”选项卡上一直显示当前正在执行的命令的信息。

操作者在进行程序调试时需要注意以下事项。

1）按下播放按钮后，应确保置身在机器人工作空间外。设定的运动可能不同于预期的运动。

2）按下步进按钮后，应确保置身在机器人工作空间外。步进按钮的功能可能较难理解，仅在非使用不可的情况下才使用。

3）确保始终通过速度滑块降低程序速度的方式来测试程序。操作者造成的逻辑编程错误可能导致机器人手臂产生意外运动。

4）当紧急停止或保护停止出现时，机器人程序将停止。只要关节移动不超过 10°，则可以恢复。当按播放按钮时，机器人将慢慢移回到轨迹上，然后继续执行程序。

程序调试操作步骤见表 7-4。为了更好地演示调试过程，本节的操作选择加载一个已有程序。

表 7-4　程序调试操作步骤

序号	图片示例	操作步骤
1	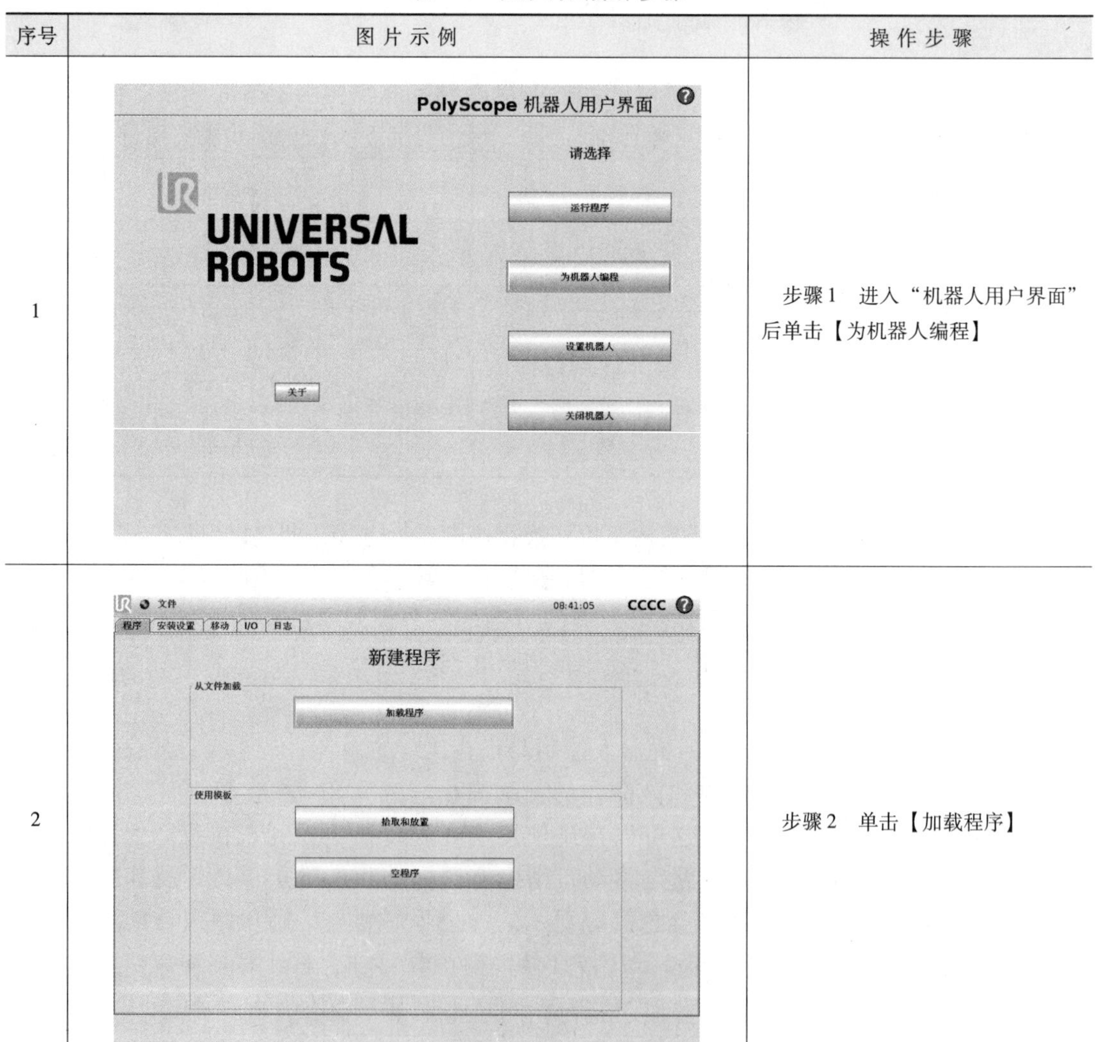	步骤 1　进入“机器人用户界面”后单击【为机器人编程】
2		步骤 2　单击【加载程序】

（续）

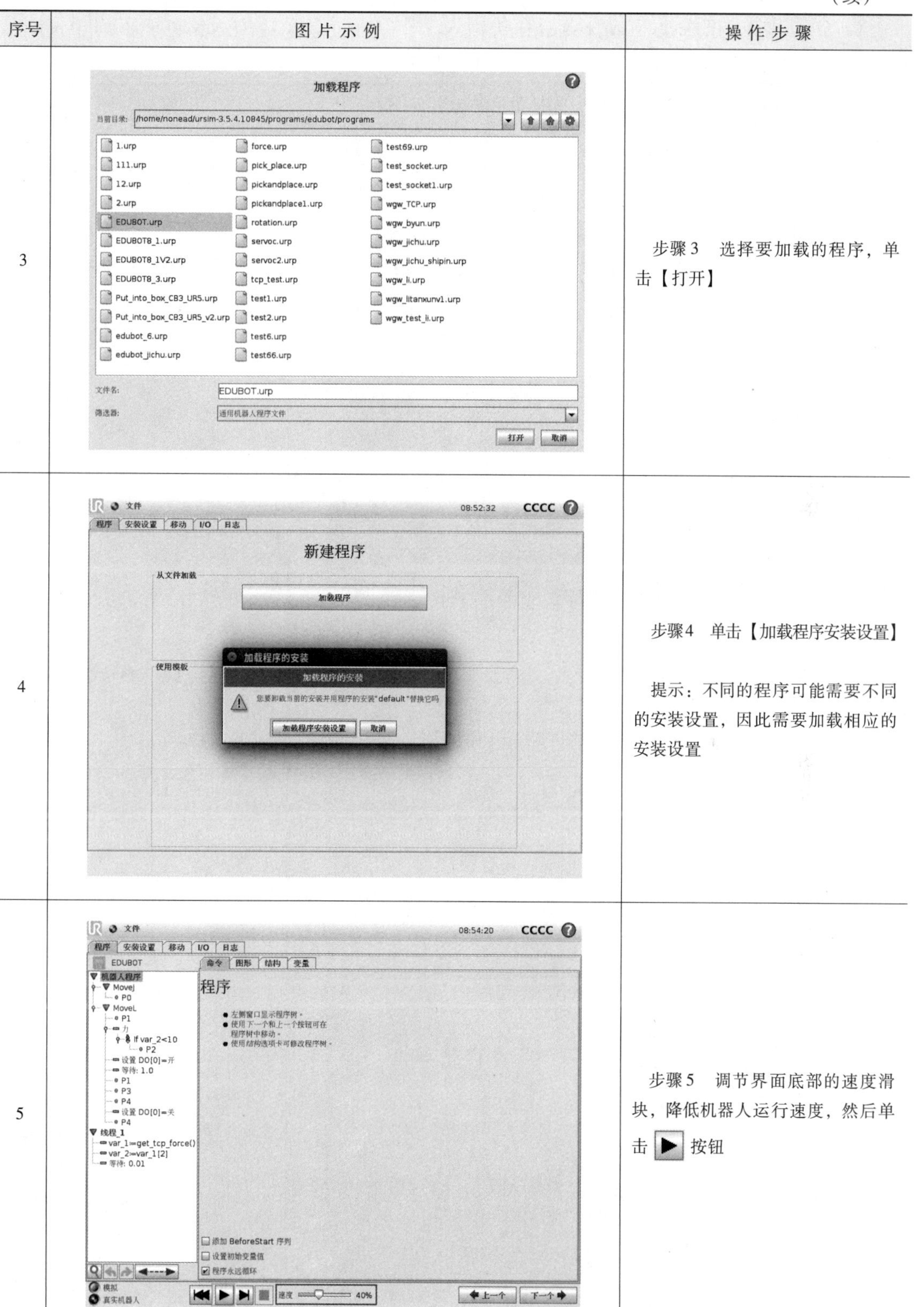

序号	图片示例	操作步骤
3		步骤3　选择要加载的程序，单击【打开】
4		步骤4　单击【加载程序安装设置】 提示：不同的程序可能需要不同的安装设置，因此需要加载相应的安装设置
5		步骤5　调节界面底部的速度滑块，降低机器人运行速度，然后单击 ▶ 按钮

（续）

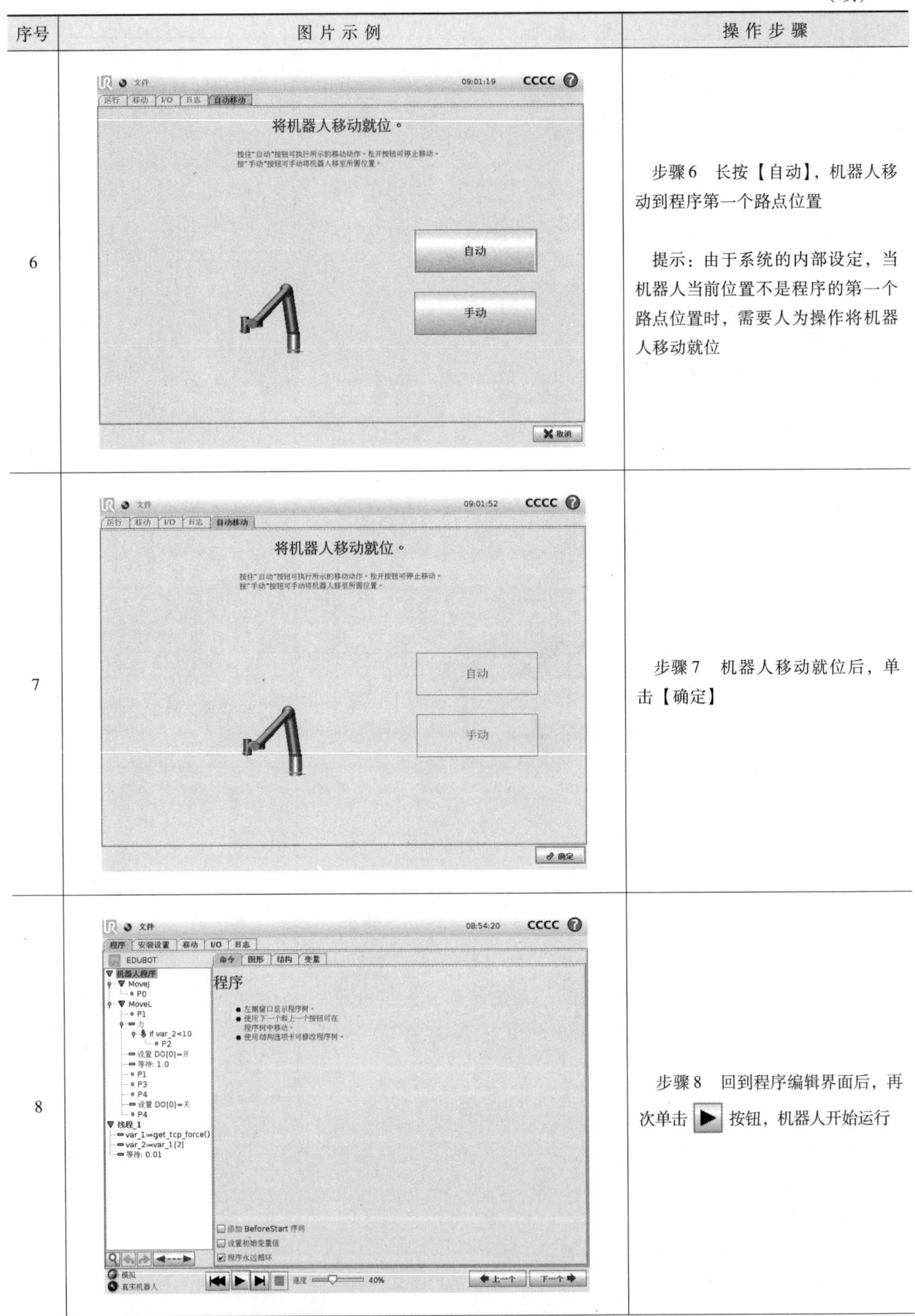

序号	图片示例	操作步骤
6		步骤 6　长按【自动】，机器人移动到程序第一个路点位置 提示：由于系统的内部设定，当机器人当前位置不是程序的第一个路点位置时，需要人为操作将机器人移动就位
7		步骤 7　机器人移动就位后，单击【确定】
8		步骤 8　回到程序编辑界面后，再次单击 ▶ 按钮，机器人开始运行

（续）

序号	图片示例	操 作 步 骤
9	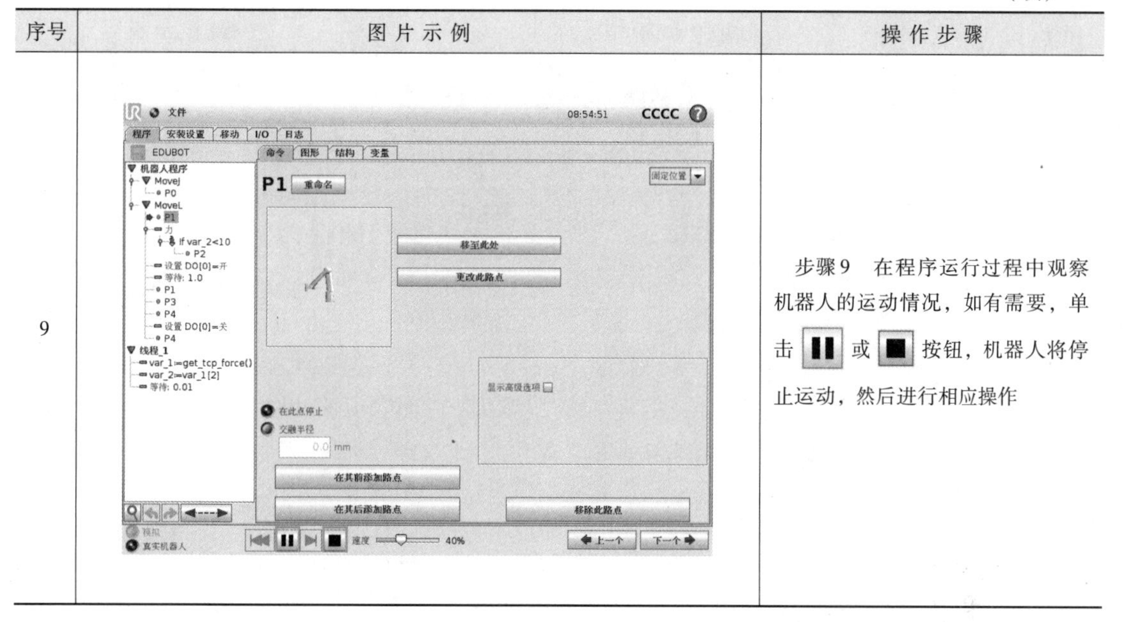	步骤9　在程序运行过程中观察机器人的运动情况，如有需要，单击 或 按钮，机器人将停止运动，然后进行相应操作

7.3 程序运行

程序调试完成后就可以让程序自动运行。程序自动运行界面如图 7-7 所示。该界面提供了一种简便、直观的机器人操作方法，使用尽可能少的几个按钮和选项即可完成操作。运行程序操作步骤见表 7-5。

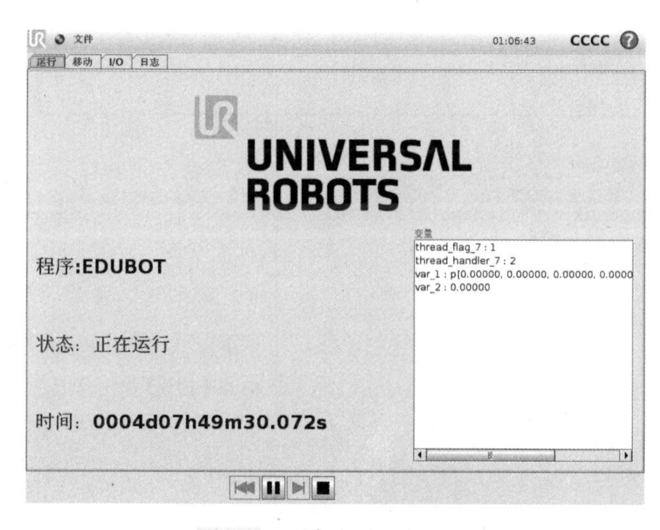

图 7-7　程序自动运行界面

21. 程序运行

表 7-5　运行程序操作步骤

序号	图片示例	操作步骤
1	 PolyScope 机器人用户界面 请选择 UNIVERSAL ROBOTS 运行程序 为机器人编程 设置机器人 关闭机器人 关于	步骤 1　进入“机器人用户界面”后单击【运行程序】
2	 文件 08:59:03 CCCC 运行 加载… 退出 日志 UNIVERSAL ROBOTS 变量 程序: 状态: 已停止 时间: 0004d08h54m12.632s	步骤 2　单击【文件】→【加载…】
3	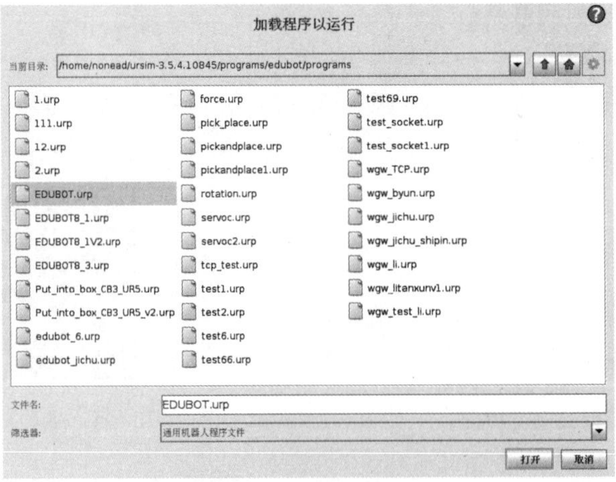 加载程序以运行 当前目录: /home/nonead/ursim-3.5.4.10845/programs/edubot/programs 1.urp force.urp test69.urp 111.urp pick_place.urp test_socket.urp 12.urp pickandplace.urp test_socket1.urp 2.urp pickandplace1.urp wgw_TCP.urp EDUBOT.urp rotation.urp wgw_byun.urp EDUBOT8_1.urp servoc.urp wgw_jichu.urp EDUBOT8_1V2.urp servoc2.urp wgw_jichu_shipin.urp EDUBOT8_3.urp tcp_test.urp wgw_li.urp Put_into_box_CB3_UR5.urp test1.urp wgw_litanxunv1.urp Put_into_box_CB3_UR5_v2.urp test2.urp wgw_test_li.urp edubot_6.urp test6.urp edubot_jichu.urp test66.urp 文件名: EDUBOT.urp 筛选器: 通用机器人程序文件 打开 取消	步骤 3　选择要加载的程序，单击【打开】

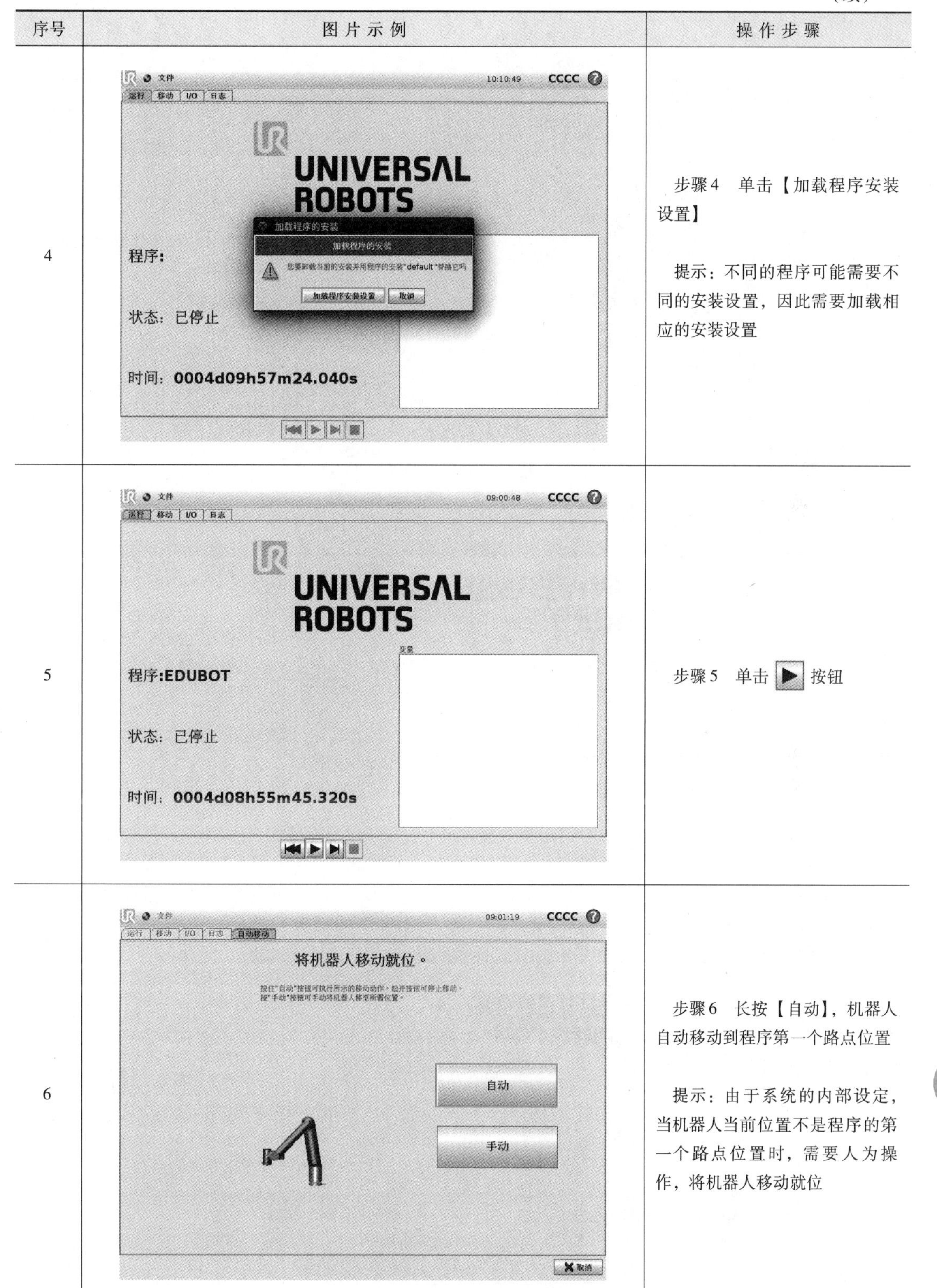

（续）

序号	图片示例	操作步骤
4		步骤4　单击【加载程序安装设置】 提示：不同的程序可能需要不同的安装设置，因此需要加载相应的安装设置
5		步骤5　单击 ▶ 按钮
6		步骤6　长按【自动】，机器人自动移动到程序第一个路点位置 提示：由于系统的内部设定，当机器人当前位置不是程序的第一个路点位置时，需要人为操作，将机器人移动就位

（续）

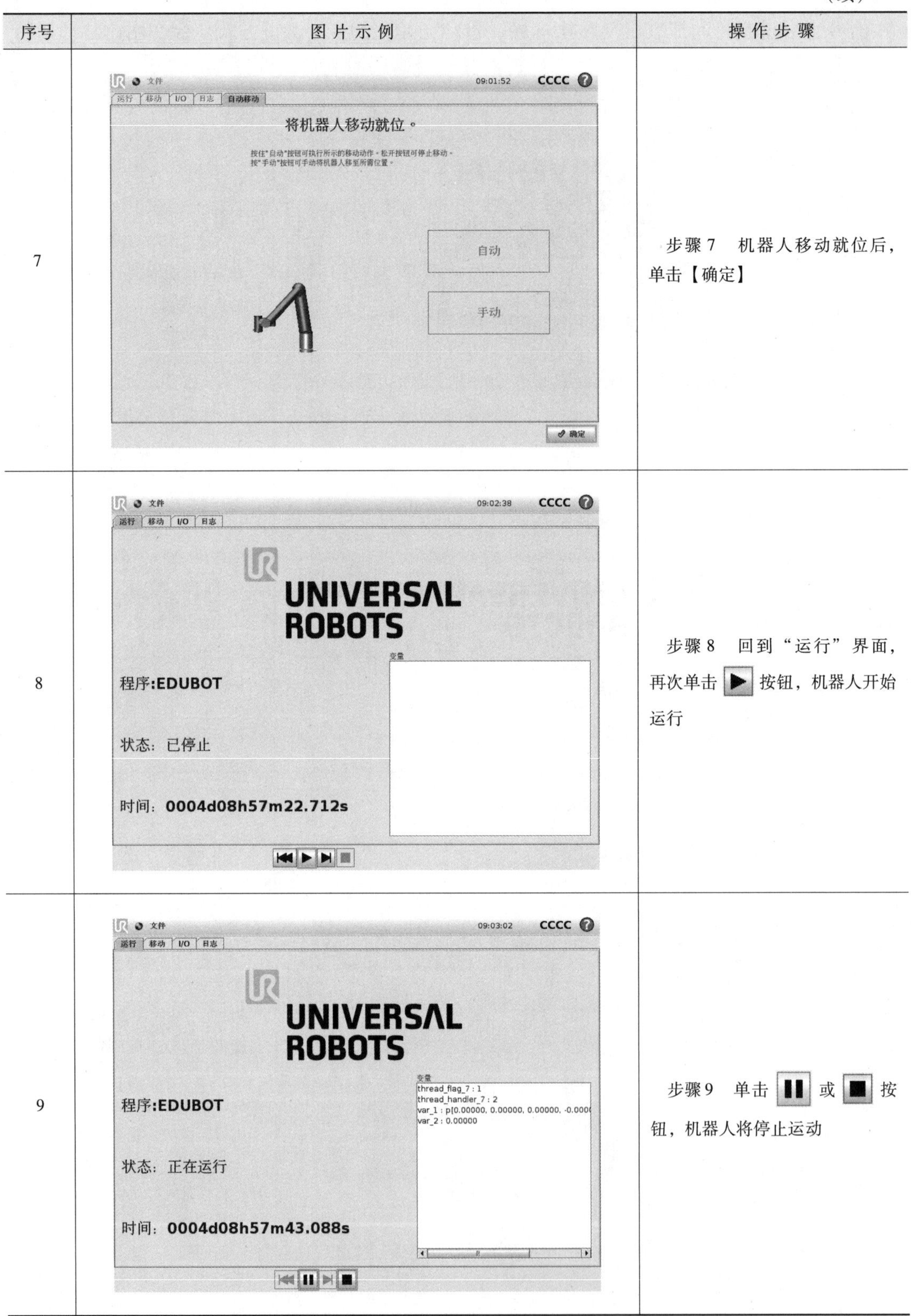

序号	图片示例	操作步骤
7		步骤 7　机器人移动就位后，单击【确定】
8		步骤 8　回到“运行”界面，再次单击 ▶ 按钮，机器人开始运行
9		步骤 9　单击 ❚❚ 或 ■ 按钮，机器人将停止运动

表7-4展示的程序运行还需操作者进行些许操作。除此之外，系统还提供一种基于外部输入信号边沿过渡自动加载启动默认程序、自动初始化的自动运行方式。要使用此自动运行功能，需要在“设置默认程序”界面进行设置，如图7-8所示。该界面的功能如下。

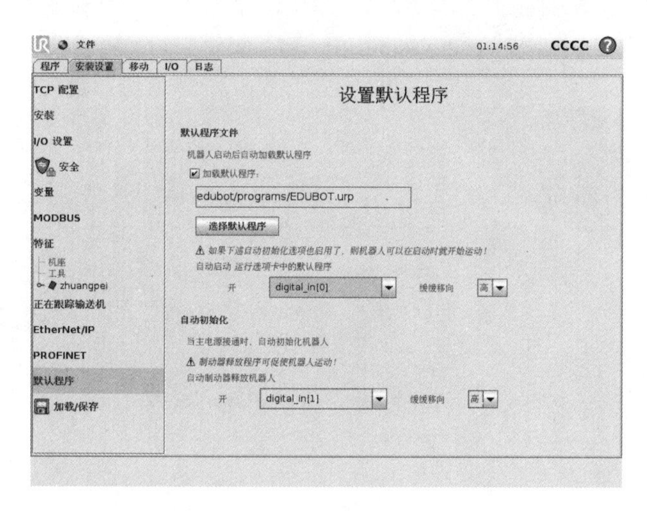

图7-8　“设置默认程序”界面

（1）加载默认程序　控制箱接通电源后，可加载设定的默认程序。

（2）自动初始化　当控制箱接通电源时，机器人手臂可自动初始化。当特定的外部输入信号边沿变换被检测到时，机器人手臂将完全被初始化。初始化的最后一步是制动器释放。当机器人释放制动器后，它会移动一小步，并且发出声响。另外，如果配置的安装角度与基于传感器数据得到的安装角度不相符，数据制动器将不能自动释放。在这种情况下，就需要在初始化界面中对机器人进行手动初始化。

（3）开启默认程序　默认程序可在运行程序屏幕中自动启动。当默认程序被加载，并且特定的外部输入信号边沿变换被检测到时，该程序将自动启动。

如果自动加载、自动启动、自动初始化三个选项都启用，控制箱一接通电源，机器人就开始运行被选的程序。由于系统的保护机制防止机器人从当前点到达程序第一个路点的过程发生碰撞，所以若程序第一个要到达的路点是固定点，则仍需要操作者通过示教器手动移动就位。为了避免此问题，用户在编程时，可以将第一个路点设置为变量，这样就无需多余的手动操作。

在启动时，当前输入信号电平未定义，选择了与设定的信号电平相匹配的变换，将立即启动程序或初始化机器人手臂。此外，离开运行程序屏幕或按压仪表板上的停止按钮将使自动启动特征失效，直到再次按运行按钮。

思　考　题

1. 如何新建程序？
2. 如何插入新指令？
3. 如何查看指令的详情？
4. 如何运行程序？
5. 简述通过外部信号启动机器人程序的方法。

第8章 Chapter 编程实例

本章通过三个应用实例来介绍机器人相关的外围电气布置、指令应用和程序调试。其中，基本运动实例主要演示路点示教的方法，物料搬运实例主要演示数字 I/O 的使用方法，物料装配实例主要演示力的应用方法。

22. 基本运动实例

8.1 基本运动实例

本实例使用基础实训模块，以模块中的曲线为例，介绍 UR5 机器人的直线与圆弧运动指令使用方法。曲线可以看作由 n 段小圆弧或直线组成，所以可以用 n 个圆弧指令或直线指令完成曲线运动。该实例的曲线路径由两段圆弧和一条直线构成。

路径规划：初始点 P0→过渡点 P1→第一点 P2→第二点 P3→第三点 P4→第四点 P5→第五点 P6→第六点 P7→过渡点 P8，如图 8-1 所示。

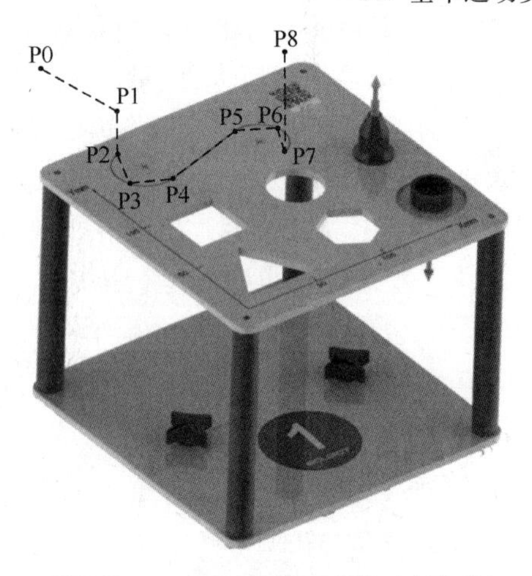

图 8-1　基础实训模块曲线路径规划

编程前需要安装基础实训模块和带尖锥的 Y 形工具，如图 8-2 所示。曲线运动实训步骤见表 8-1。

图 8-2 基础实训设备

表 8-1 曲线运动实训步骤

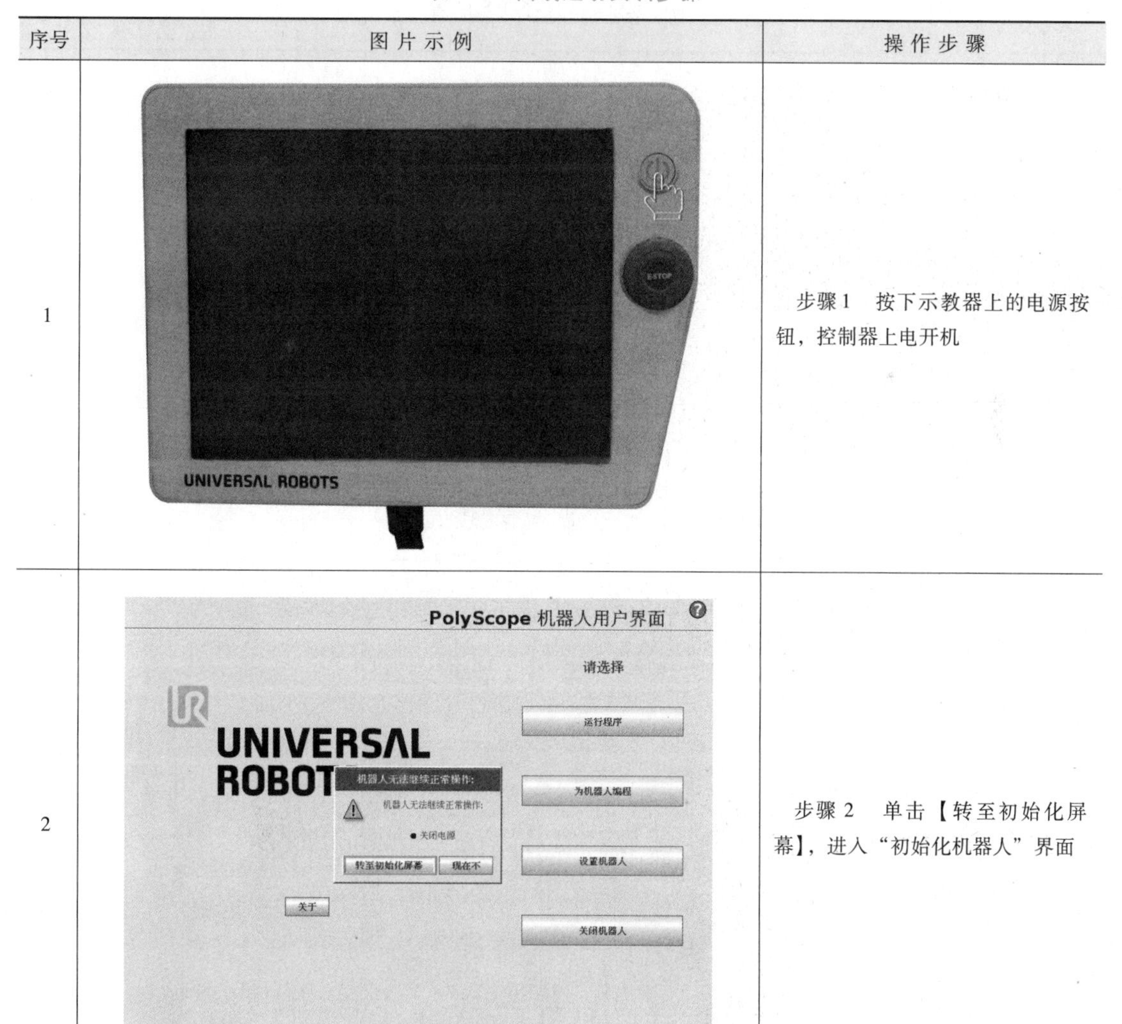

序号	图 片 示 例	操 作 步 骤
1		步骤 1 按下示教器上的电源按钮，控制器上电开机
2		步骤 2 单击【转至初始化屏幕】，进入“初始化机器人”界面

（续）

序号	图片示例	操作步骤
3	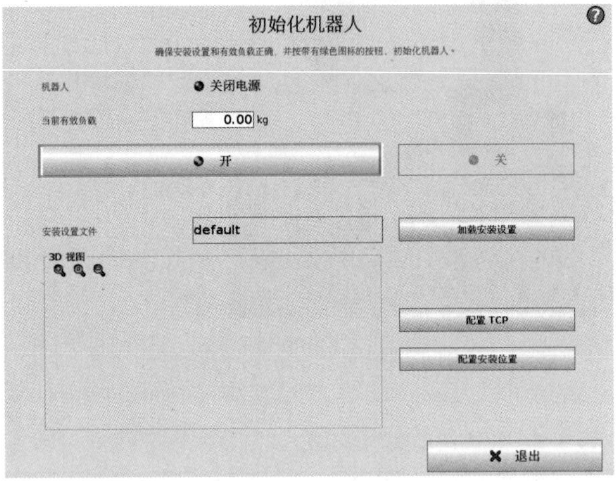 初始化机器人 确保安装设置和有效负载正确，并按带有绿色图标的按钮，初始化机器人。 机器人 关闭电源 当前有效负载 0.00 kg 开 关 安装设置文件 default 加载安装设置 3D 视图 配置 TCP 配置安装位置 退出	步骤 3　根据实际情况填写“当前有效负载”，单击【开】，机器人本体上电
4	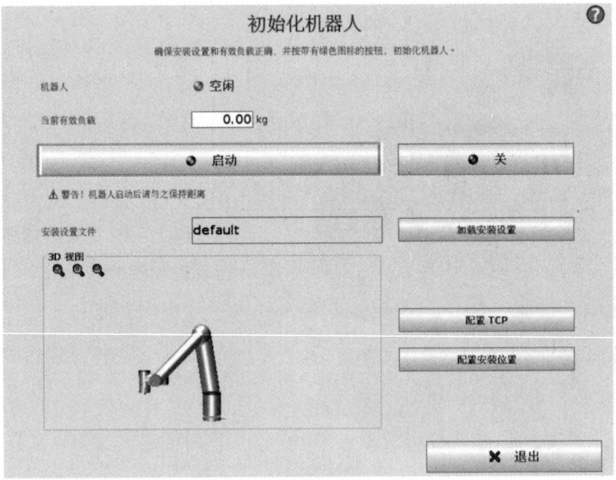 初始化机器人 确保安装设置和有效负载正确，并按带有绿色图标的按钮，初始化机器人。 机器人 空闲 当前有效负载 0.00 kg 启动 关 警告！机器人启动后请与之保持距离 安装设置文件 default 加载安装设置 3D 视图 配置 TCP 配置安装位置 退出	步骤 4　单击【启动】，机器人制动器释放，并且发出声响和移动少许位置
5	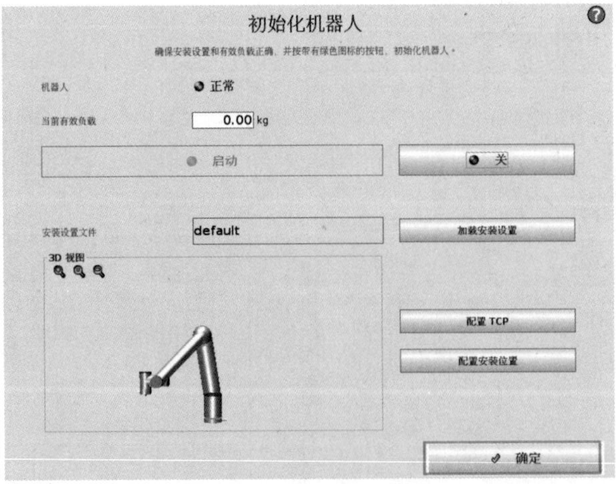 初始化机器人 确保安装设置和有效负载正确，并按带有绿色图标的按钮，初始化机器人。 机器人 正常 当前有效负载 0.00 kg 启动 关 安装设置文件 default 加载安装设置 3D 视图 配置 TCP 配置安装位置 确定	步骤 5　单击【确定】，退出“初始化机器人”界面

（续）

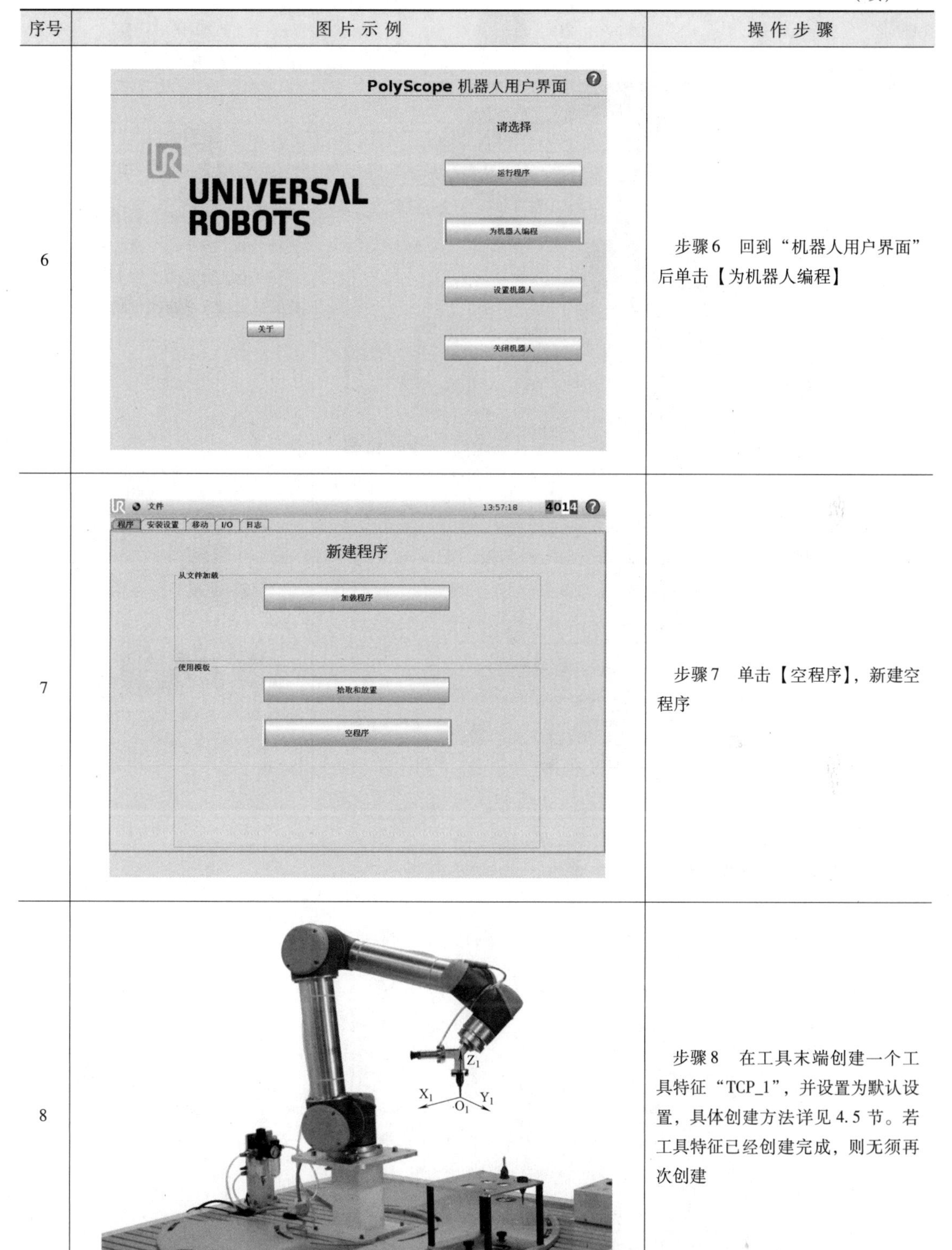

序号	图片示例	操作步骤
6		步骤6　回到“机器人用户界面”后单击【为机器人编程】
7		步骤7　单击【空程序】，新建空程序
8		步骤8　在工具末端创建一个工具特征“TCP_1”，并设置为默认设置，具体创建方法详见4.5节。若工具特征已经创建完成，则无须再次创建

（续）

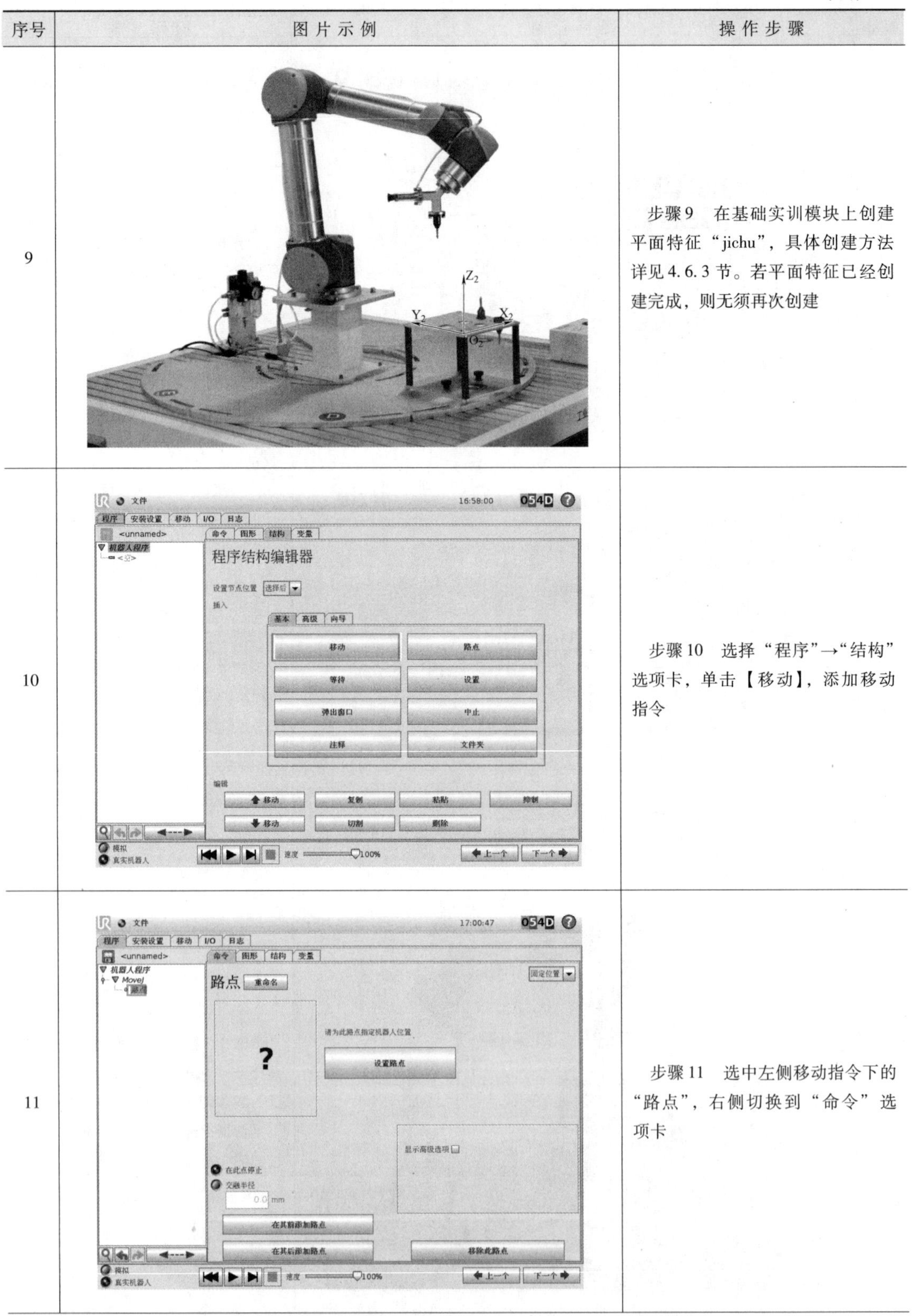

序号	图片示例	操作步骤
9		步骤9　在基础实训模块上创建平面特征“jichu”，具体创建方法详见4.6.3节。若平面特征已经创建完成，则无须再次创建
10		步骤10　选择“程序”→“结构”选项卡，单击【移动】，添加移动指令
11		步骤11　选中左侧移动指令下的“路点”，右侧切换到“命令”选项卡

（续）

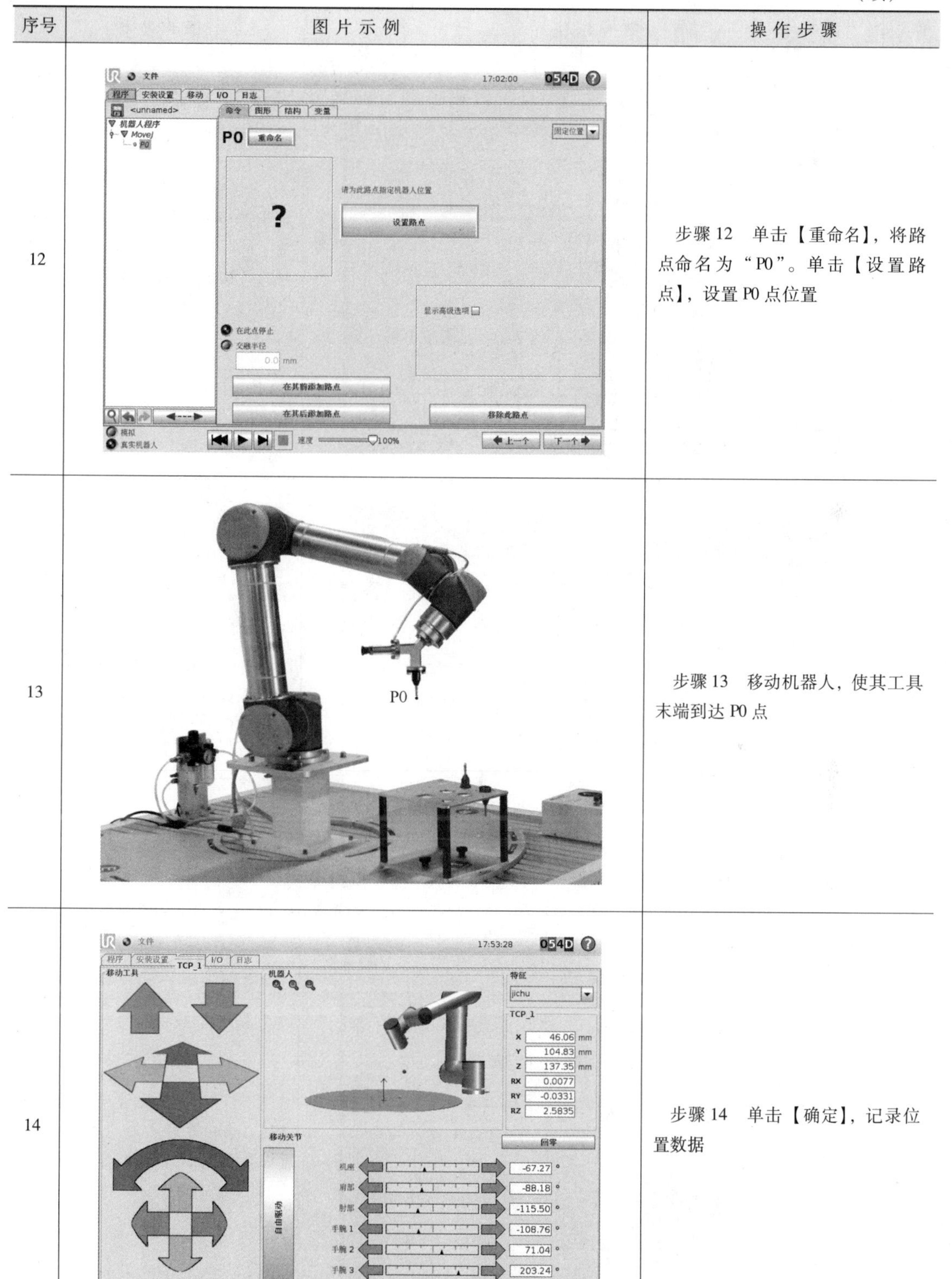

序号	图片示例	操作步骤
12		步骤12　单击【重命名】，将路点命名为“P0”。单击【设置路点】，设置P0点位置
13		步骤13　移动机器人，使其工具末端到达P0点
14		步骤14　单击【确定】，记录位置数据

（续）

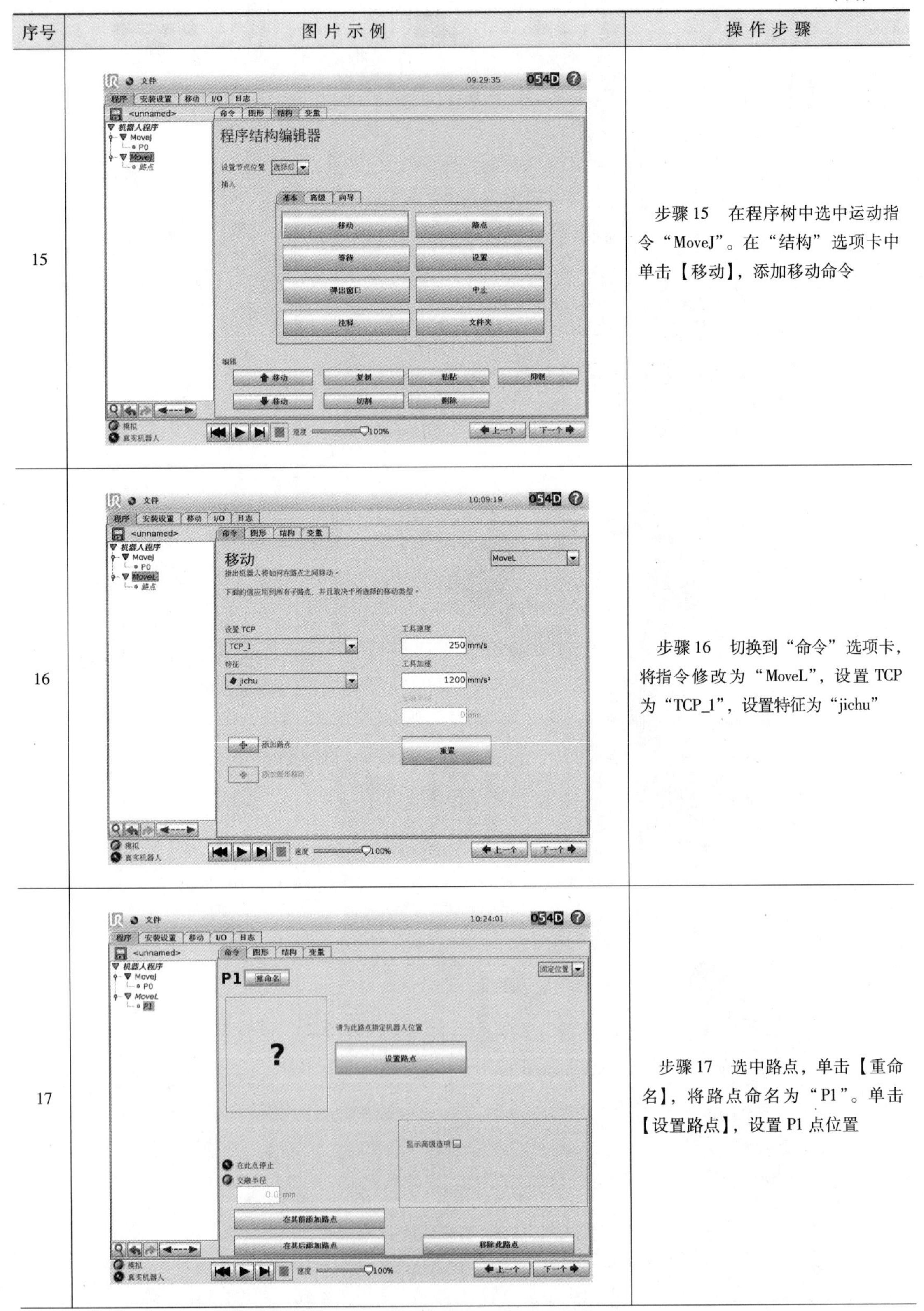

序号	图片示例	操作步骤
15		步骤 15　在程序树中选中运动指令“MoveJ”。在“结构”选项卡中单击【移动】，添加移动命令
16		步骤 16　切换到“命令”选项卡，将指令修改为“MoveL”，设置 TCP 为“TCP_1”，设置特征为“jichu”
17		步骤 17　选中路点，单击【重命名】，将路点命名为“P1”。单击【设置路点】，设置 P1 点位置

（续）

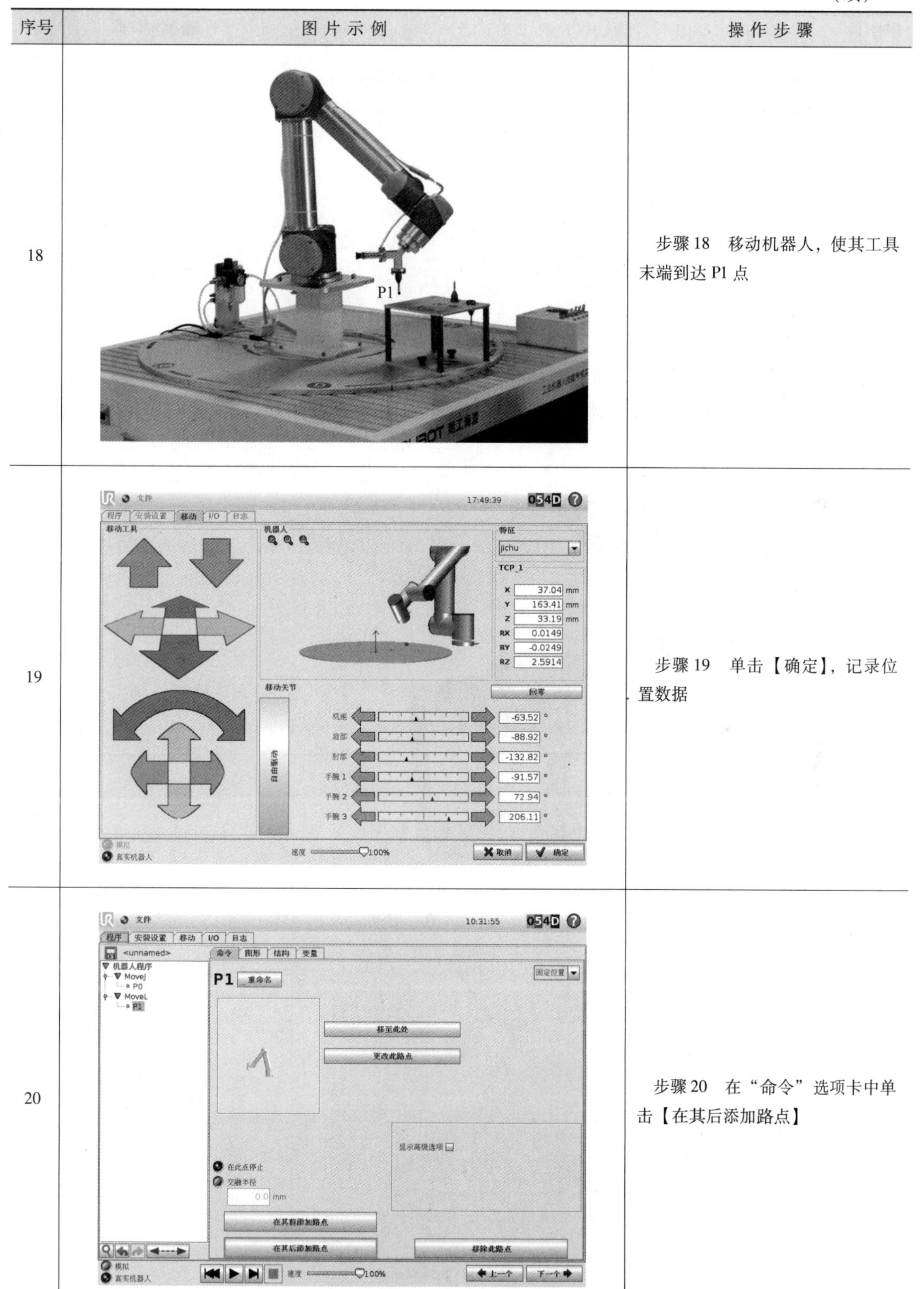

序号	图片示例	操作步骤
18	P1	步骤 18　移动机器人，使其工具末端到达 P1 点
19		步骤 19　单击【确定】，记录位置数据
20		步骤 20　在“命令”选项卡中单击【在其后添加路点】

（续）

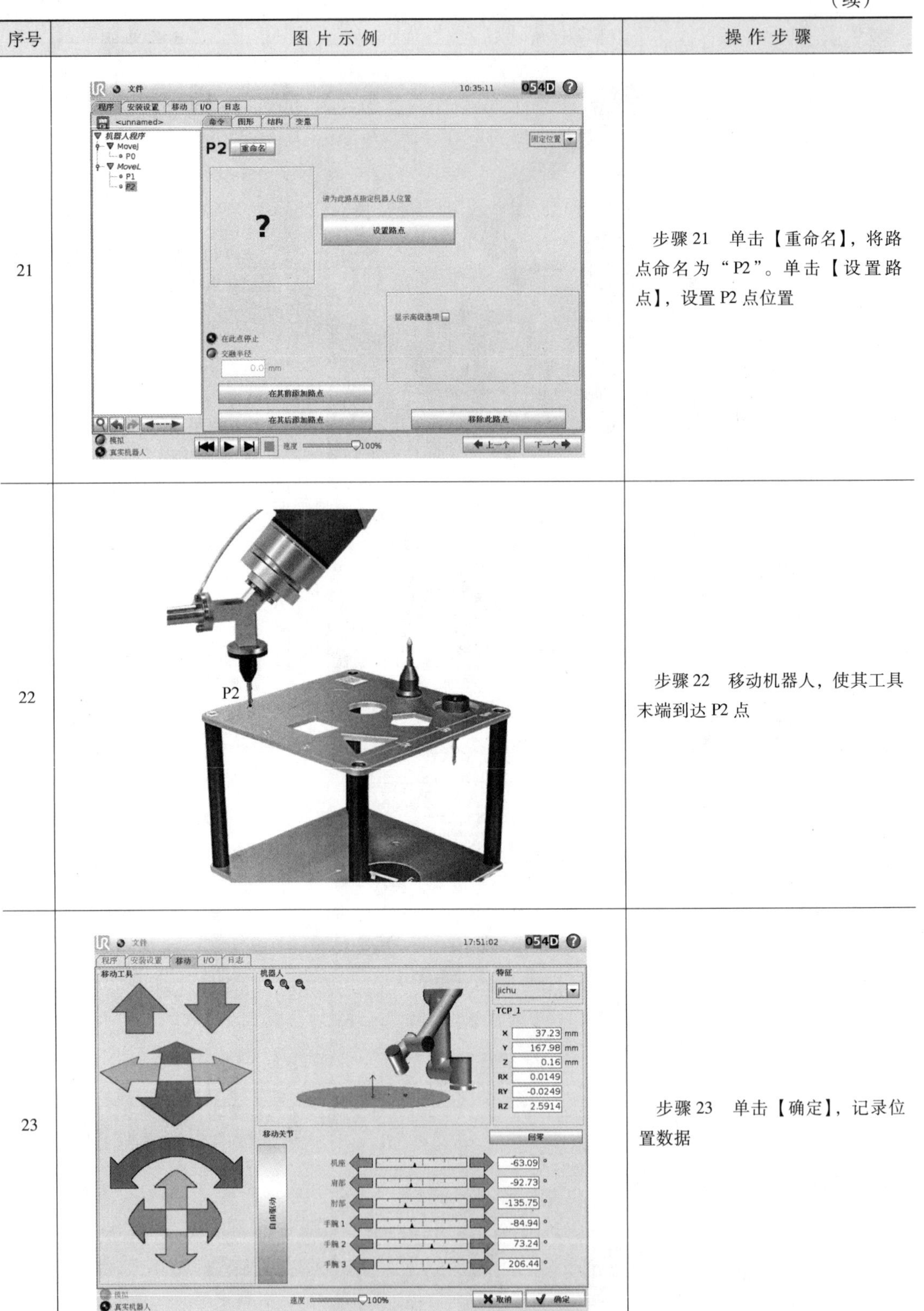

序号	图片示例	操作步骤
21		步骤 21　单击【重命名】，将路点命名为“P2”。单击【设置路点】，设置 P2 点位置
22	P2	步骤 22　移动机器人，使其工具末端到达 P2 点
23		步骤 23　单击【确定】，记录位置数据

（续）

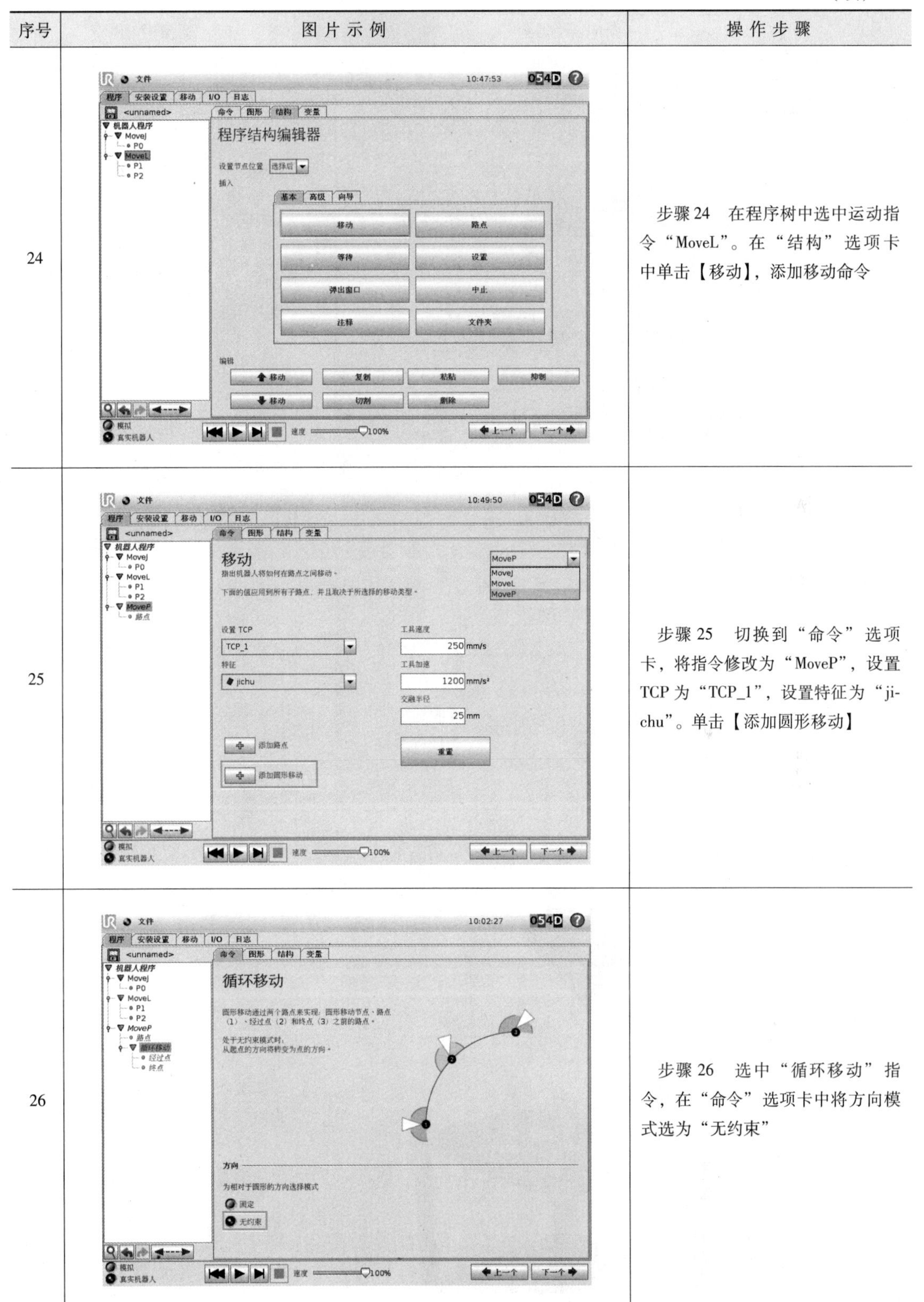

序号	图片示例	操作步骤
24		步骤24　在程序树中选中运动指令“MoveL”。在“结构”选项卡中单击【移动】，添加移动命令
25		步骤25　切换到“命令”选项卡，将指令修改为“MoveP”，设置TCP为“TCP_1”，设置特征为“jichu”。单击【添加圆形移动】
26		步骤26　选中“循环移动”指令，在“命令”选项卡中将方向模式选为“无约束”

（续）

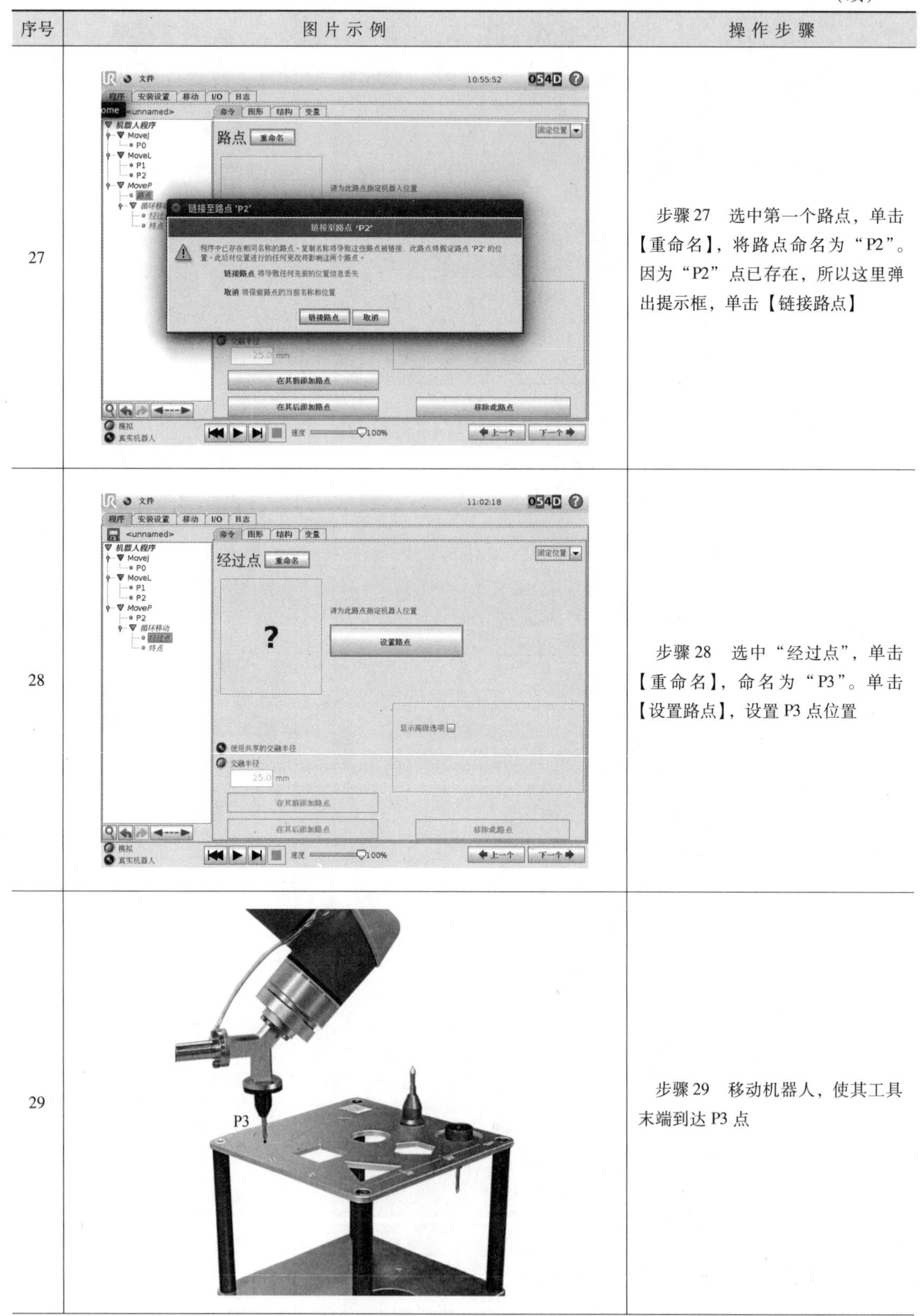

序号	图片示例	操作步骤
27		步骤 27　选中第一个路点，单击【重命名】，将路点命名为“P2”。因为“P2”点已存在，所以这里弹出提示框，单击【链接路点】
28		步骤 28　选中“经过点”，单击【重命名】，命名为“P3”。单击【设置路点】，设置 P3 点位置
29		步骤 29　移动机器人，使其工具末端到达 P3 点

（续）

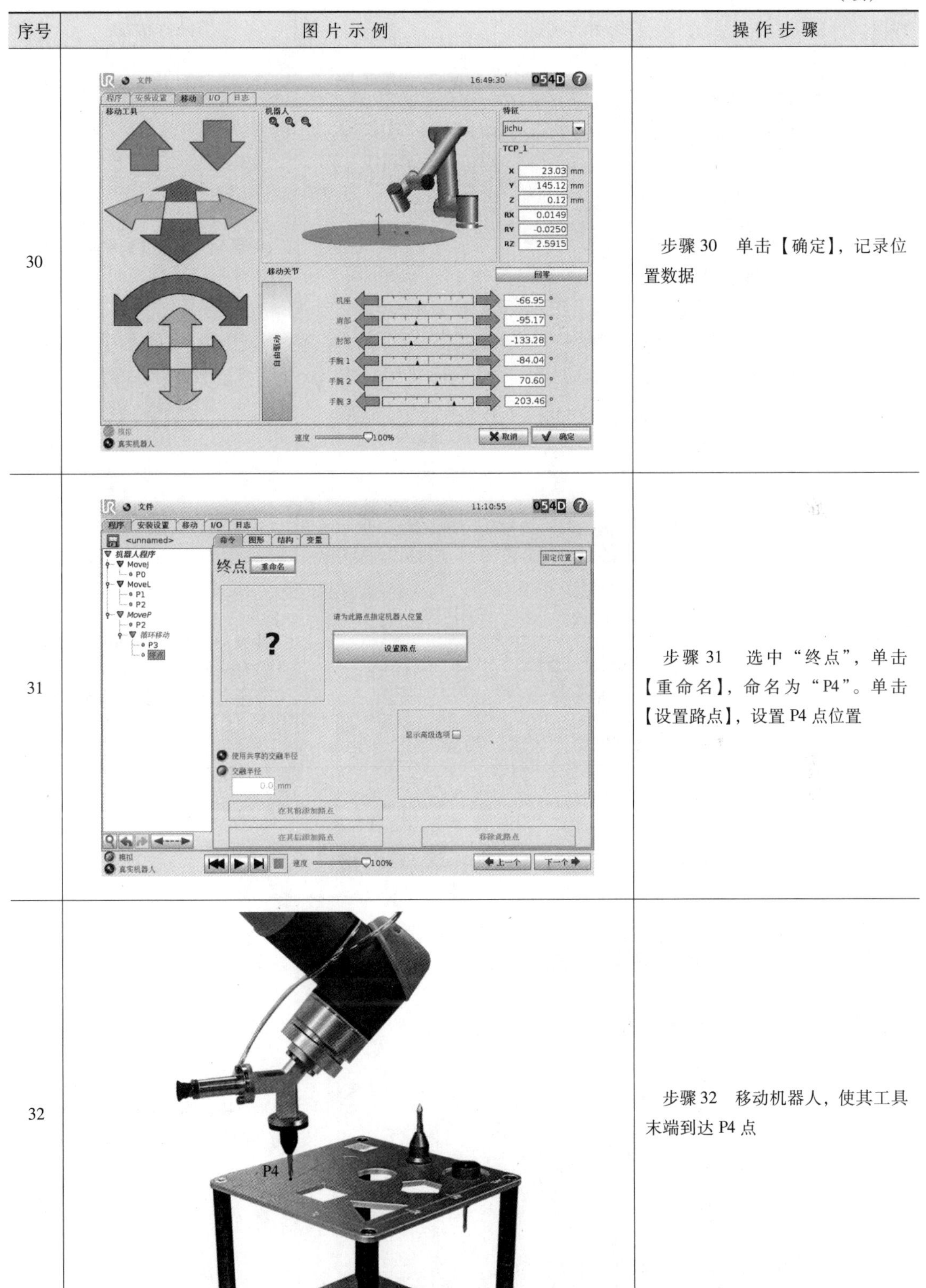

序号	图片示例	操作步骤
30		步骤 30　单击【确定】，记录位置数据
31		步骤 31　选中“终点”，单击【重命名】，命名为“P4”。单击【设置路点】，设置 P4 点位置
32		步骤 32　移动机器人，使其工具末端到达 P4 点

（续）

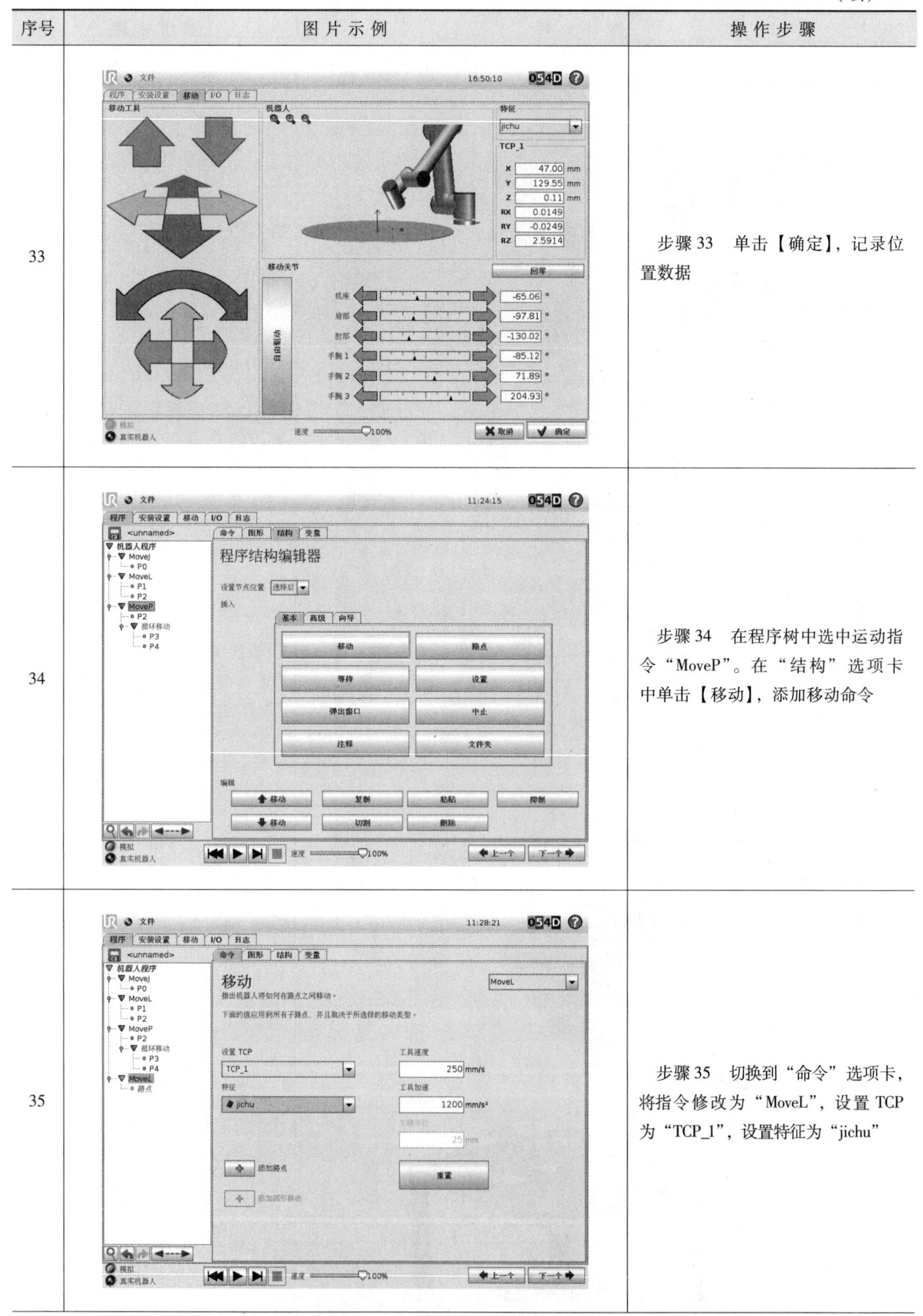

序号	图片示例	操作步骤
33		步骤 33　单击【确定】，记录位置数据
34		步骤 34　在程序树中选中运动指令“MoveP”。在“结构”选项卡中单击【移动】，添加移动命令
35		步骤 35　切换到“命令”选项卡，将指令修改为“MoveL”，设置 TCP 为“TCP_1”，设置特征为“jichu”

（续）

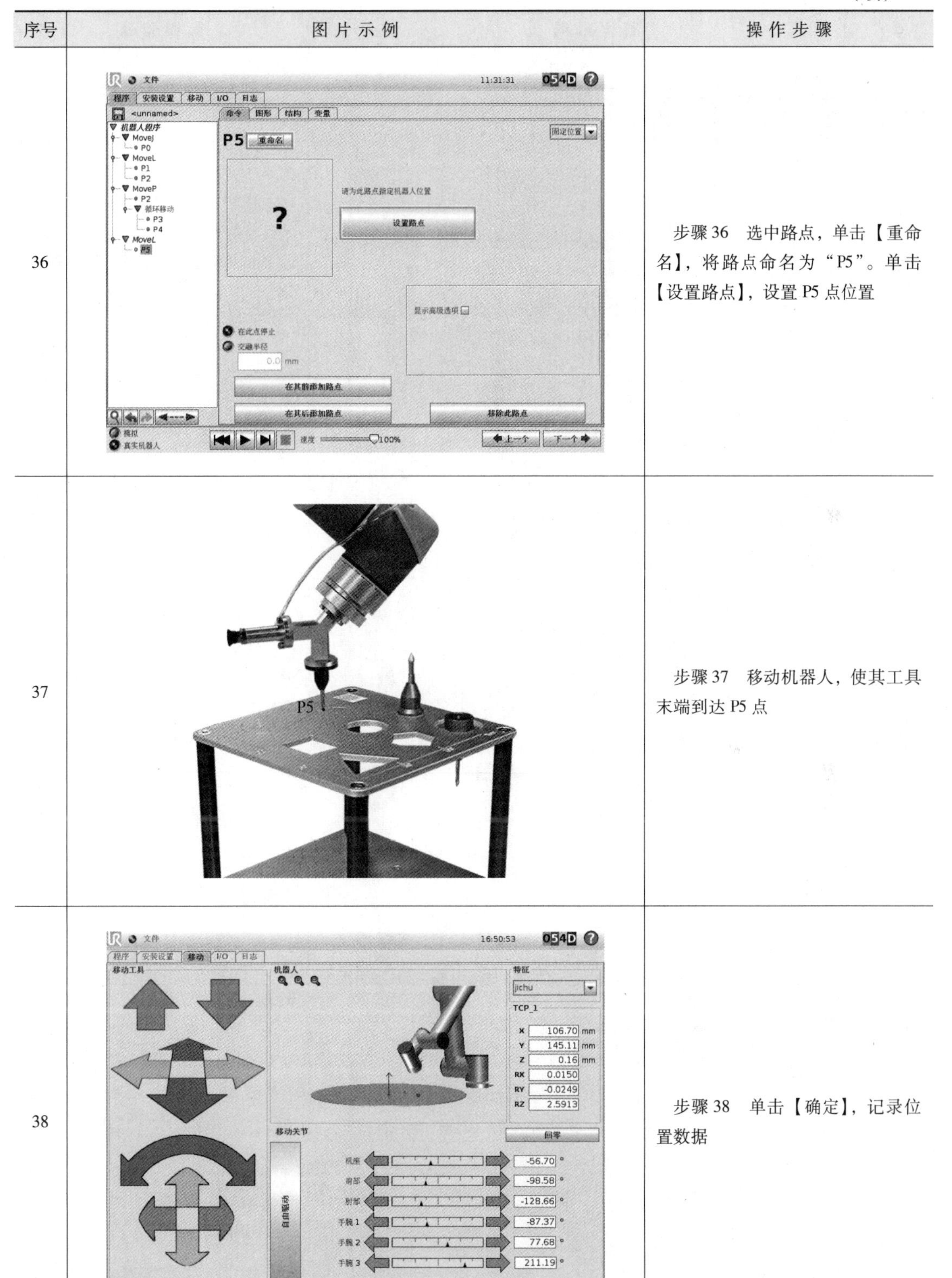

序号	图片示例	操作步骤
36		步骤 36　选中路点，单击【重命名】，将路点命名为“P5”。单击【设置路点】，设置 P5 点位置
37	P5	步骤 37　移动机器人，使其工具末端到达 P5 点
38		步骤 38　单击【确定】，记录位置数据

（续）

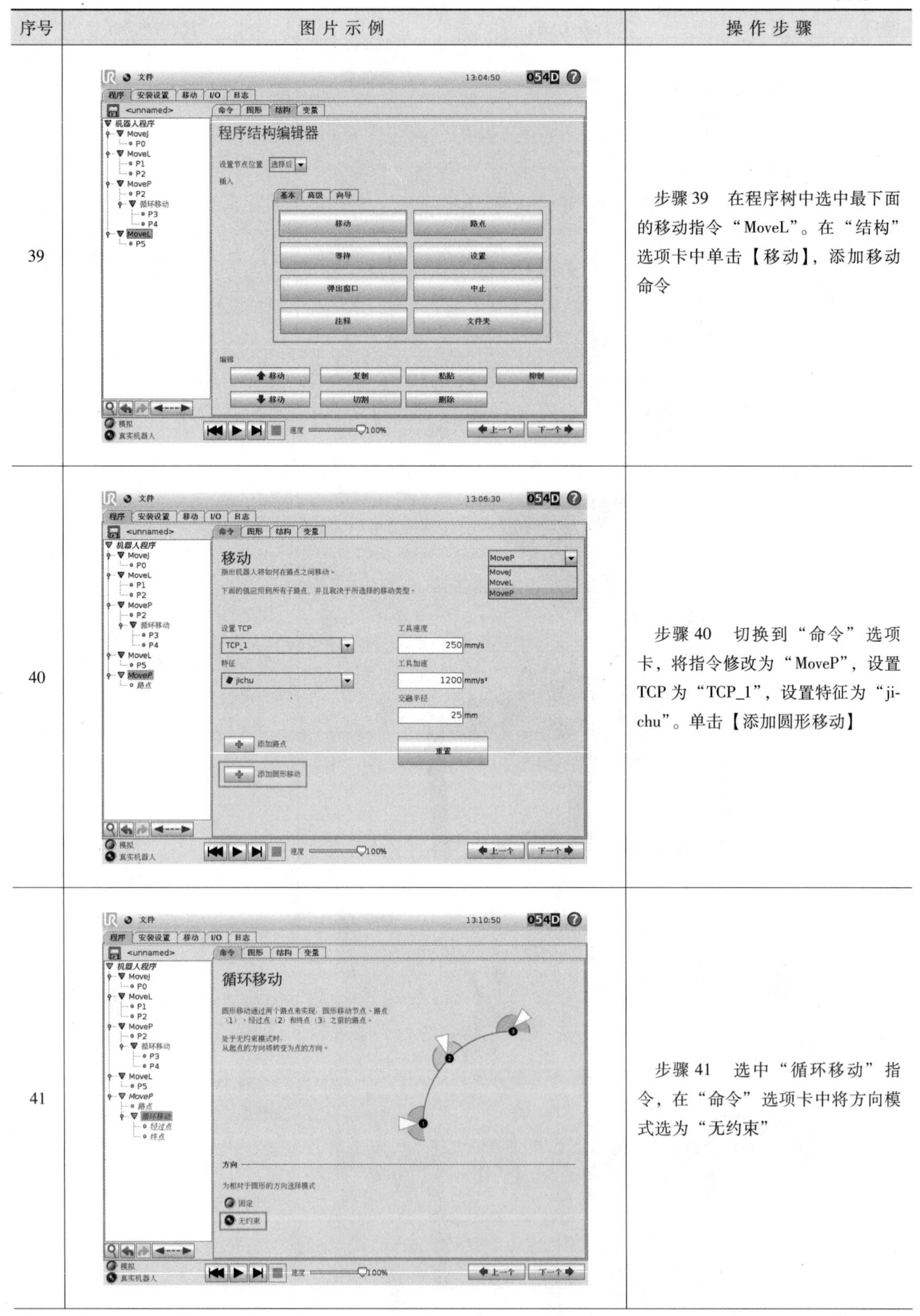

序号	图片示例	操作步骤
39		步骤39　在程序树中选中最下面的移动指令“MoveL”。在“结构”选项卡中单击【移动】，添加移动命令
40		步骤40　切换到“命令”选项卡，将指令修改为“MoveP”，设置TCP为“TCP_1”，设置特征为“jichu”。单击【添加圆形移动】
41		步骤41　选中“循环移动”指令，在“命令”选项卡中将方向模式选为“无约束”

（续）

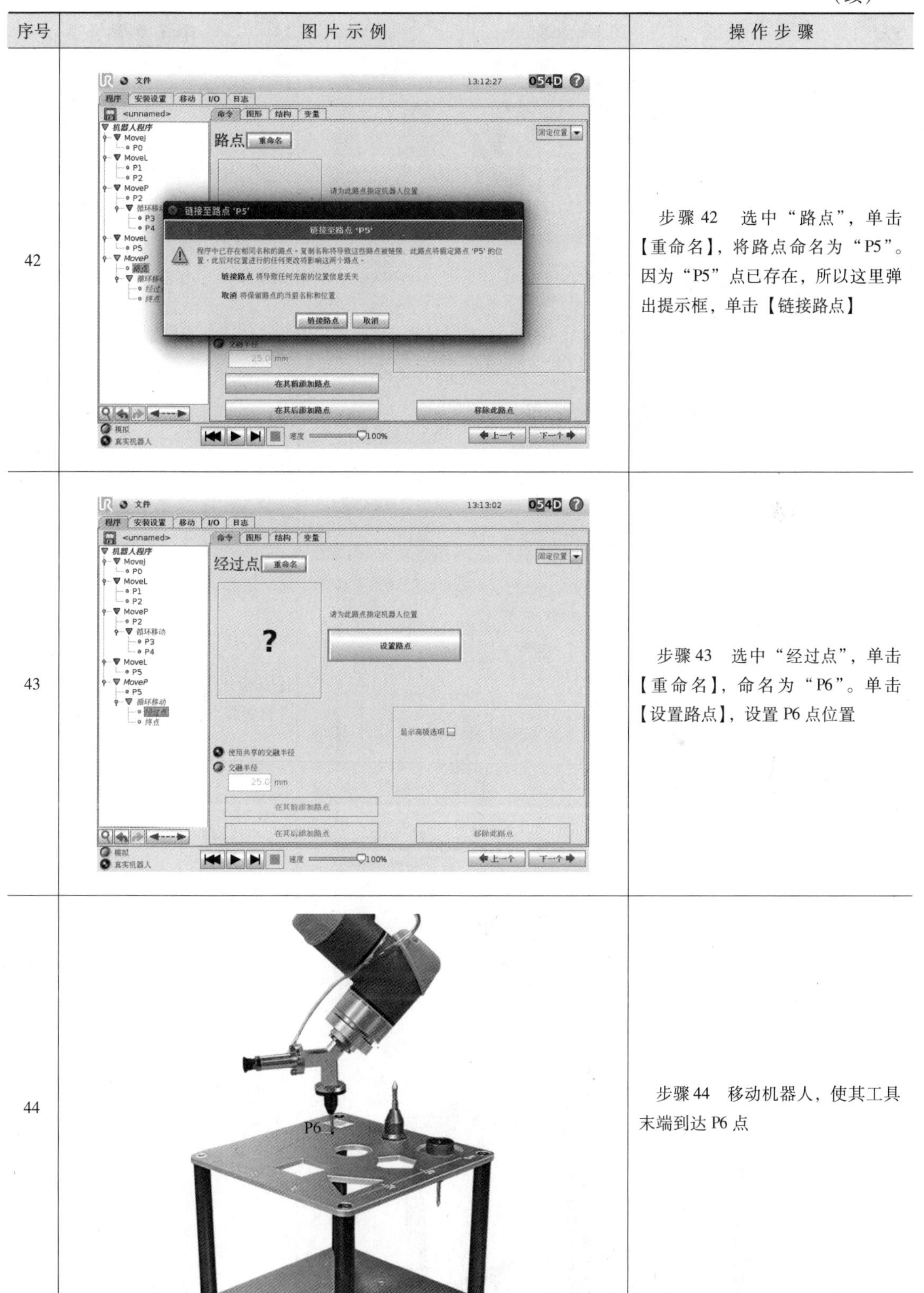

序号	图片示例	操作步骤
42		步骤 42　选中“路点”，单击【重命名】，将路点命名为“P5”。因为“P5”点已存在，所以这里弹出提示框，单击【链接路点】
43		步骤 43　选中“经过点”，单击【重命名】，命名为“P6”。单击【设置路点】，设置 P6 点位置
44		步骤 44　移动机器人，使其工具末端到达 P6 点

（续）

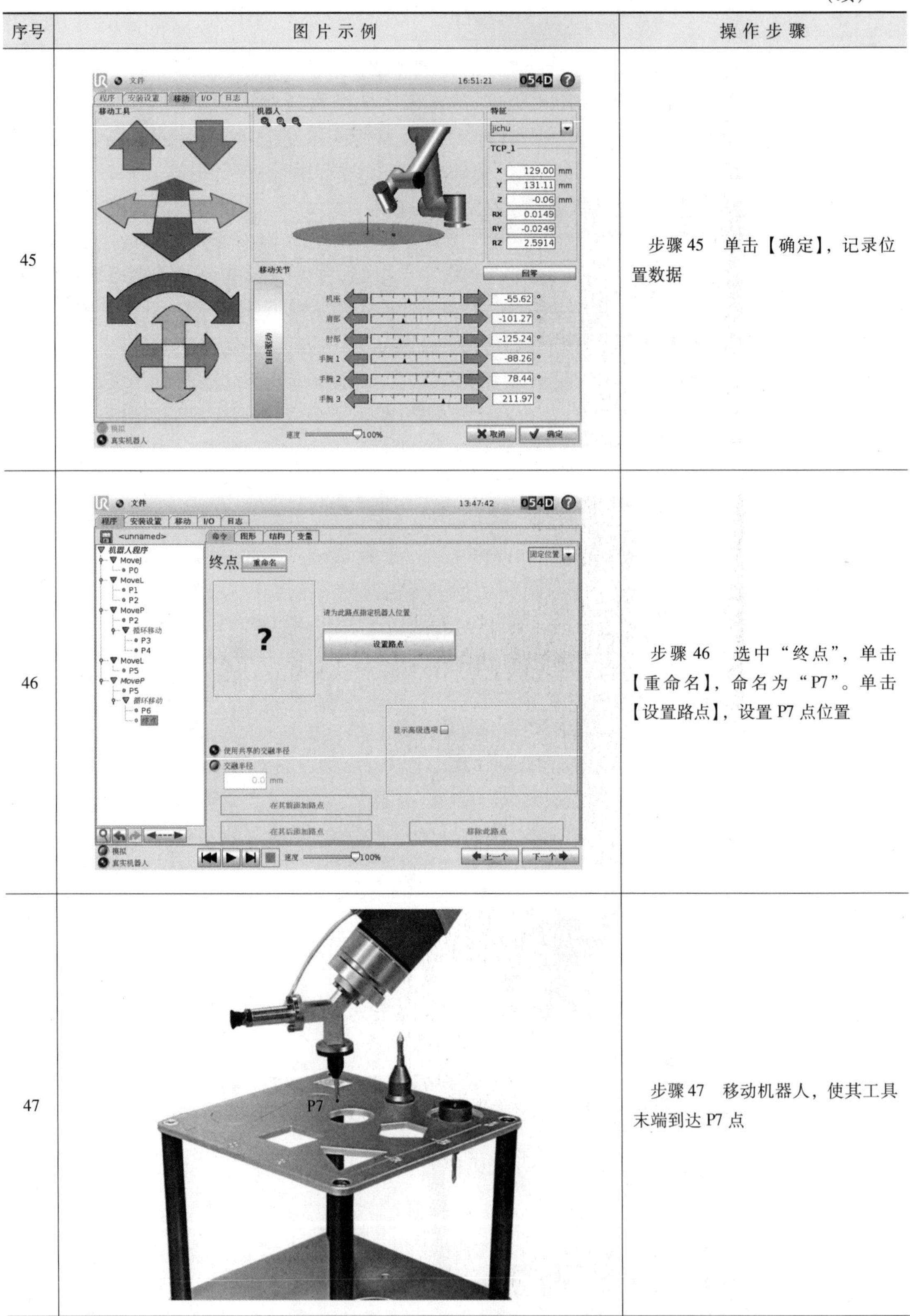

序号	图片示例	操作步骤
45		步骤 45　单击【确定】，记录位置数据
46		步骤 46　选中“终点”，单击【重命名】，命名为“P7”。单击【设置路点】，设置 P7 点位置
47		步骤 47　移动机器人，使其工具末端到达 P7 点

（续）

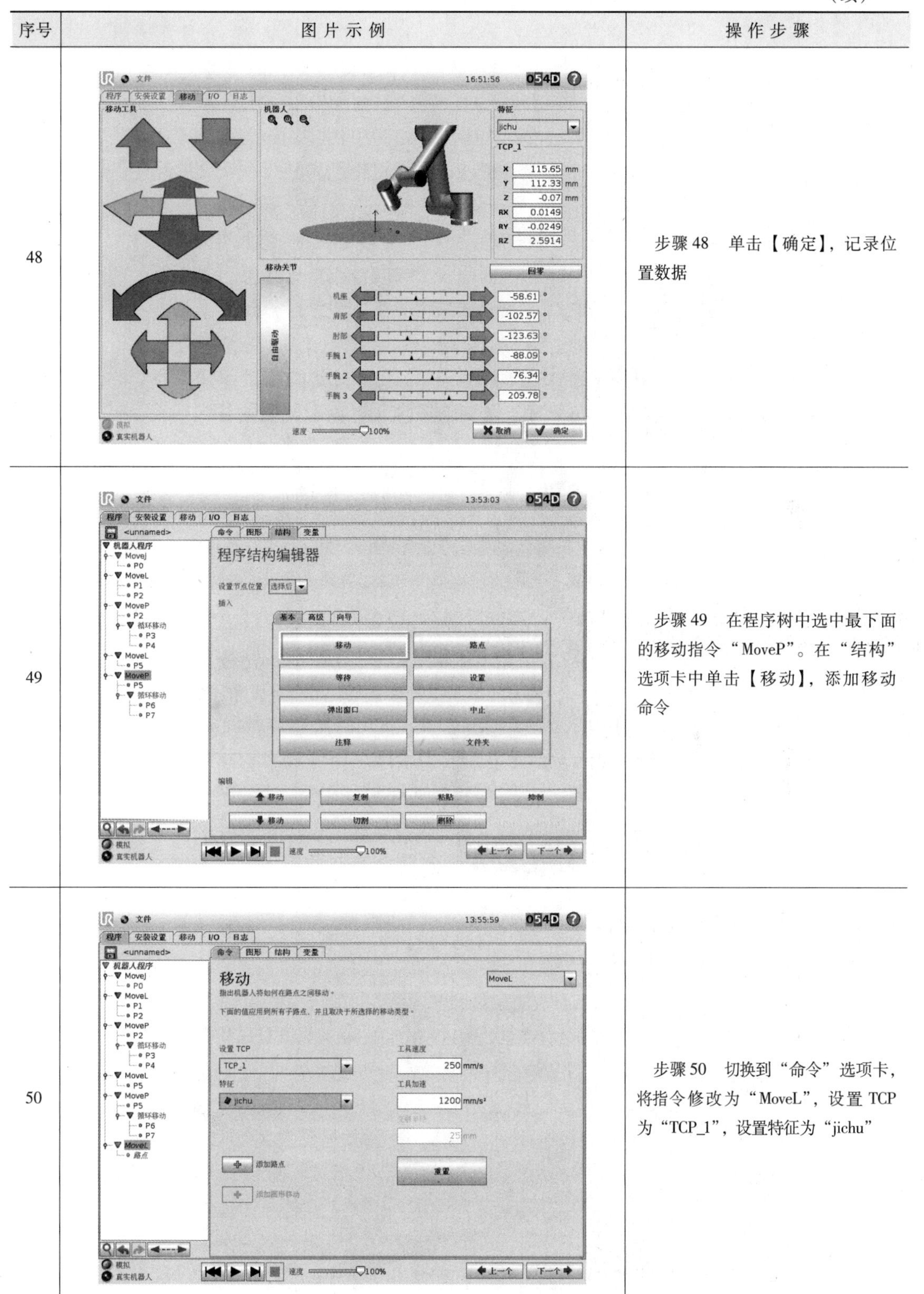

序号	图片示例	操作步骤
48		步骤 48　单击【确定】，记录位置数据
49		步骤 49　在程序树中选中最下面的移动指令“MoveP”。在“结构”选项卡中单击【移动】，添加移动命令
50		步骤 50　切换到“命令”选项卡，将指令修改为“MoveL”，设置 TCP 为“TCP_1”，设置特征为“jichu”

（续）

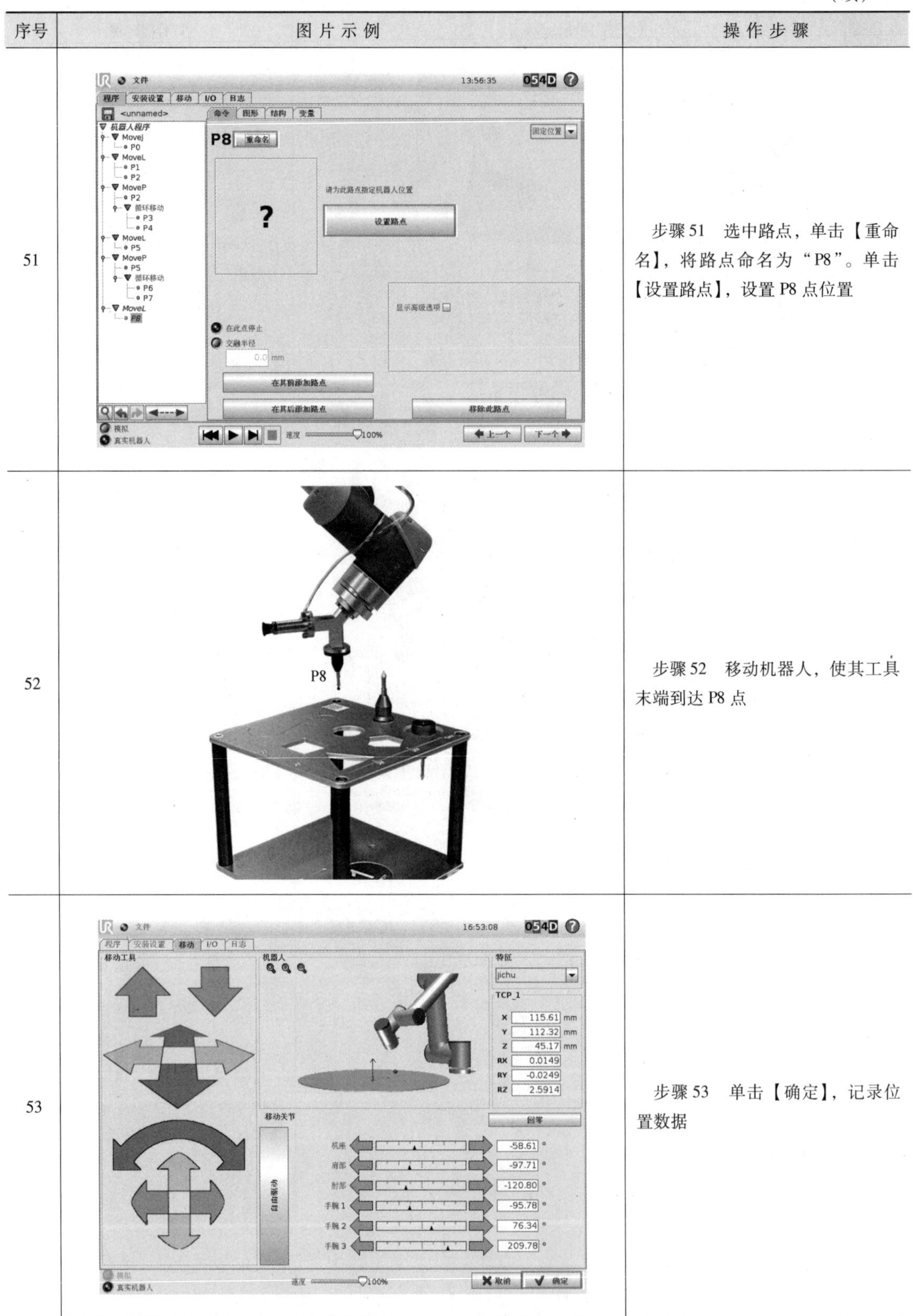

序号	图片示例	操作步骤
51		步骤 51　选中路点，单击【重命名】，将路点命名为“P8”。单击【设置路点】，设置 P8 点位置
52		步骤 52　移动机器人，使其工具末端到达 P8 点
53		步骤 53　单击【确定】，记录位置数据

（续）

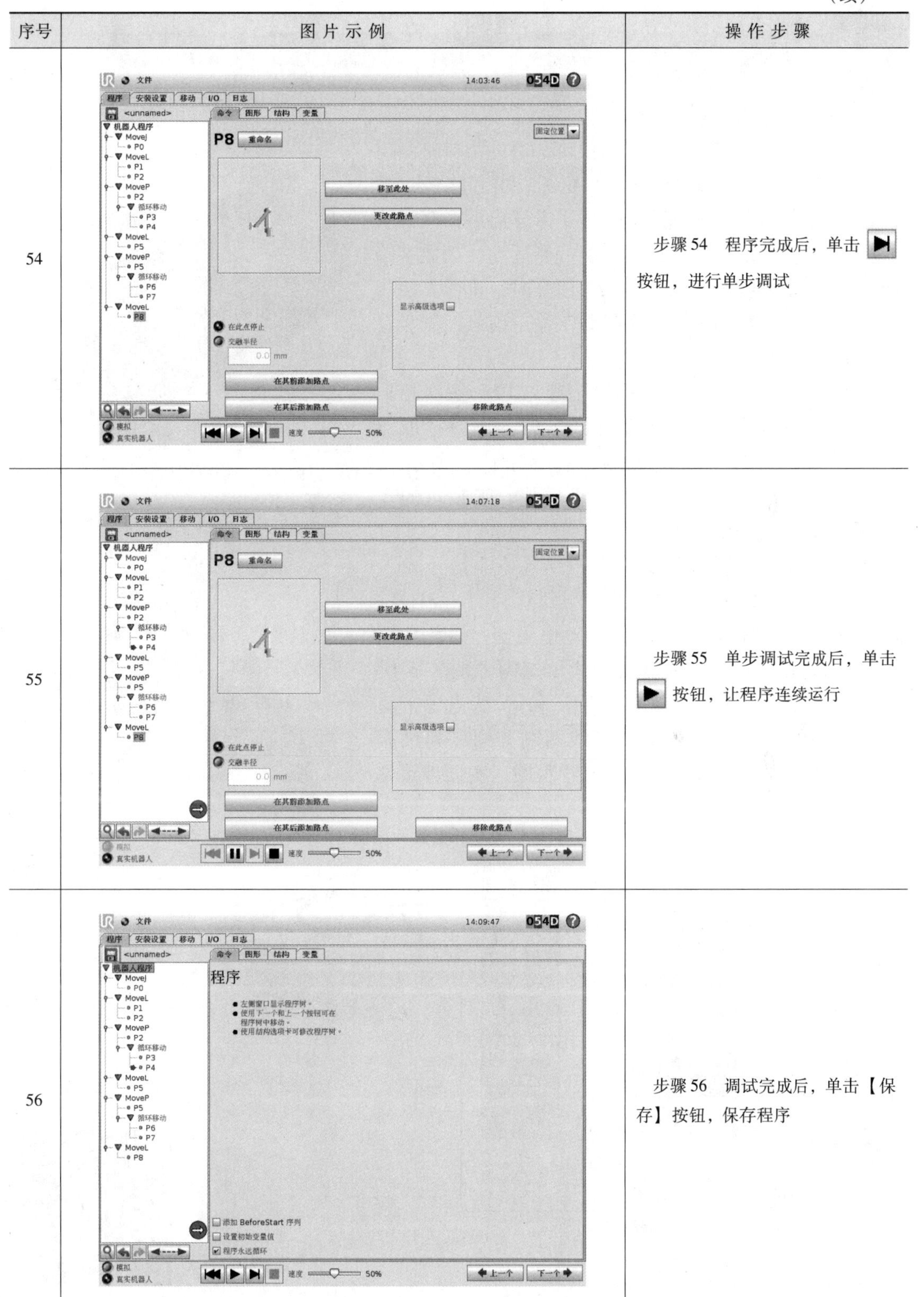

序号	图片示例	操作步骤
54		步骤 54 程序完成后，单击 ▶❙ 按钮，进行单步调试
55		步骤 55 单步调试完成后，单击 ▶ 按钮，让程序连续运行
56		步骤 56 调试完成后，单击【保存】按钮，保存程序

8.2 物料搬运实例

本实例使用异步输送带实训模块，通过物料检测与物料搬运操作来介绍 UR5 机器人 I/O 应用和路径示教方法。异步输送带实训模块上的传送带开启后，圆饼状的物料在摩擦力的作用下往模块的一侧运动，当数字输入端口收到来料检测传感器的来料信号时，机器人按规划路径运动，并在预定位置通过数字输出信号控制吸盘吸取和释放物料。

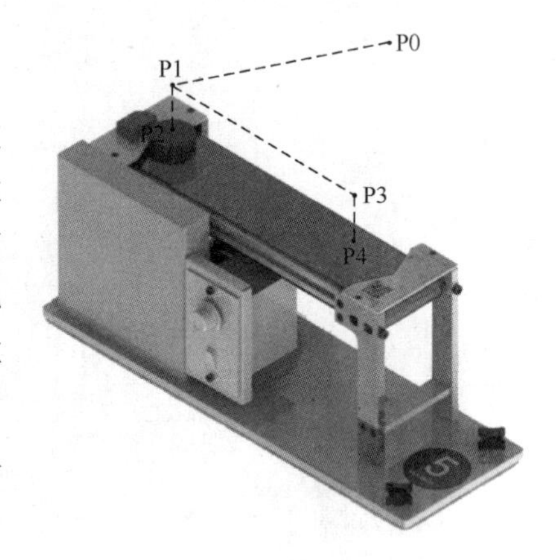

图 8-3　物料搬运路径规划

路径规划：初始点 P0→圆饼抬起点 P1→圆饼拾取点 P2→圆饼抬起点 P1→圆饼抬起点 P3→圆饼拾取点 P4→圆饼抬起点 P3→圆饼抬起点 P1，如图 8-3 所示。

编程前需要安装异步输送实训模块、带吸盘的 Y 形工具和相关气路，如图 8-4 所示。

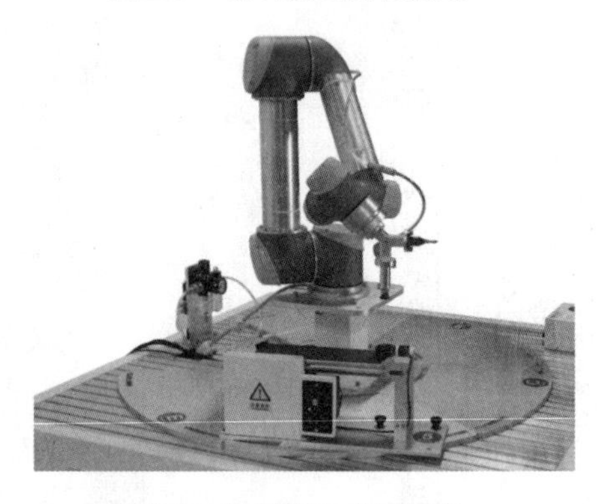

图 8-4　物料搬运实训设备

本实例中输送带一端的光电传感器检测信号输入到机器人数字输入 DI[0]，当检测到物料时，DI[0]置高，机器人数字输出 DO[0] 驱动电磁阀，以此来控制工具末端吸盘的气压。I/O 接线示意图如图 8-5 所示。光电传感器以机器人 I/O 的 24V 和 0V 为电源，信号线接入 DI0 端口；电磁阀控制线两端分别接到机器人数字输出的 DO0 和 0V 端口上。物料搬运实训步骤见表 8-2。

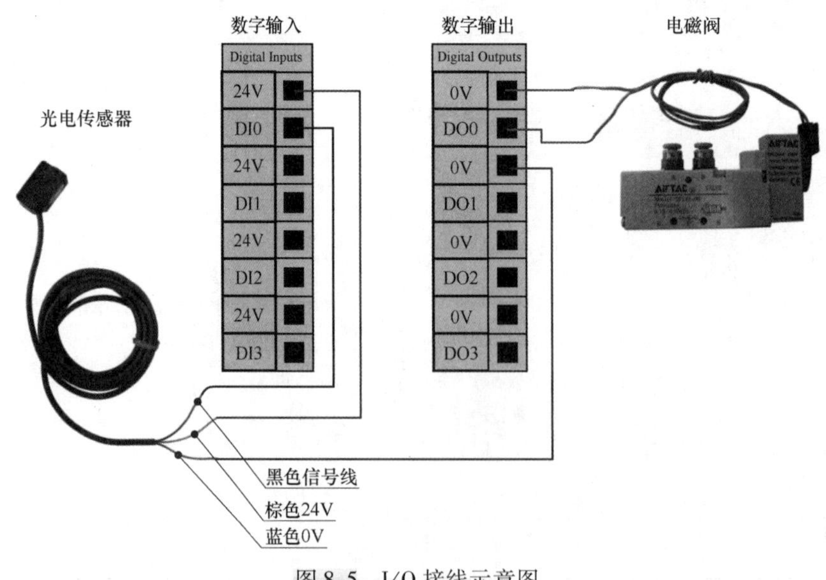

图 8-5　I/O 接线示意图

23. 物料搬运实例

表 8-2 物料搬运实训步骤

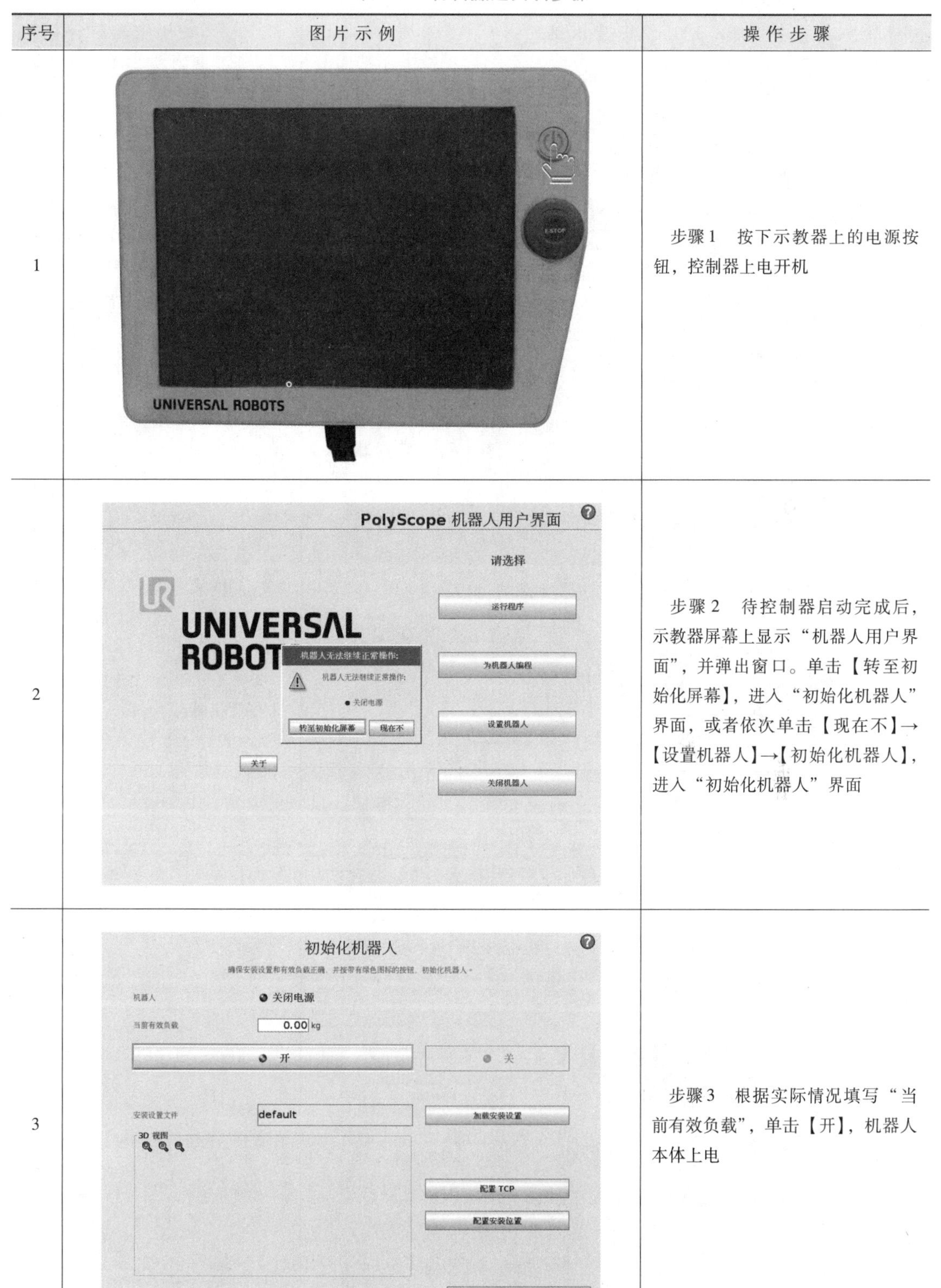

序号	图片示例	操作步骤
1		步骤 1　按下示教器上的电源按钮，控制器上电开机
2		步骤 2　待控制器启动完成后，示教器屏幕上显示“机器人用户界面”，并弹出窗口。单击【转至初始化屏幕】，进入“初始化机器人”界面，或者依次单击【现在不】→【设置机器人】→【初始化机器人】，进入“初始化机器人”界面
3		步骤 3　根据实际情况填写“当前有效负载”，单击【开】，机器人本体上电

（续）

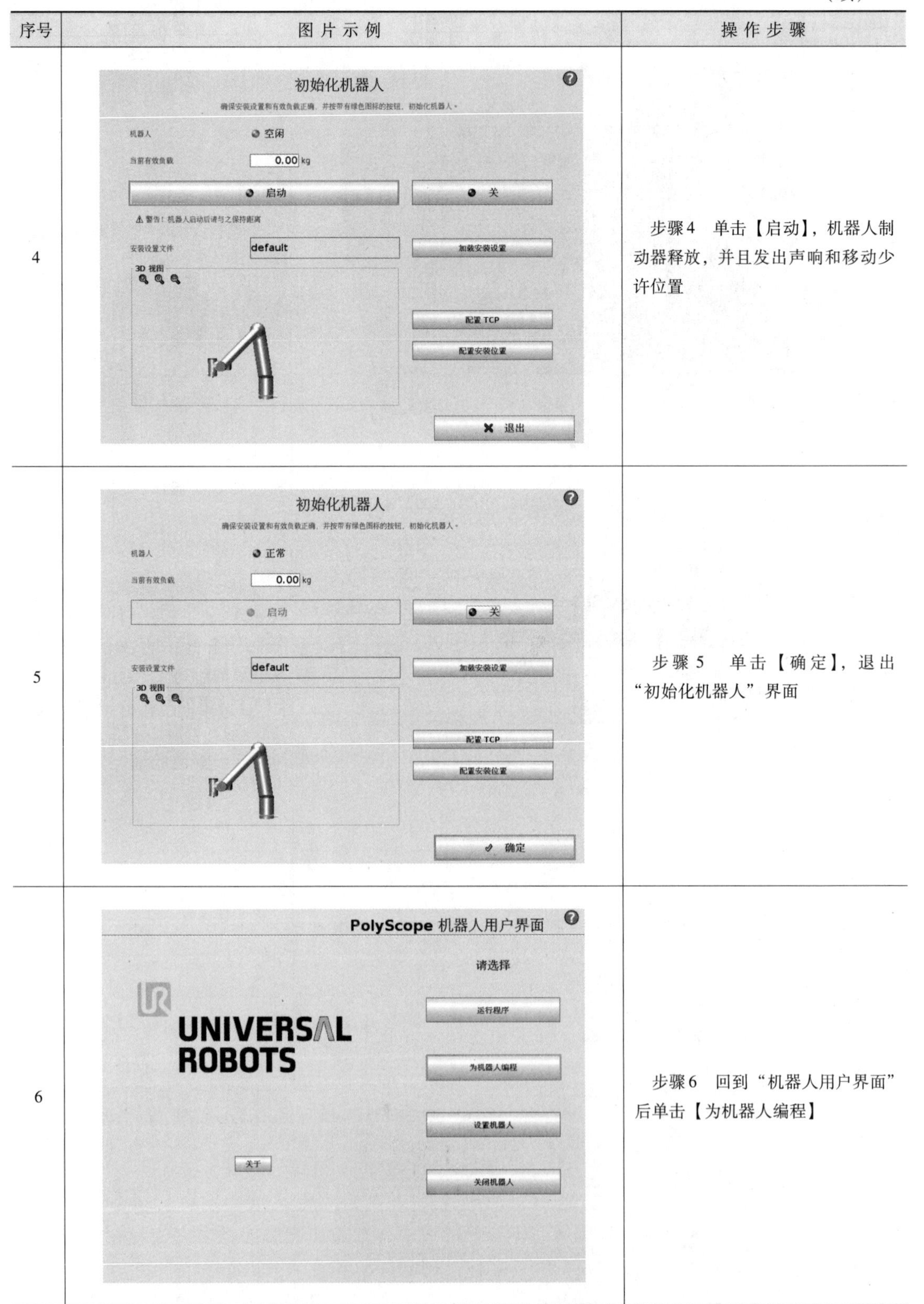

序号	图片示例	操作步骤
4		步骤4　单击【启动】，机器人制动器释放，并且发出声响和移动少许位置
5		步骤5　单击【确定】，退出“初始化机器人”界面
6		步骤6　回到“机器人用户界面”后单击【为机器人编程】

（续）

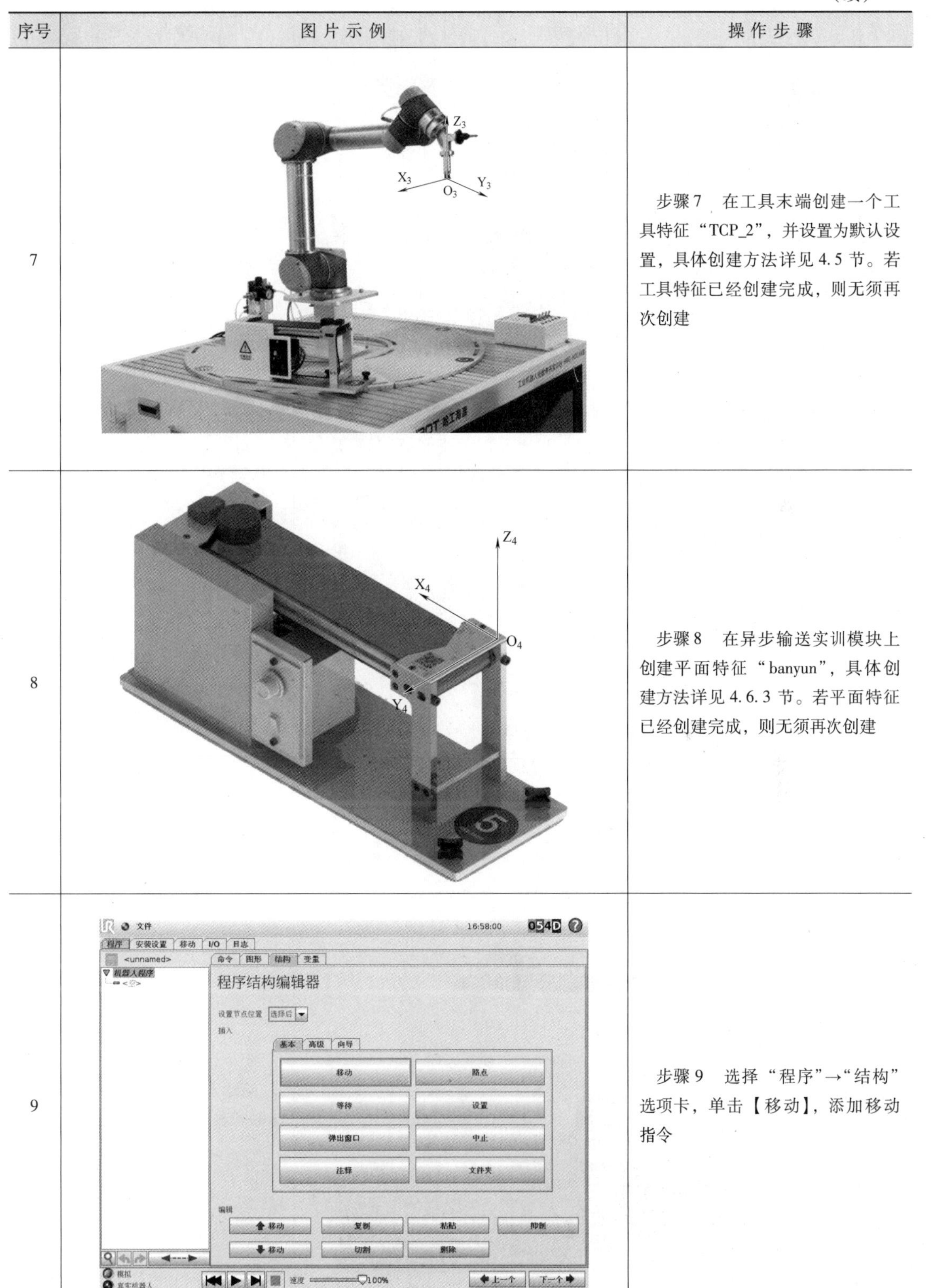

序号	图片示例	操作步骤
7		步骤7　在工具末端创建一个工具特征“TCP_2”，并设置为默认设置，具体创建方法详见4.5节。若工具特征已经创建完成，则无须再次创建
8		步骤8　在异步输送实训模块上创建平面特征“banyun”，具体创建方法详见4.6.3节。若平面特征已经创建完成，则无须再次创建
9		步骤9　选择“程序”→“结构”选项卡，单击【移动】，添加移动指令

（续）

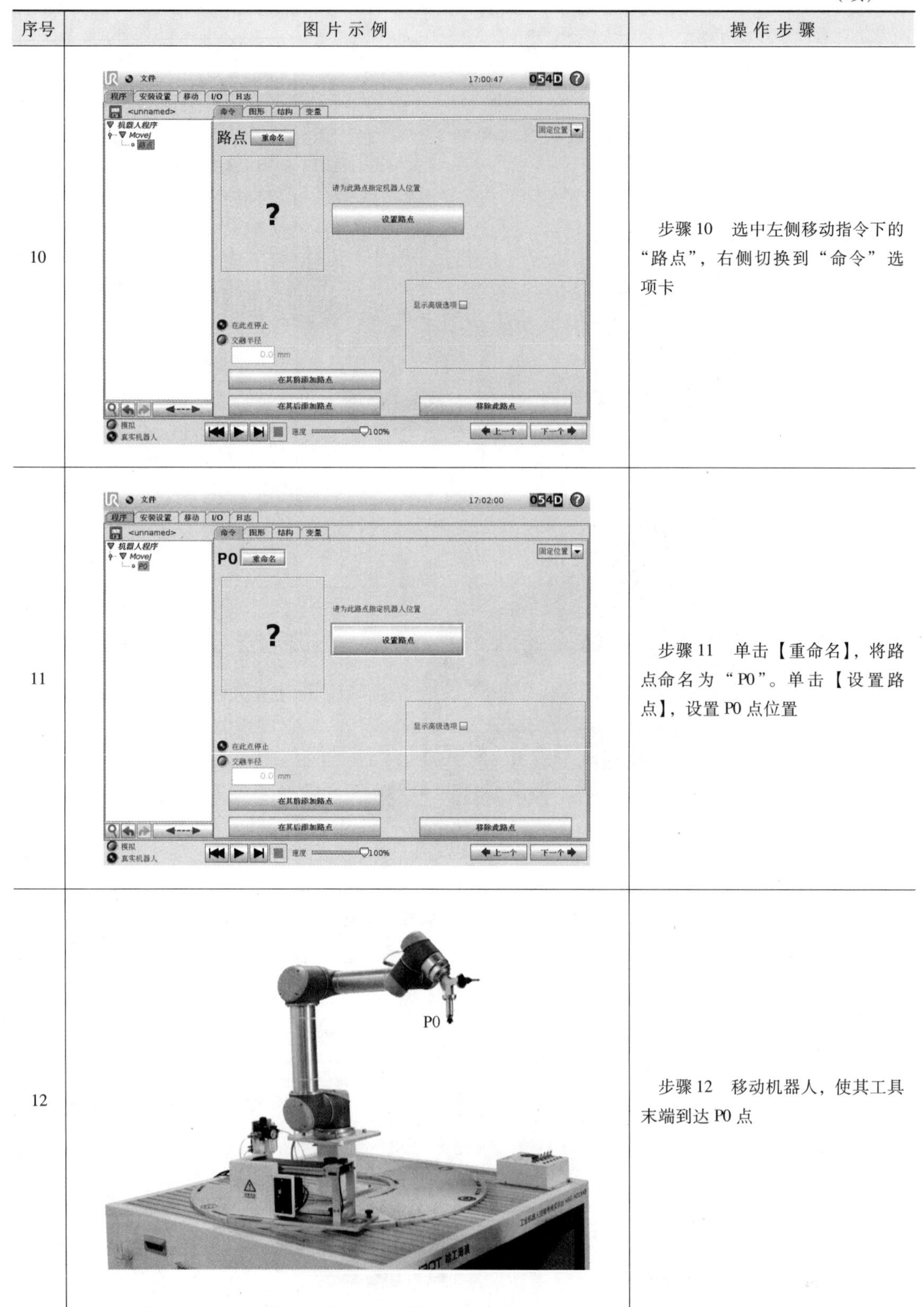

序号	图 片 示 例	操 作 步 骤
10		步骤 10　选中左侧移动指令下的“路点”，右侧切换到“命令”选项卡
11		步骤 11　单击【重命名】，将路点命名为“P0”。单击【设置路点】，设置 P0 点位置
12		步骤 12　移动机器人，使其工具末端到达 P0 点

（续）

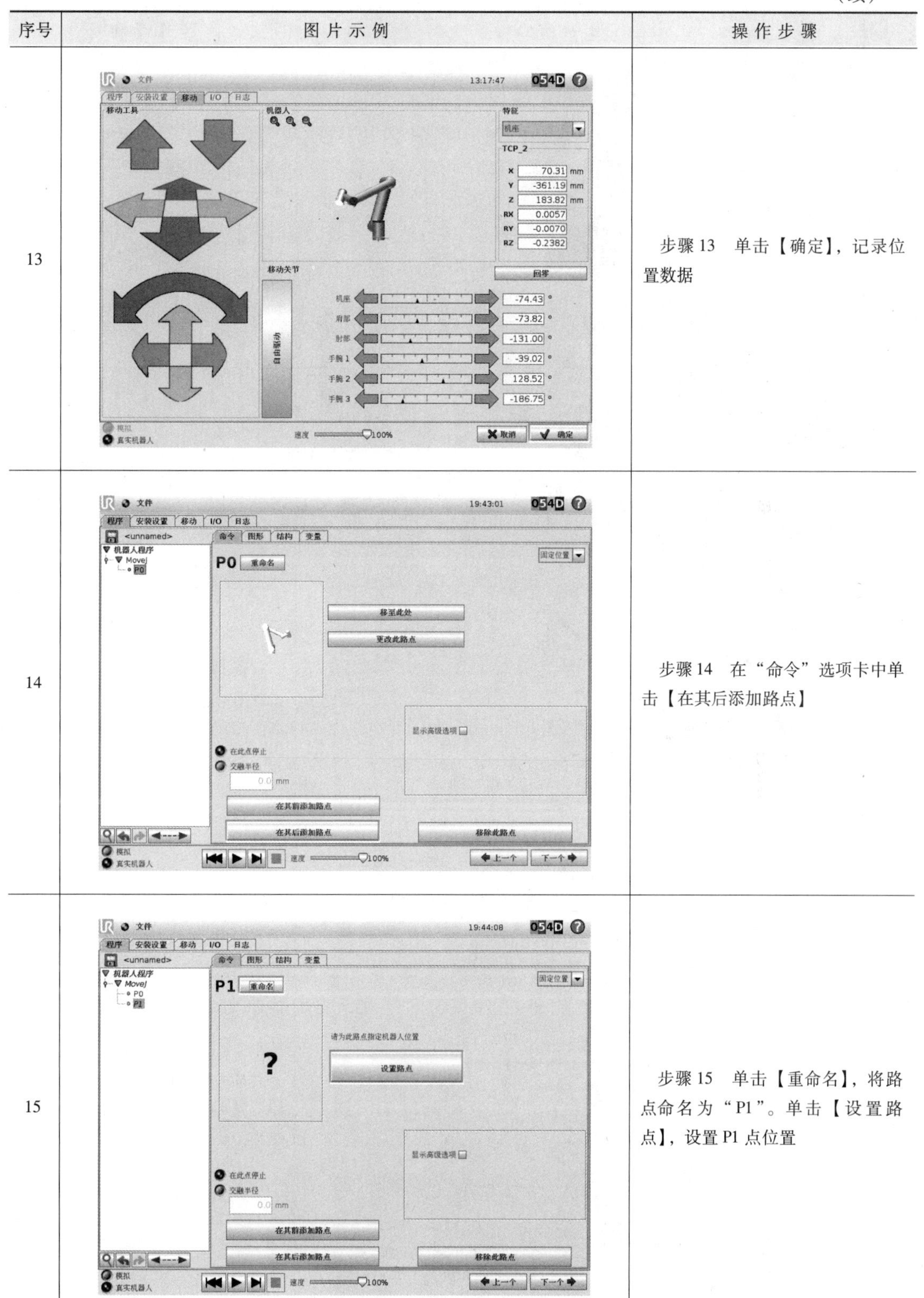

序号	图片示例	操作步骤
13		步骤13　单击【确定】，记录位置数据
14		步骤14　在“命令”选项卡中单击【在其后添加路点】
15		步骤15　单击【重命名】，将路点命名为“P1”。单击【设置路点】，设置P1点位置

（续）

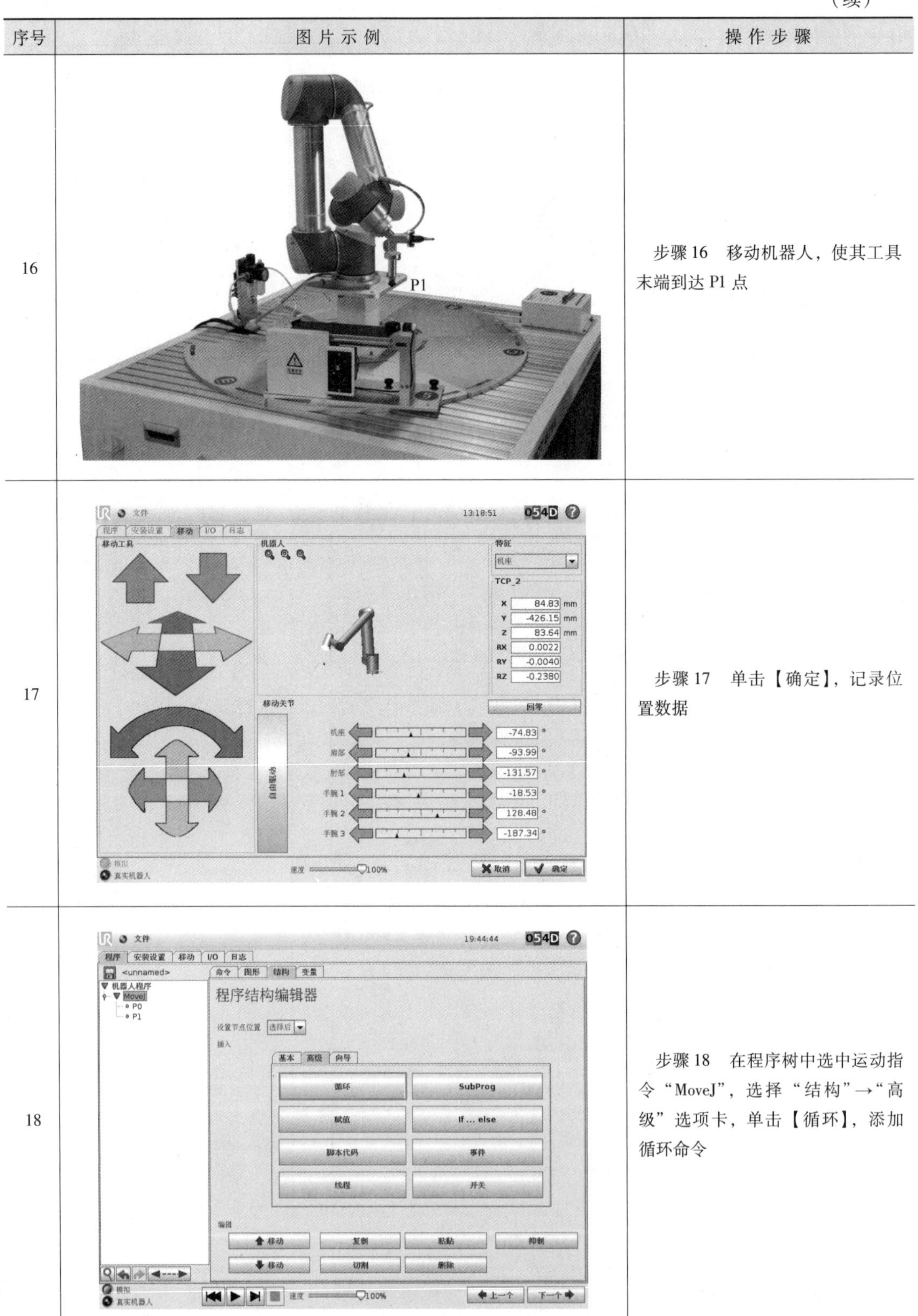

序号	图片示例	操作步骤
16		步骤 16　移动机器人，使其工具末端到达 P1 点
17		步骤 17　单击【确定】，记录位置数据
18		步骤 18　在程序树中选中运动指令“MoveJ”，选择“结构”→“高级”选项卡，单击【循环】，添加循环命令

（续）

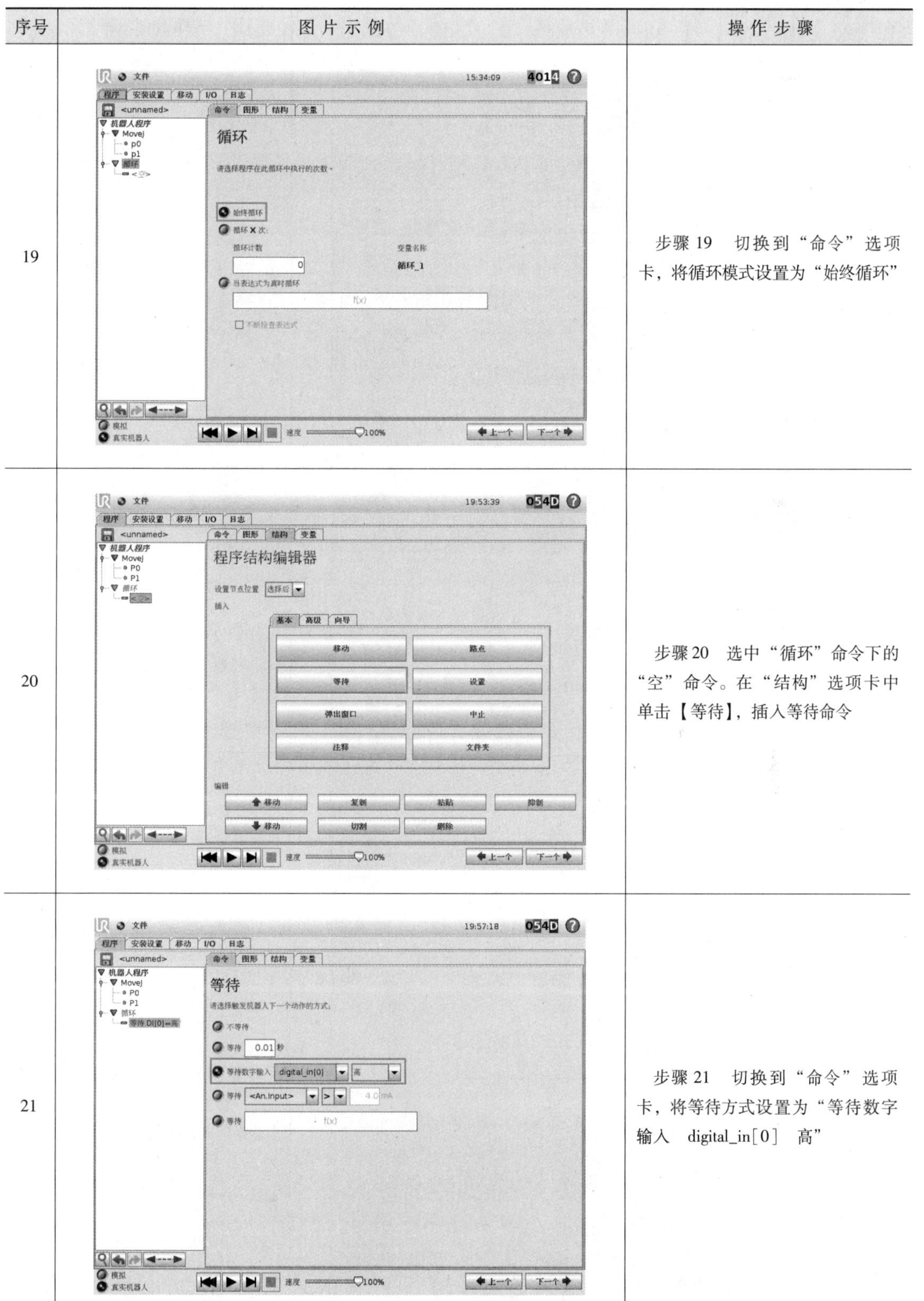

序号	图片示例	操作步骤
19		步骤 19　切换到“命令”选项卡，将循环模式设置为“始终循环”
20		步骤 20　选中“循环”命令下的“空”命令。在“结构”选项卡中单击【等待】，插入等待命令
21		步骤 21　切换到“命令”选项卡，将等待方式设置为“等待数字输入　digital_in[0]　高”

（续）

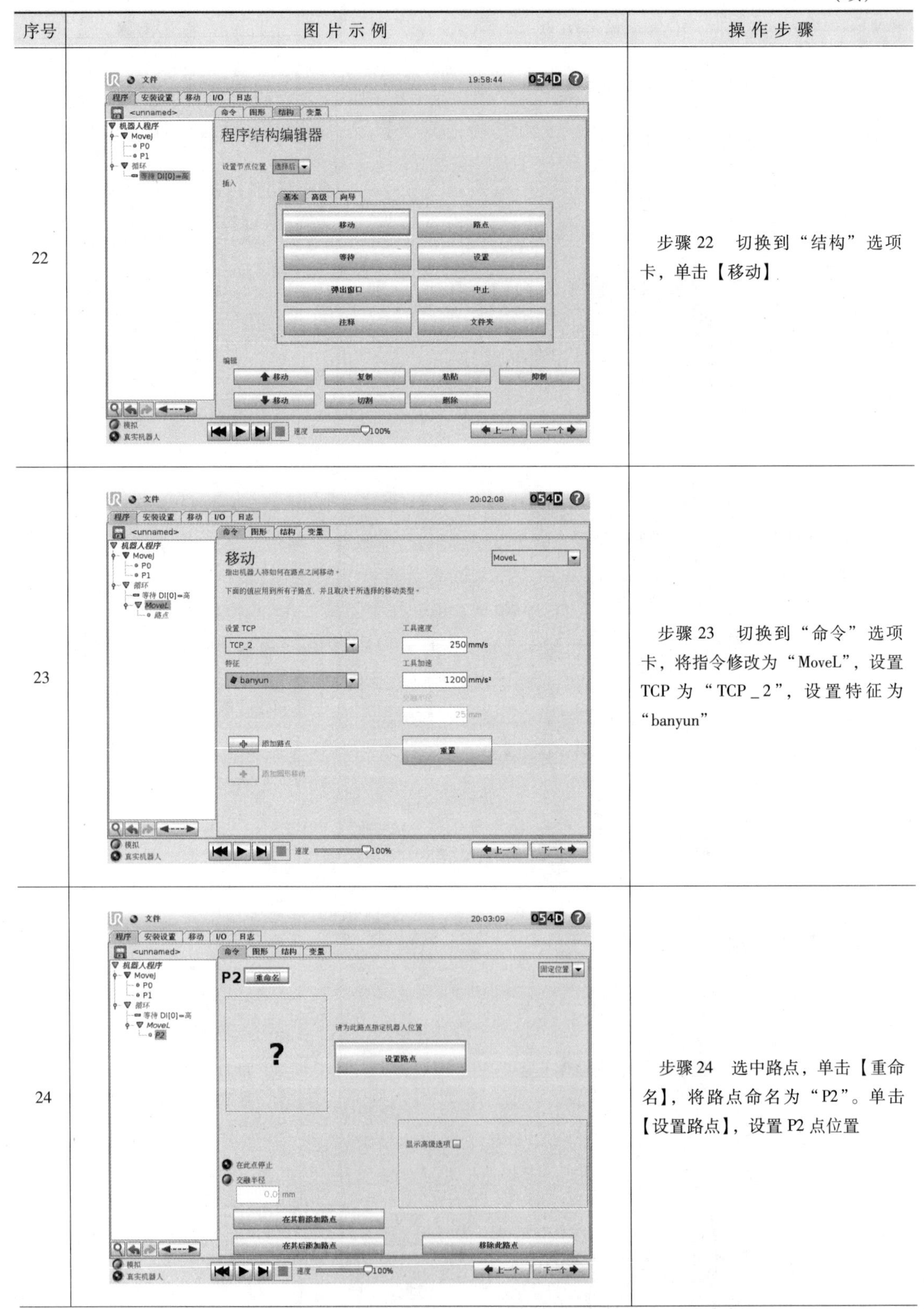

序号	图片示例	操作步骤
22		步骤 22　切换到“结构”选项卡，单击【移动】
23		步骤 23　切换到“命令”选项卡，将指令修改为“MoveL”，设置 TCP 为“TCP_2”，设置特征为“banyun”
24		步骤 24　选中路点，单击【重命名】，将路点命名为“P2”。单击【设置路点】，设置 P2 点位置

（续）

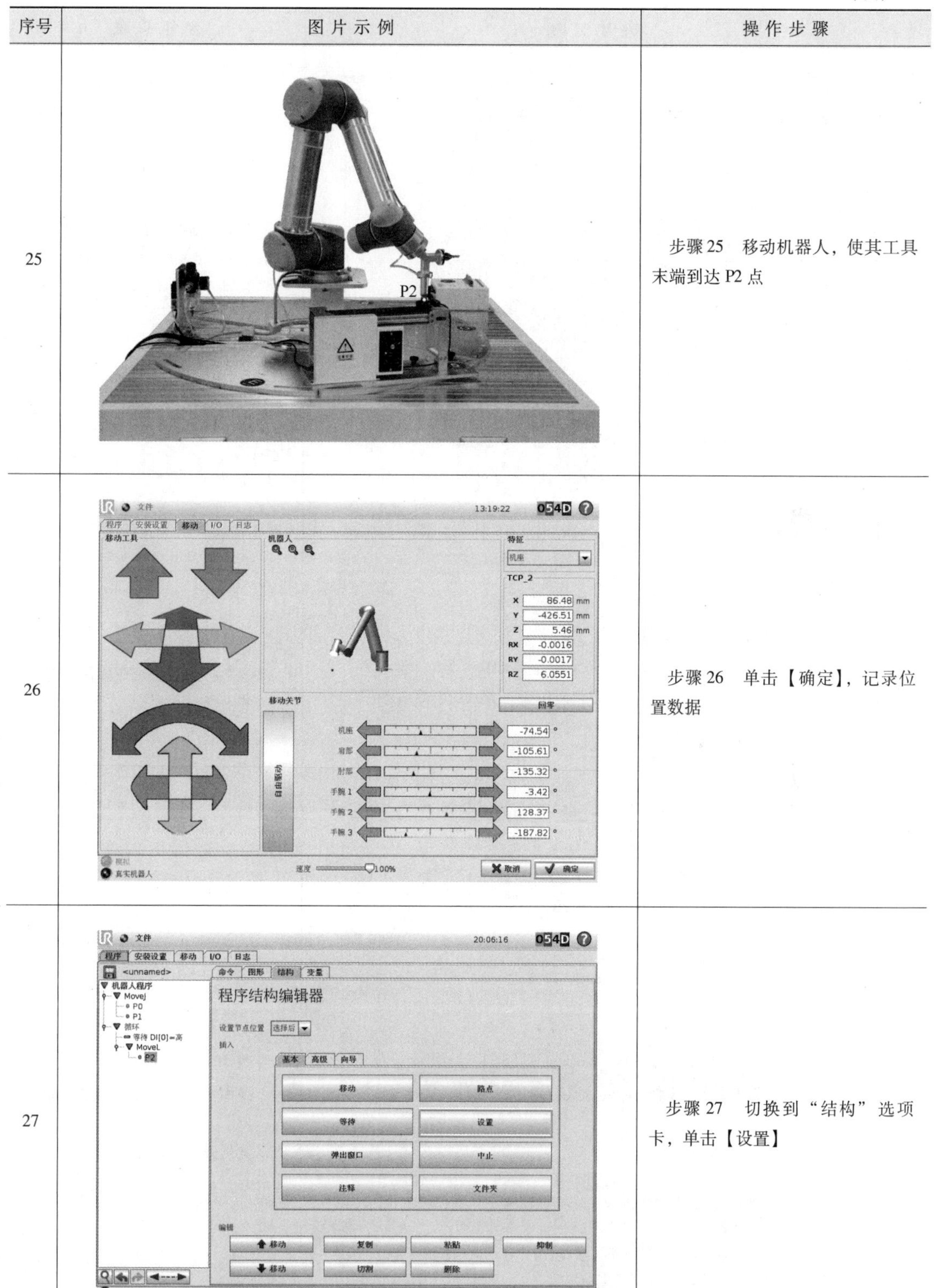

序号	图片示例	操作步骤
25	P2	步骤25 移动机器人，使其工具末端到达P2点
26		步骤26 单击【确定】，记录位置数据
27		步骤27 切换到“结构”选项卡，单击【设置】

（续）

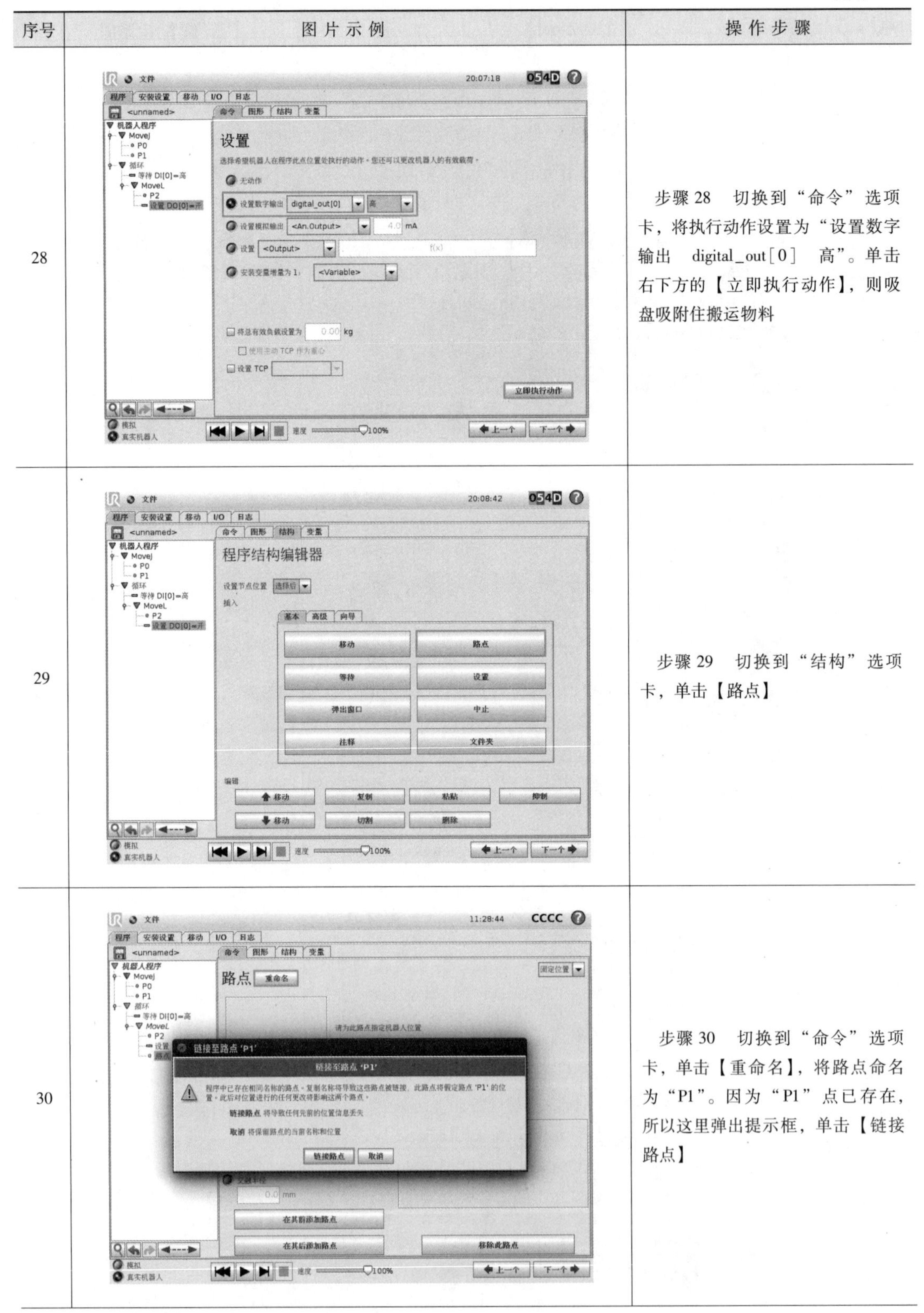

序号	图片示例	操作步骤
28		步骤 28　切换到“命令”选项卡，将执行动作设置为“设置数字输出 digital_out[0]　高”。单击右下方的【立即执行动作】，则吸盘吸附住搬运物料
29		步骤 29　切换到“结构”选项卡，单击【路点】
30		步骤 30　切换到“命令”选项卡，单击【重命名】，将路点命名为“P1”。因为“P1”点已存在，所以这里弹出提示框，单击【链接路点】

（续）

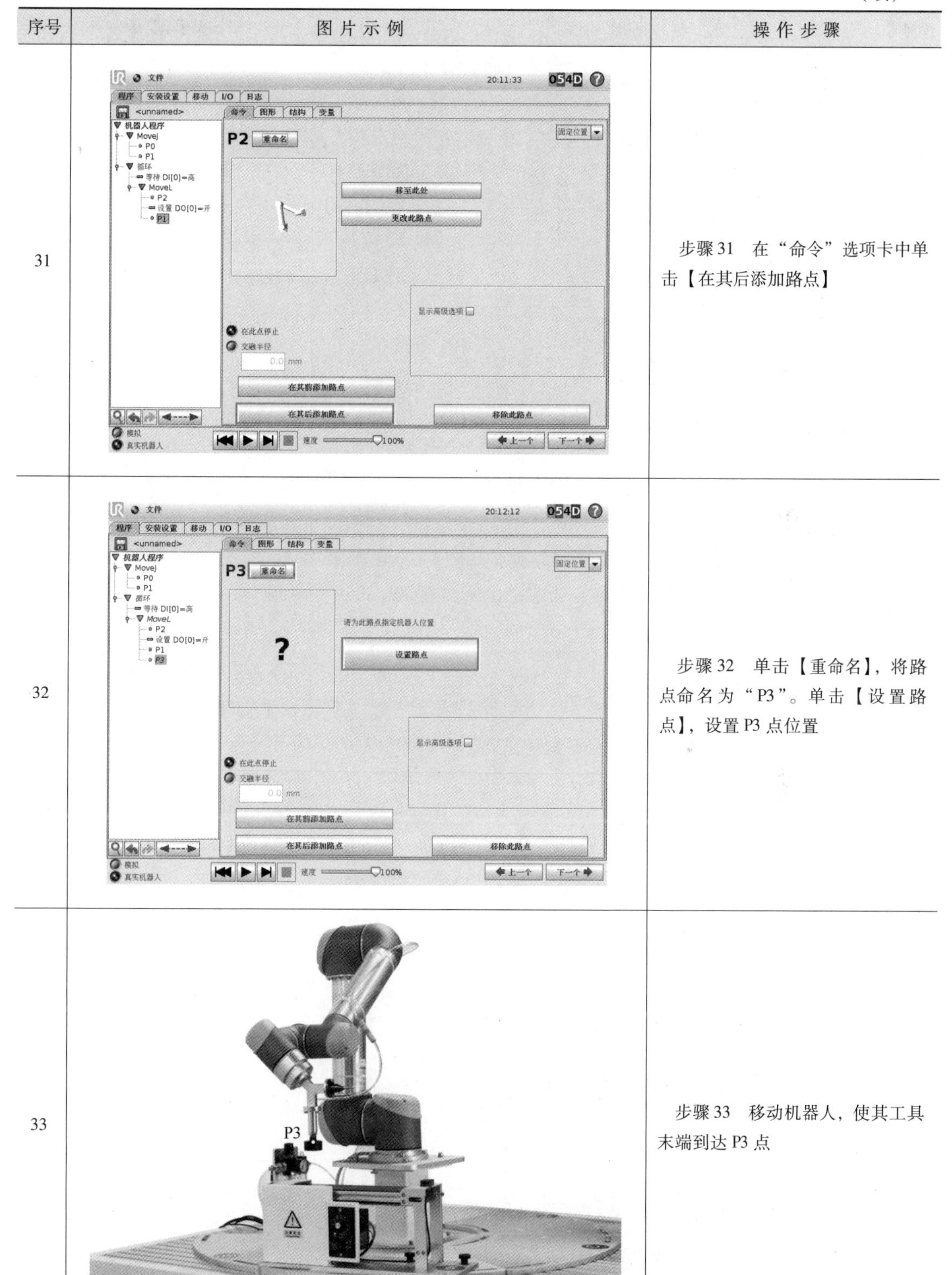

序号	图片示例	操作步骤
31		步骤31 在“命令”选项卡中单击【在其后添加路点】
32		步骤32 单击【重命名】，将路点命名为“P3”。单击【设置路点】，设置P3点位置
33		步骤33 移动机器人，使其工具末端到达P3点

（续）

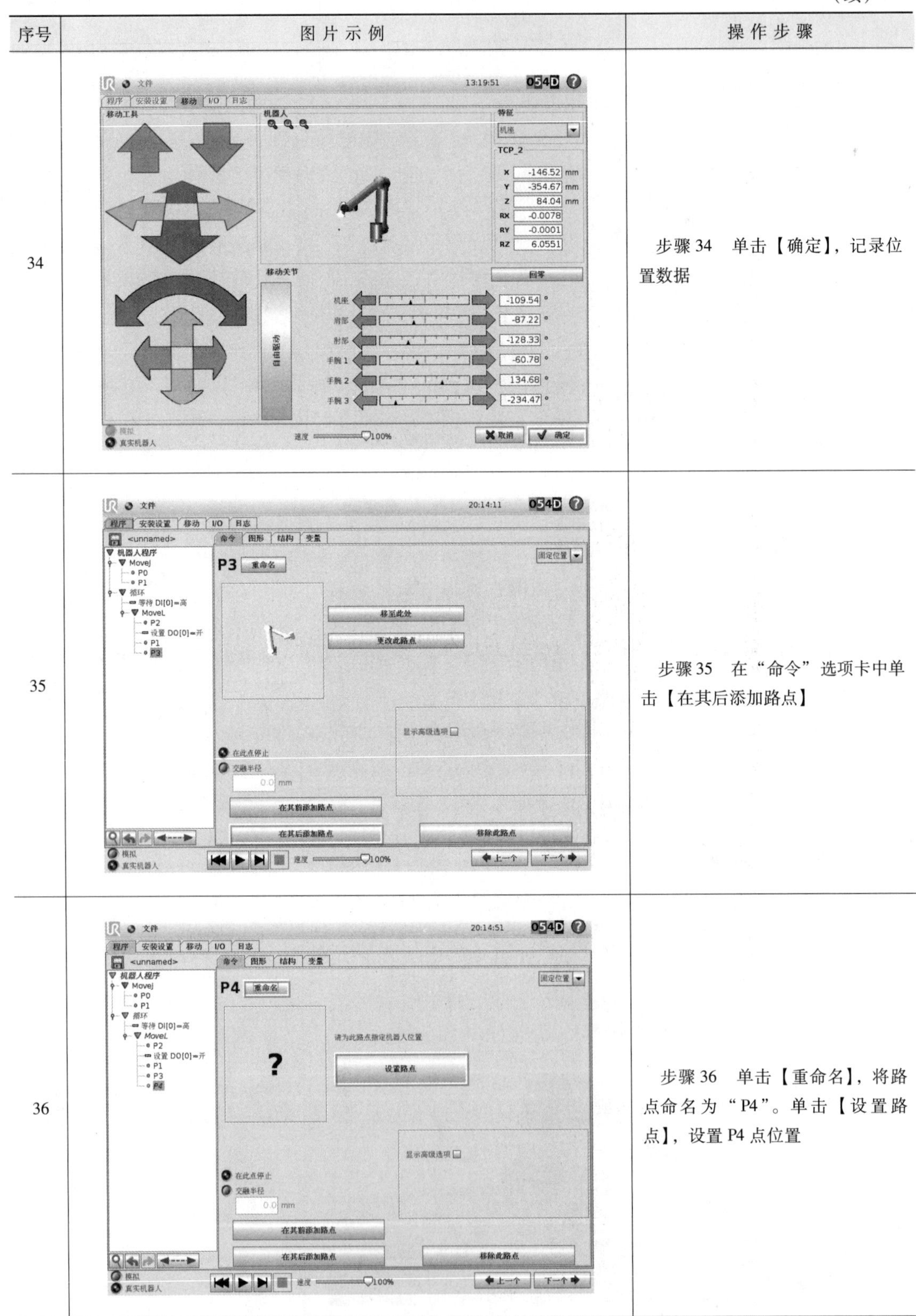

序号	图片示例	操作步骤
34		步骤 34　单击【确定】，记录位置数据
35		步骤 35　在“命令”选项卡中单击【在其后添加路点】
36		步骤 36　单击【重命名】，将路点命名为“P4”。单击【设置路点】，设置 P4 点位置

（续）

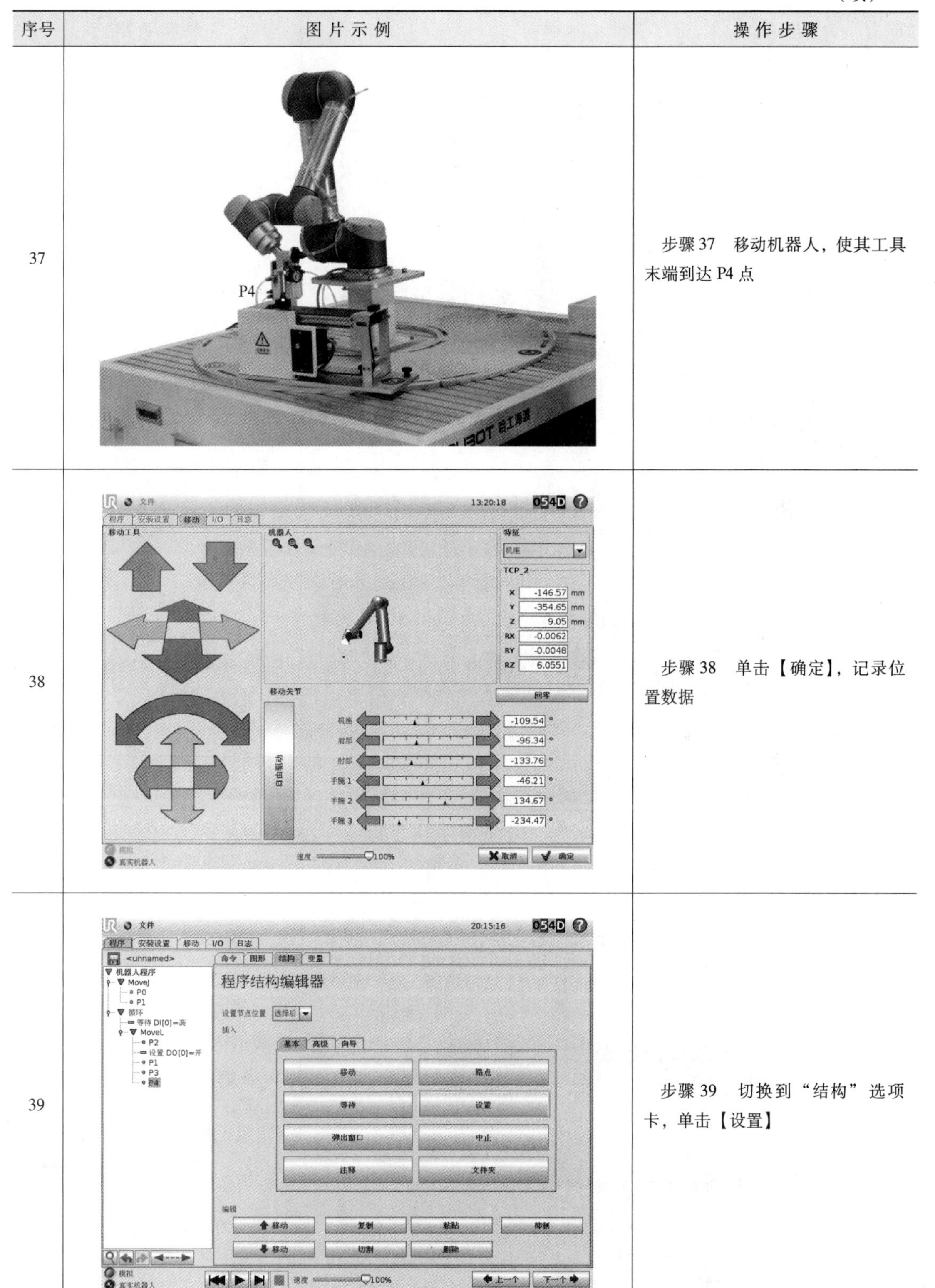

序号	图片示例	操作步骤
37	P4	步骤37　移动机器人，使其工具末端到达P4点
38		步骤38　单击【确定】，记录位置数据
39		步骤39　切换到“结构”选项卡，单击【设置】

（续）

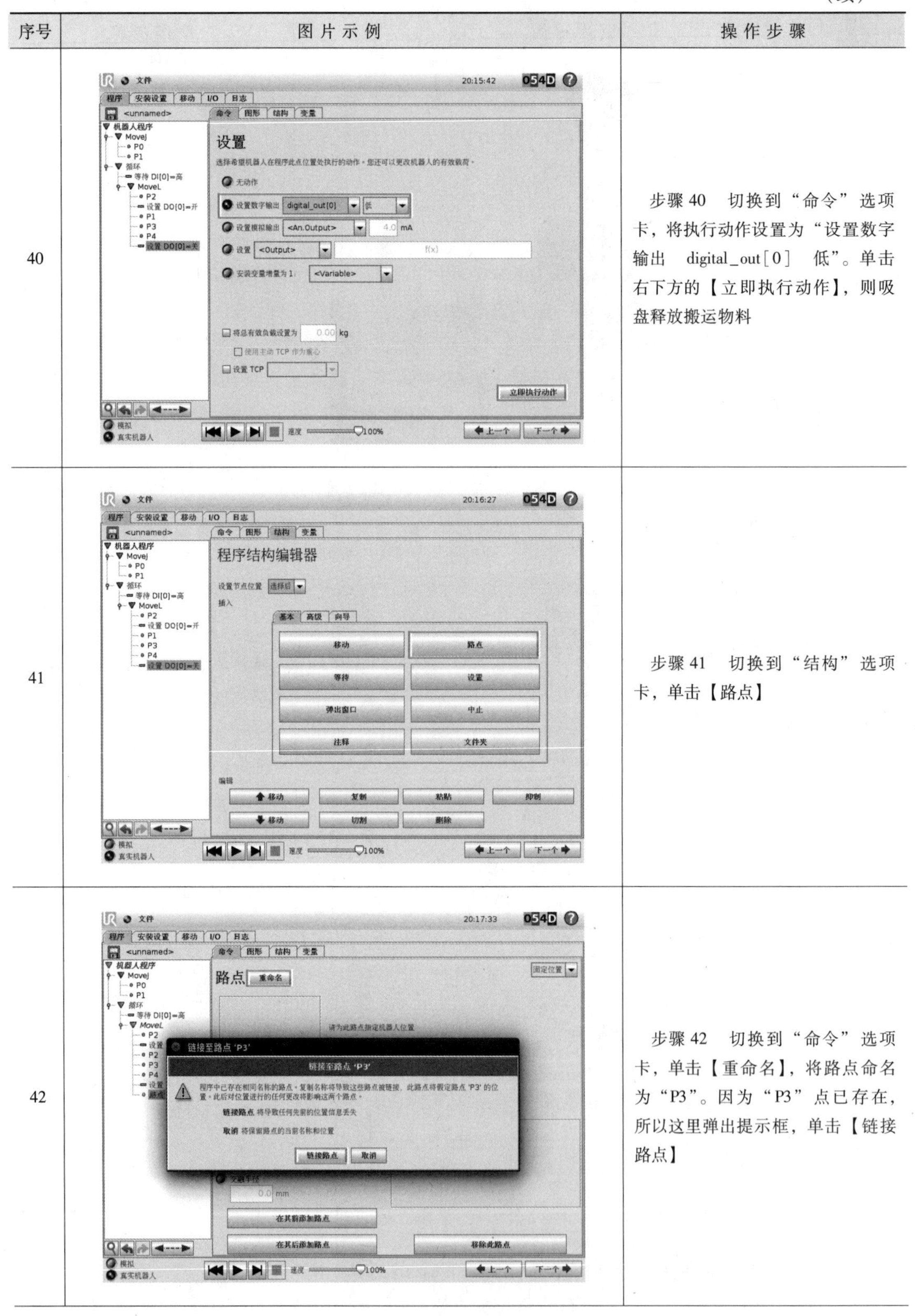

序号	图片示例	操作步骤
40		步骤 40　切换到“命令”选项卡，将执行动作设置为“设置数字输出 digital_out［0］ 低”。单击右下方的【立即执行动作】，则吸盘释放搬运物料
41		步骤 41　切换到“结构”选项卡，单击【路点】
42		步骤 42　切换到“命令”选项卡，单击【重命名】，将路点命名为“P3”。因为“P3”点已存在，所以这里弹出提示框，单击【链接路点】

（续）

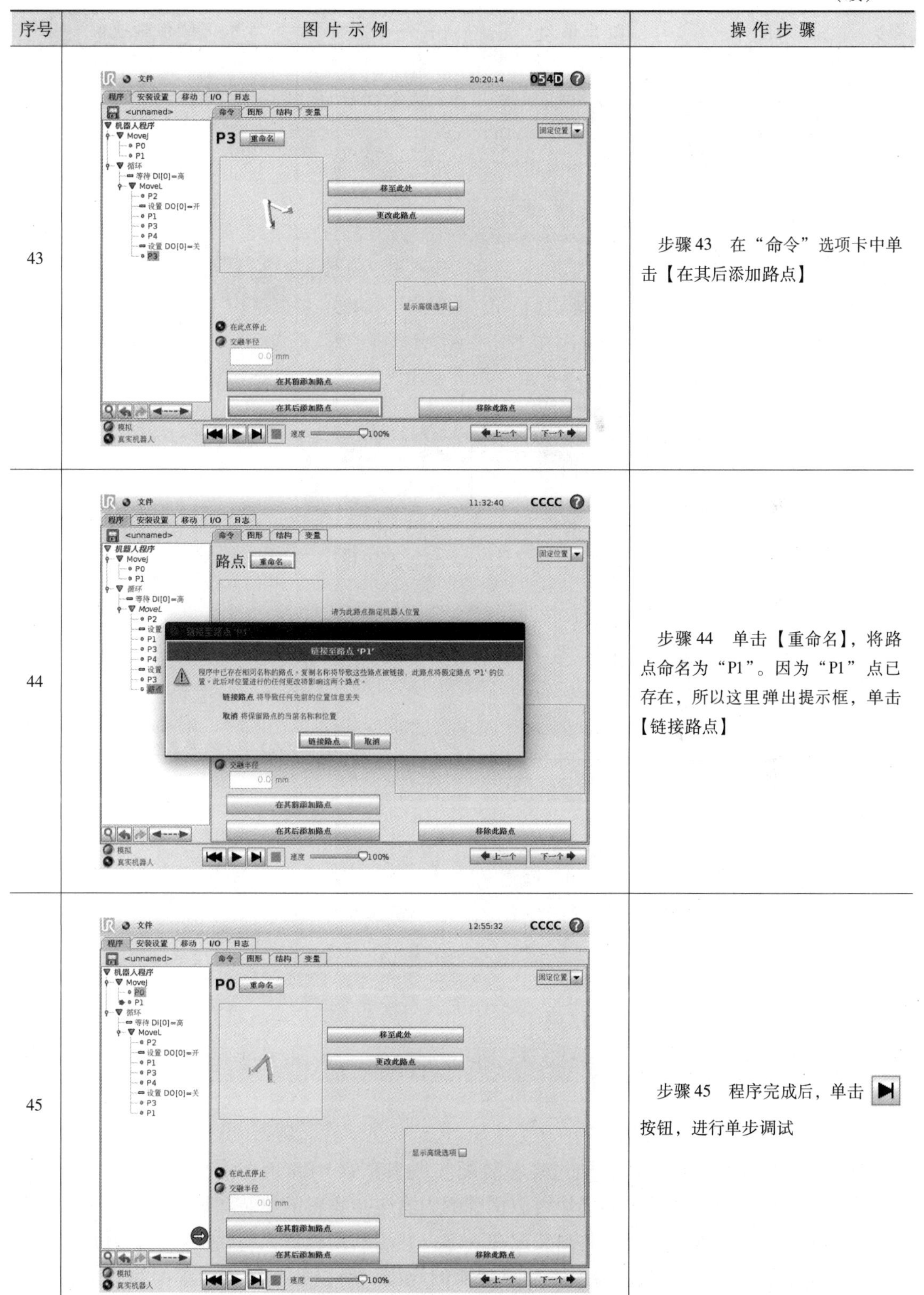

序号	图片示例	操作步骤
43		步骤 43　在“命令”选项卡中单击【在其后添加路点】
44		步骤 44　单击【重命名】，将路点命名为“P1”。因为“P1”点已存在，所以这里弹出提示框，单击【链接路点】
45		步骤 45　程序完成后，单击 ▶| 按钮，进行单步调试

（续）

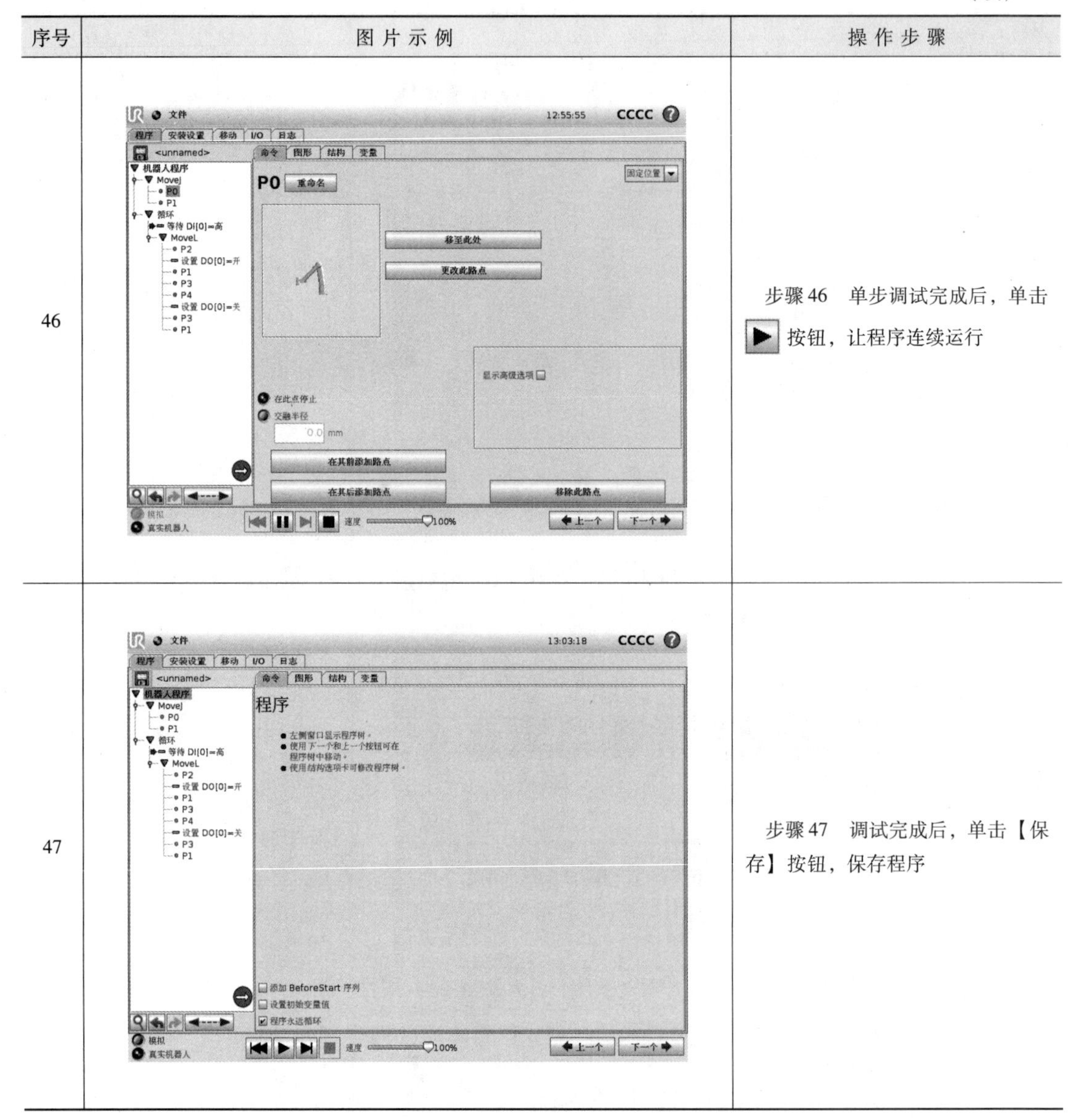

序号	图片示例	操作步骤
46		步骤 46　单步调试完成后，单击 ▶ 按钮，让程序连续运行
47		步骤 47　调试完成后，单击【保存】按钮，保存程序

8.3 物料装配实例

本实例使用装配实训模块，通过物料装配实训来介绍 UR5 机器人路径示教、I/O 应用和力应用等操作方法。装配实训模块可以训练的内容包括物料的组装和拆解，本节只演示物料的拆解工作，即先人工将三个物料装配在一起，然后利用机器人将物料拆解，并放置到指定位置。本节主要介绍 UR5 机器人力检测功能的应用，所以此次只演示单个物料的拆解和放置。

路径规划：初始点 P0→P1→P2→P1→P3→P4→P3，如图 8-6 所示。在运动过程中，机器人不断检测 TCP 受力情况，在 P1 到 P2 下降过程中工具接触到物料，工具受力超过设定值，机器人停止向下运动，接下来机器人开启吸盘，进行后续的物料搬运操作。

编程前需要安装装配实训模块、带吸盘的 Y 形工具和相关气路，如图 8-7 所示。

24. 物料装配实例

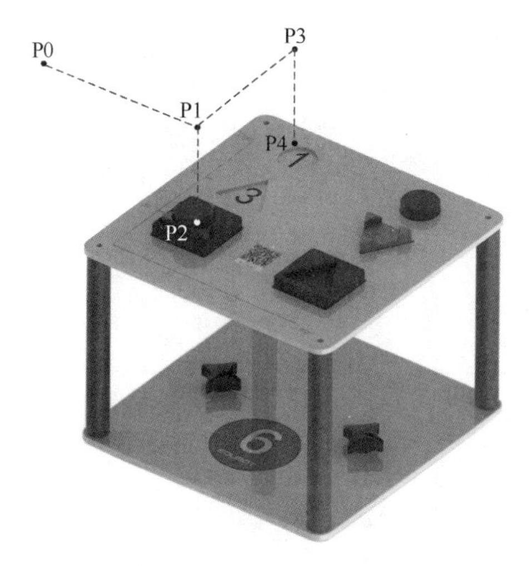

图 8-6　物料拆解路径规划

图 8-7　物料装配实训设备

本实例中使用机器人数字输出信号 DO[0] 驱动电磁阀，以此来控制工具末端吸盘的气压，数字输出信号接线方式与 8.2 节的相同，这里不再赘述。物料装配实训步骤见表 8-3。

表 8-3　物料装配实训步骤

序号	图片示例	操作步骤
1	UNIVERSAL ROBOTS	步骤 1　按下示教器上的电源按钮，控制器上电开机

（续）

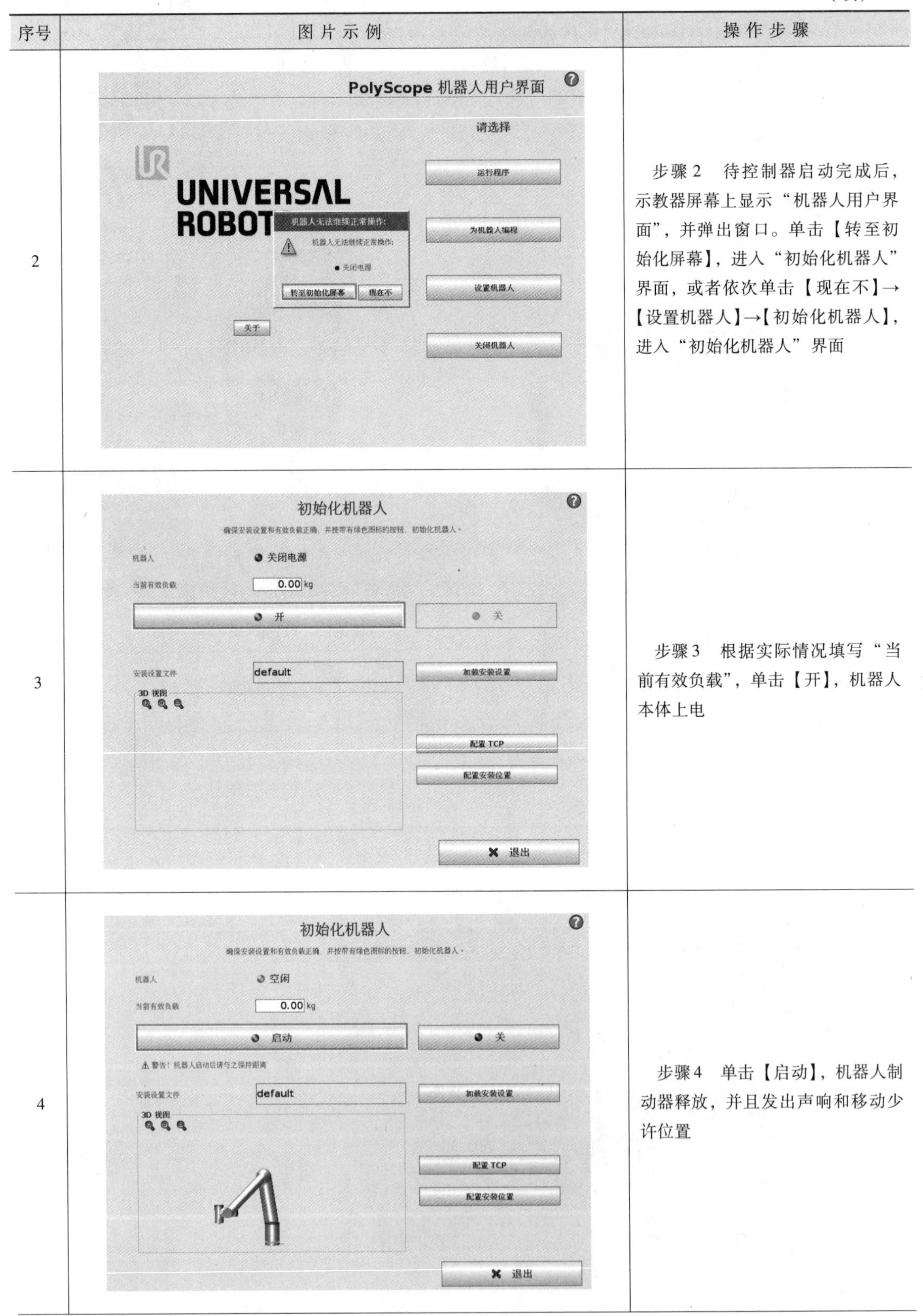

序号	图片示例	操作步骤
2		步骤 2　待控制器启动完成后，示教器屏幕上显示“机器人用户界面”，并弹出窗口。单击【转至初始化屏幕】，进入“初始化机器人”界面，或者依次单击【现在不】→【设置机器人】→【初始化机器人】，进入“初始化机器人”界面
3		步骤 3　根据实际情况填写“当前有效负载”，单击【开】，机器人本体上电
4		步骤 4　单击【启动】，机器人制动器释放，并且发出声响和移动少许位置

（续）

序号	图片示例	操作步骤
5	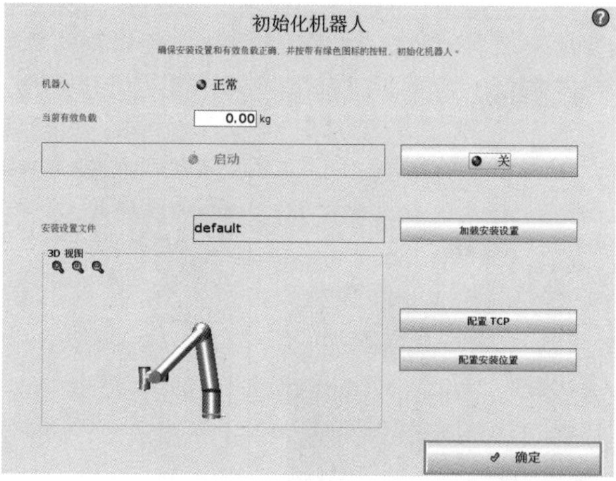 初始化机器人 确保安装设置和有效负载正确，并按带有绿色图标的按钮，初始化机器人。 机器人 正常 当前有效负载 0.00 kg 启动 关 安装设置文件 default 加载安装设置 3D 视图 配置 TCP 配置安装位置 确定	步骤5 单击【确定】，退出“初始化机器人”界面
6	 PolyScope 机器人用户界面 请选择 UNIVERSAL ROBOTS 运行程序 为机器人编程 设置机器人 关于 关闭机器人	步骤6 回到“机器人用户界面”后单击【为机器人编程】
7	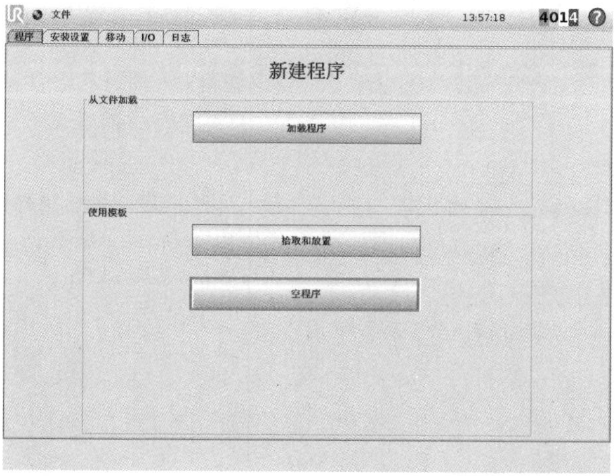 文件 13:57:18 4014 程序 安装设置 移动 I/O 日志 新建程序 从文件加载 加载程序 使用模板 拾取和放置 空程序	步骤7 单击【空程序】，新建空程序

（续）

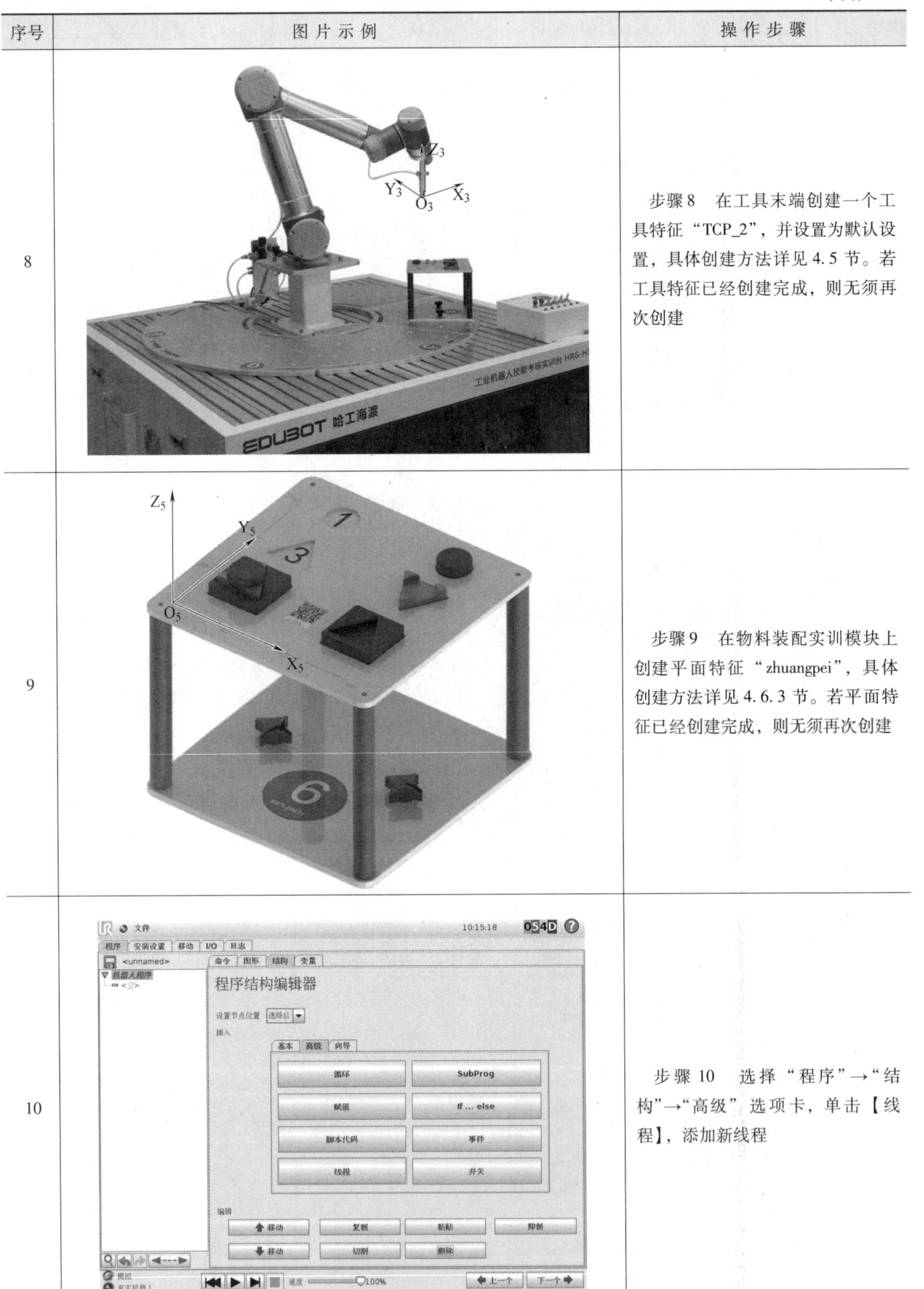

序号	图片示例	操作步骤
8		步骤 8　在工具末端创建一个工具特征“TCP_2”，并设置为默认设置，具体创建方法详见 4.5 节。若工具特征已经创建完成，则无须再次创建
9		步骤 9　在物料装配实训模块上创建平面特征“zhuangpei”，具体创建方法详见 4.6.3 节。若平面特征已经创建完成，则无须再次创建
10		步骤 10　选择“程序”→“结构”→“高级”选项卡，单击【线程】，添加新线程

（续）

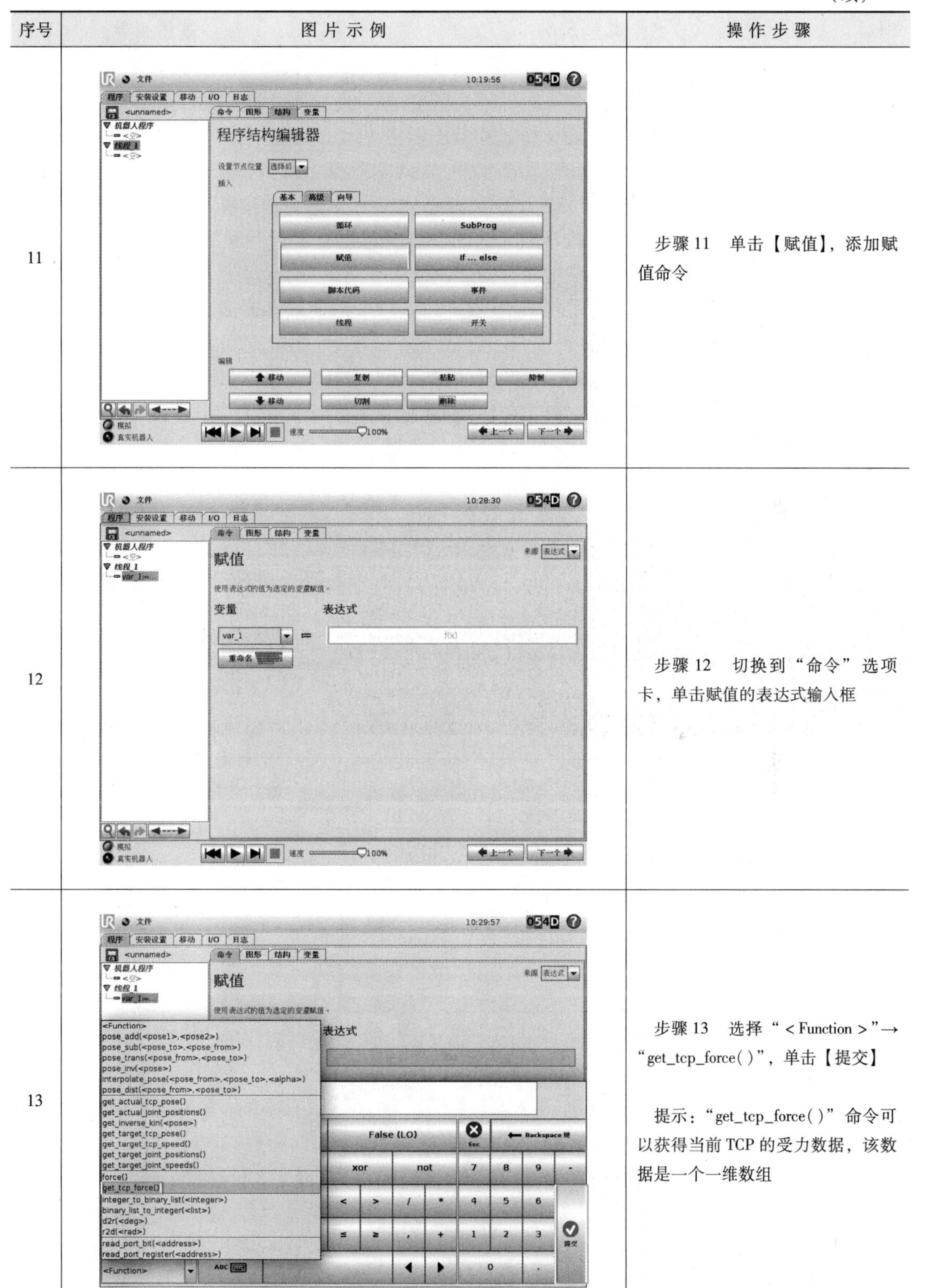

序号	图片示例	操作步骤
11		步骤 11　单击【赋值】，添加赋值命令
12		步骤 12　切换到“命令”选项卡，单击赋值的表达式输入框
13		步骤 13　选择“<Function>”→“get_tcp_force()”，单击【提交】 提示：“get_tcp_force()”命令可以获得当前 TCP 的受力数据，该数据是一个一维数组

（续）

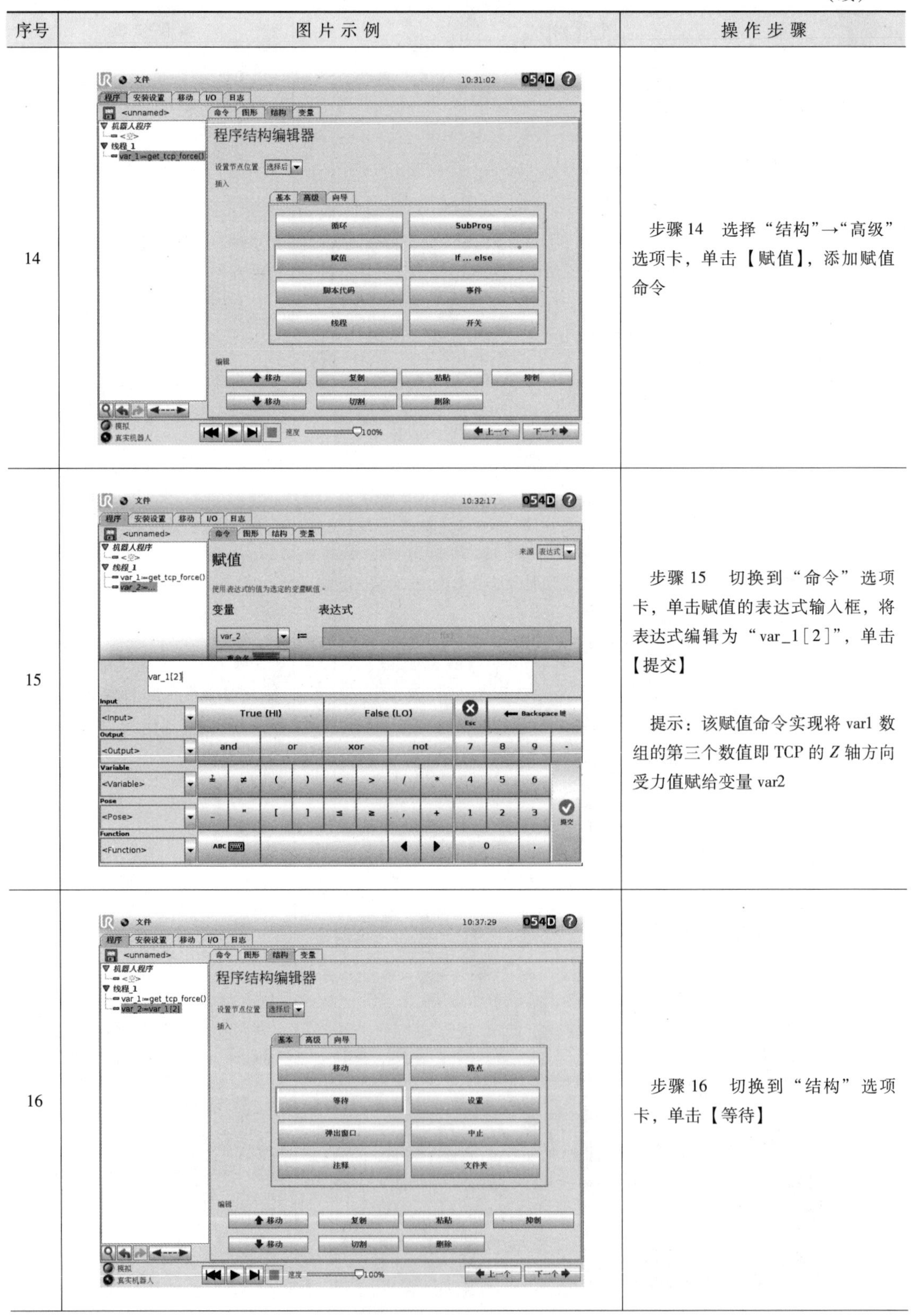

序号	图片示例	操作步骤
14		步骤 14　选择“结构”→“高级”选项卡，单击【赋值】，添加赋值命令
15		步骤 15　切换到“命令”选项卡，单击赋值的表达式输入框，将表达式编辑为“var_1[2]”，单击【提交】 提示：该赋值命令实现将 var1 数组的第三个数值即 TCP 的 Z 轴方向受力值赋给变量 var2
16		步骤 16　切换到“结构”选项卡，单击【等待】

（续）

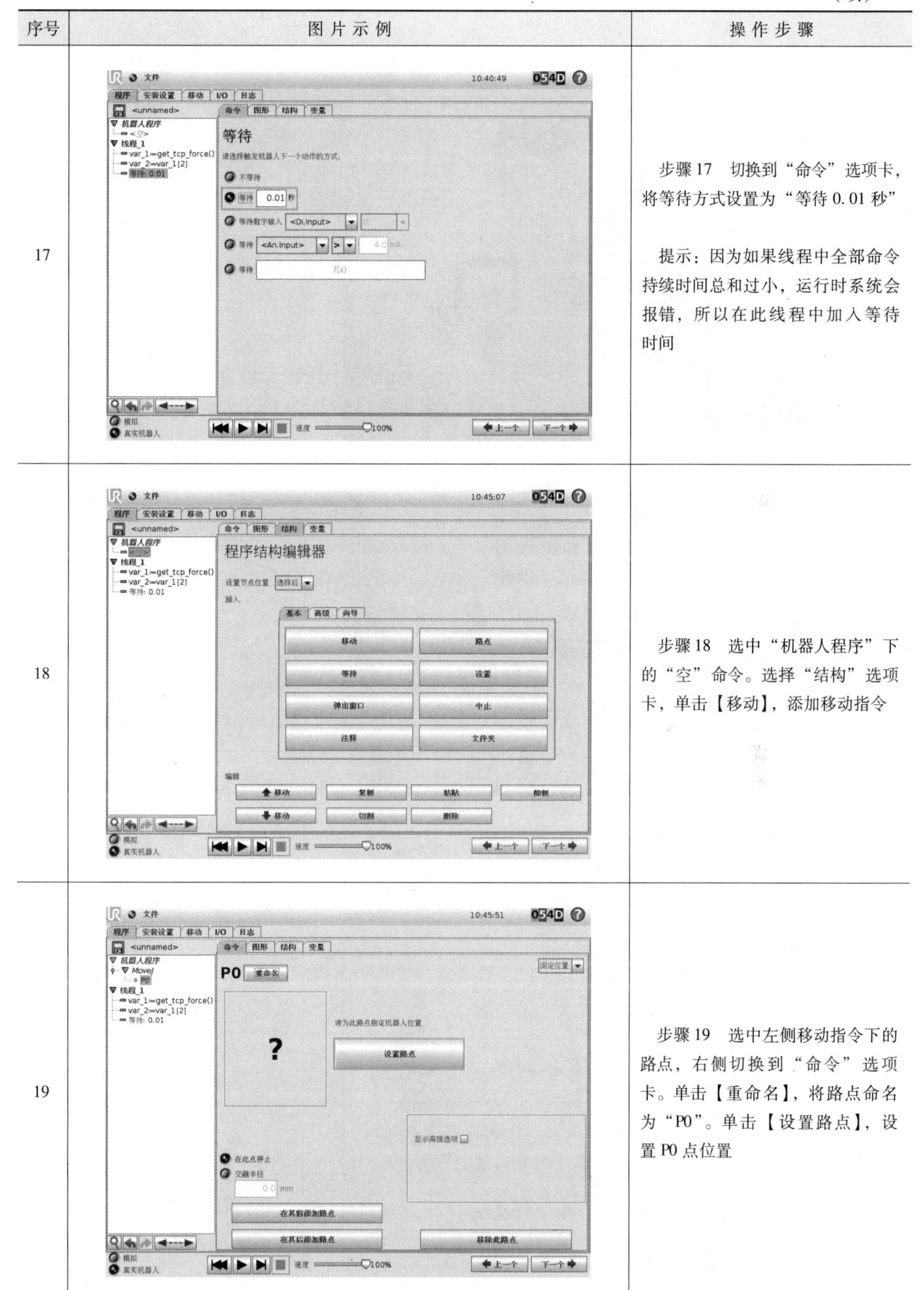

序号	图片示例	操作步骤
17		步骤 17　切换到“命令”选项卡，将等待方式设置为“等待 0.01 秒” 提示：因为如果线程中全部命令持续时间总和过小，运行时系统会报错，所以在此线程中加入等待时间
18		步骤 18　选中“机器人程序”下的“空”命令。选择“结构”选项卡，单击【移动】，添加移动指令
19		步骤 19　选中左侧移动指令下的路点，右侧切换到“命令”选项卡。单击【重命名】，将路点命名为“P0”。单击【设置路点】，设置 P0 点位置

（续）

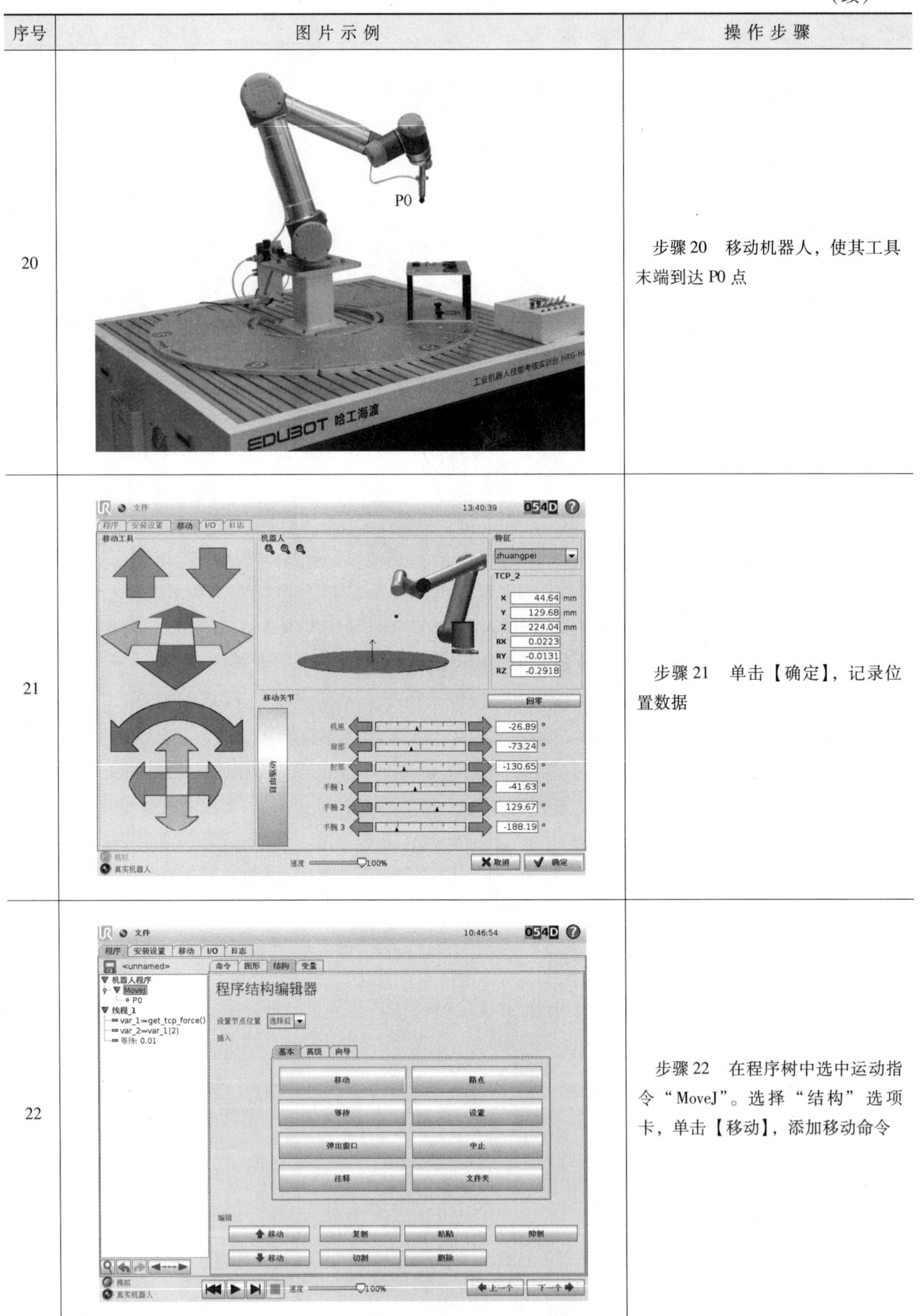

序号	图片示例	操作步骤
20		步骤20　移动机器人，使其工具末端到达P0点
21		步骤21　单击【确定】，记录位置数据
22		步骤22　在程序树中选中运动指令“MoveJ”。选择“结构”选项卡，单击【移动】，添加移动命令

（续）

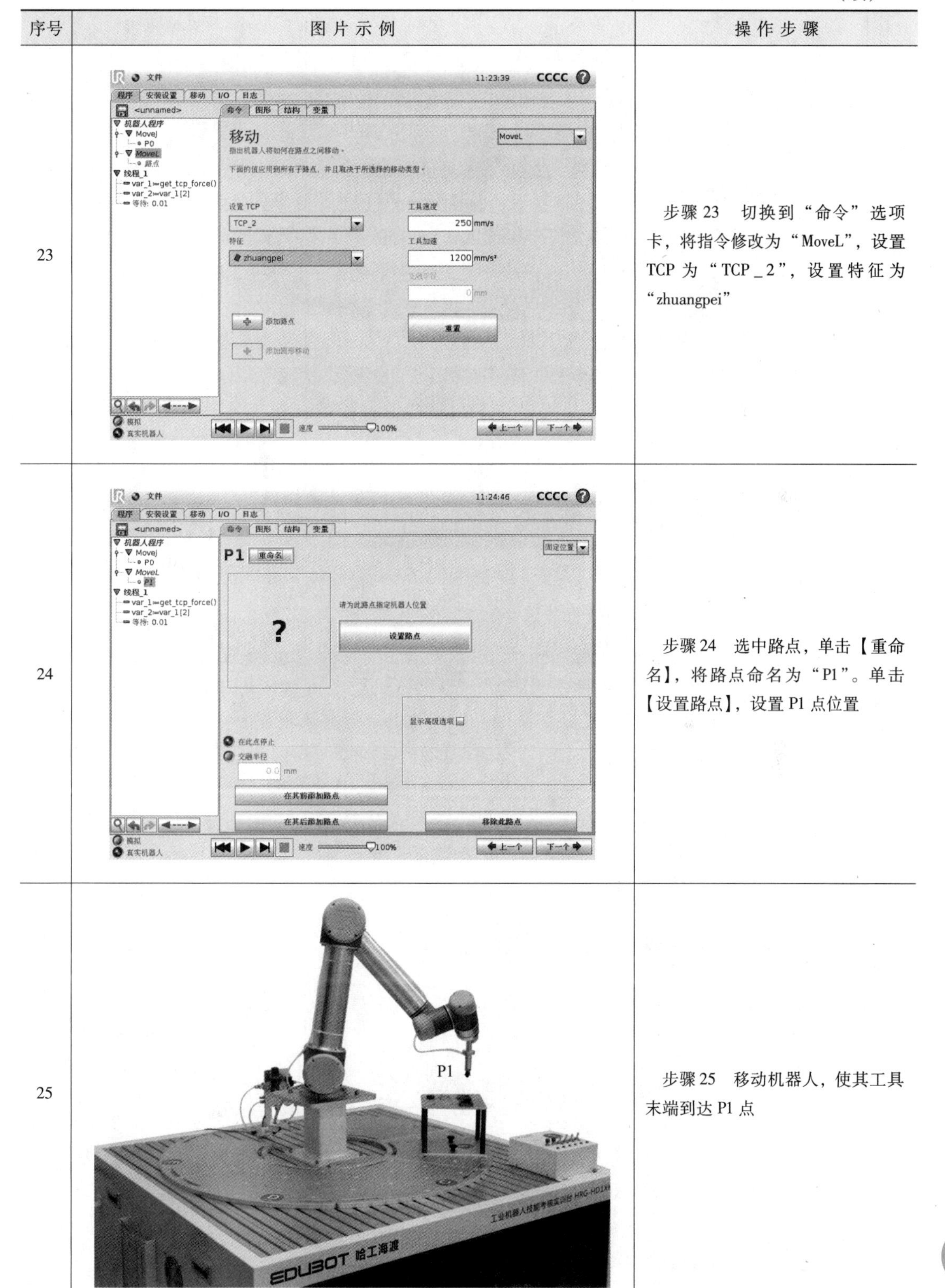

序号	图片示例	操作步骤
23		步骤23　切换到“命令”选项卡，将指令修改为“MoveL”，设置TCP为“TCP_2”，设置特征为“zhuangpei”
24		步骤24　选中路点，单击【重命名】，将路点命名为“P1”。单击【设置路点】，设置P1点位置
25		步骤25　移动机器人，使其工具末端到达P1点

（续）

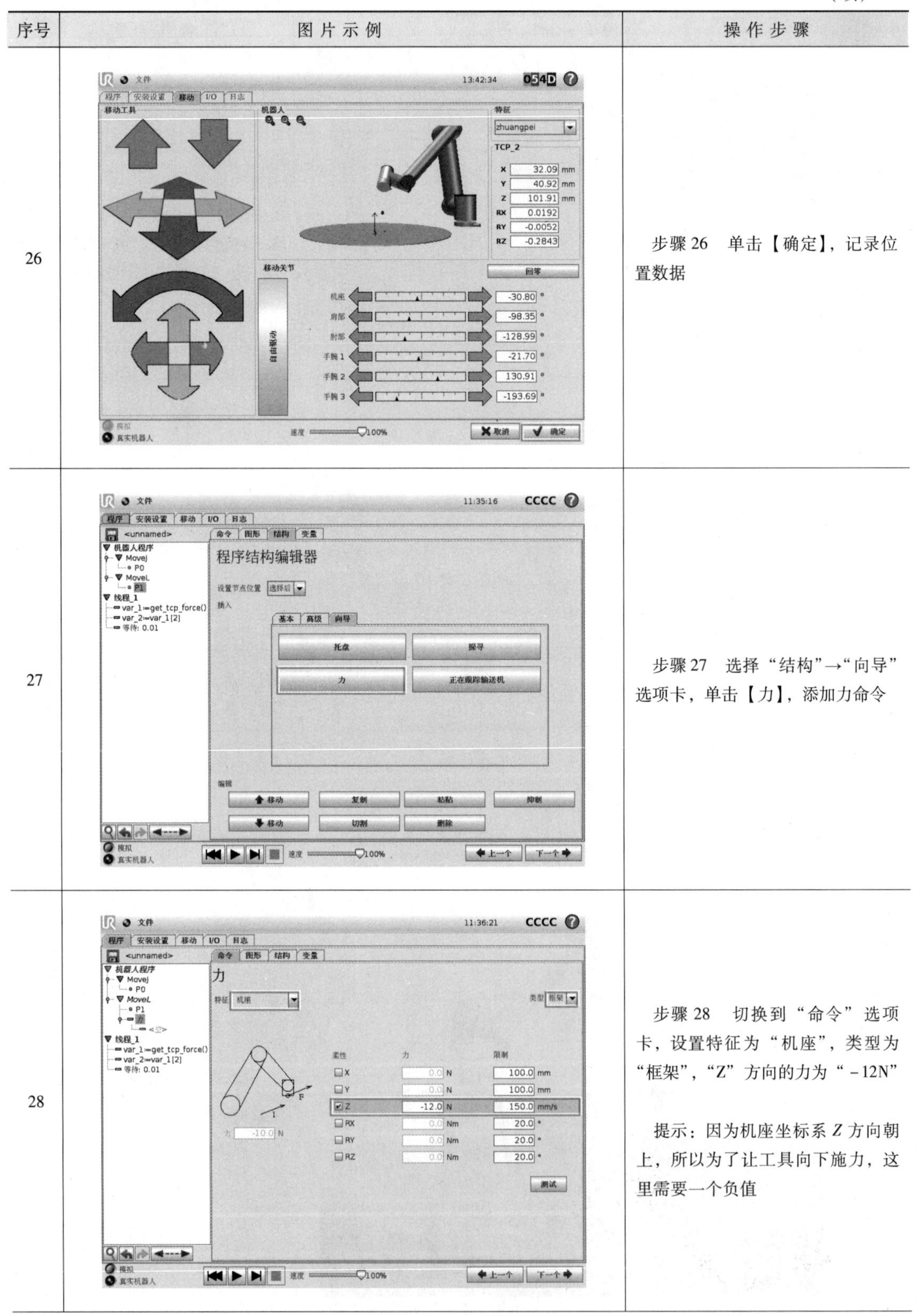

序号	图片示例	操作步骤
26		步骤 26　单击【确定】，记录位置数据
27		步骤 27　选择“结构”→“向导”选项卡，单击【力】，添加力命令
28		步骤 28　切换到“命令”选项卡，设置特征为“机座”，类型为“框架”，“Z”方向的力为“－12N” 提示：因为机座坐标系 Z 方向朝上，所以为了让工具向下施力，这里需要一个负值

（续）

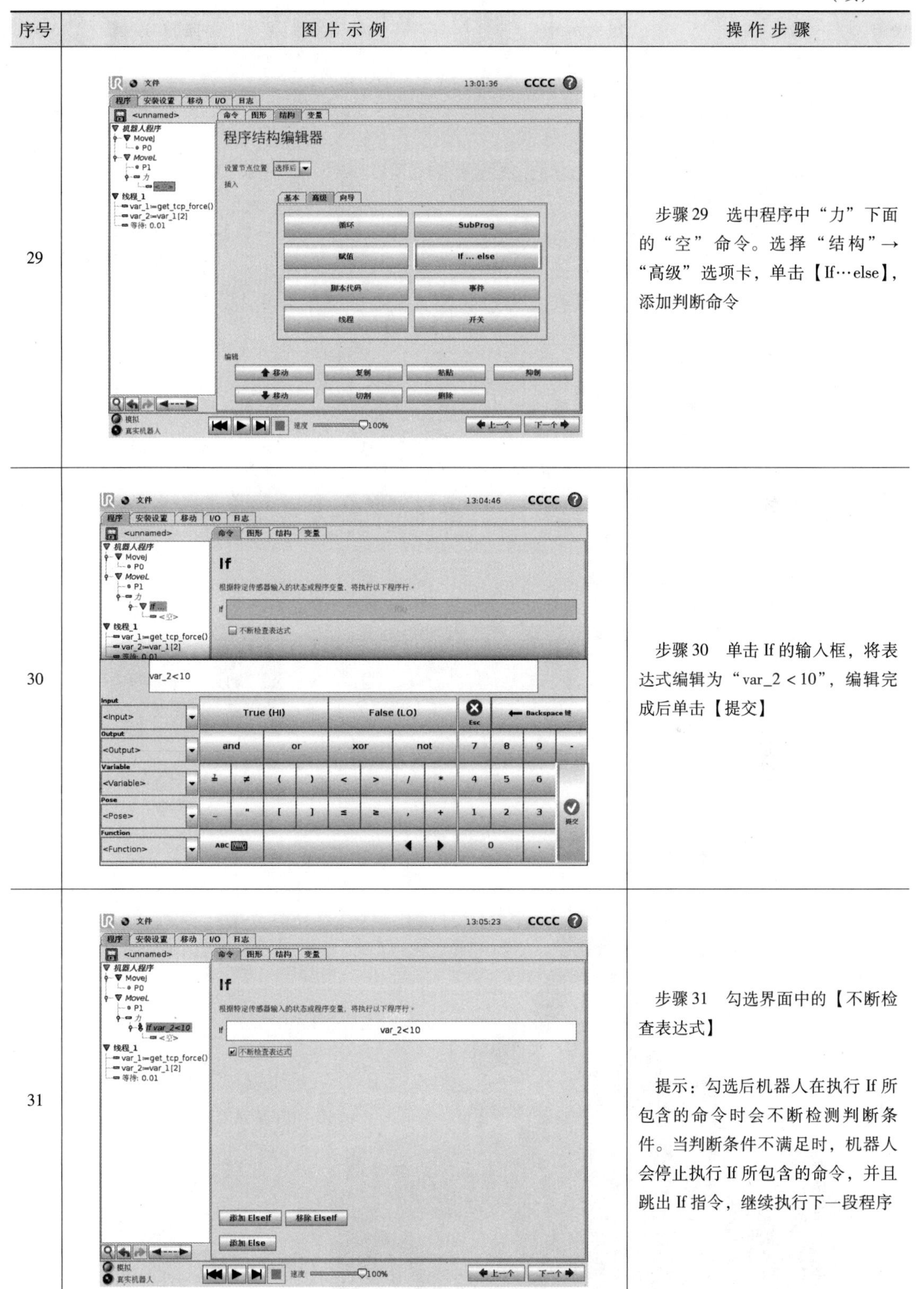

序号	图片示例	操作步骤
29		步骤29　选中程序中“力”下面的“空”命令。选择“结构”→“高级”选项卡，单击【If…else】，添加判断命令
30		步骤30　单击If的输入框，将表达式编辑为“var_2 < 10”，编辑完成后单击【提交】
31		步骤31　勾选界面中的【不断检查表达式】 提示：勾选后机器人在执行If所包含的命令时会不断检测判断条件。当判断条件不满足时，机器人会停止执行If所包含的命令，并且跳出If指令，继续执行下一段程序

（续）

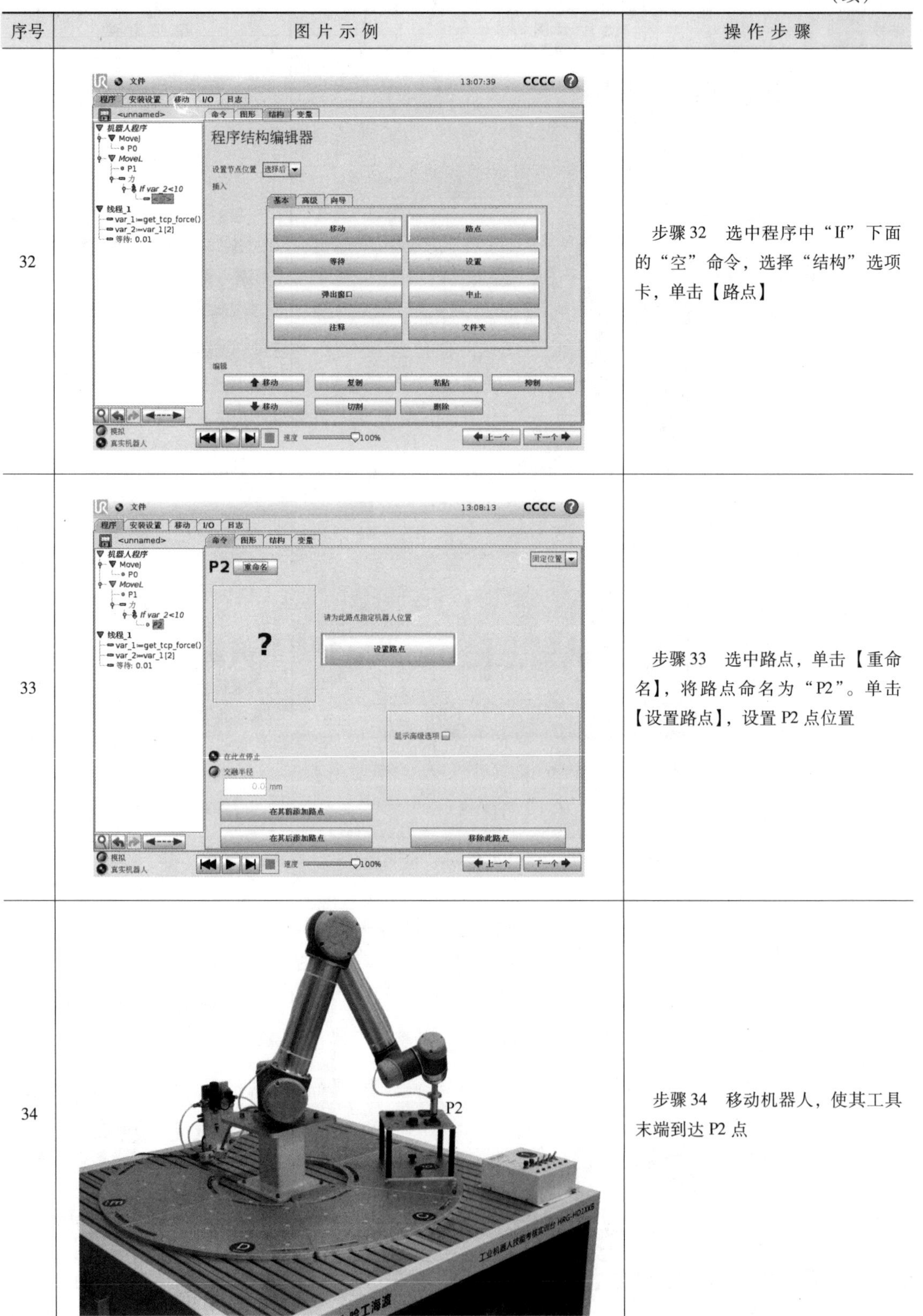

序号	图片示例	操作步骤
32		步骤 32　选中程序中“If”下面的“空”命令，选择“结构”选项卡，单击【路点】
33		步骤 33　选中路点，单击【重命名】，将路点命名为“P2”。单击【设置路点】，设置 P2 点位置
34	P2	步骤 34　移动机器人，使其工具末端到达 P2 点

（续）

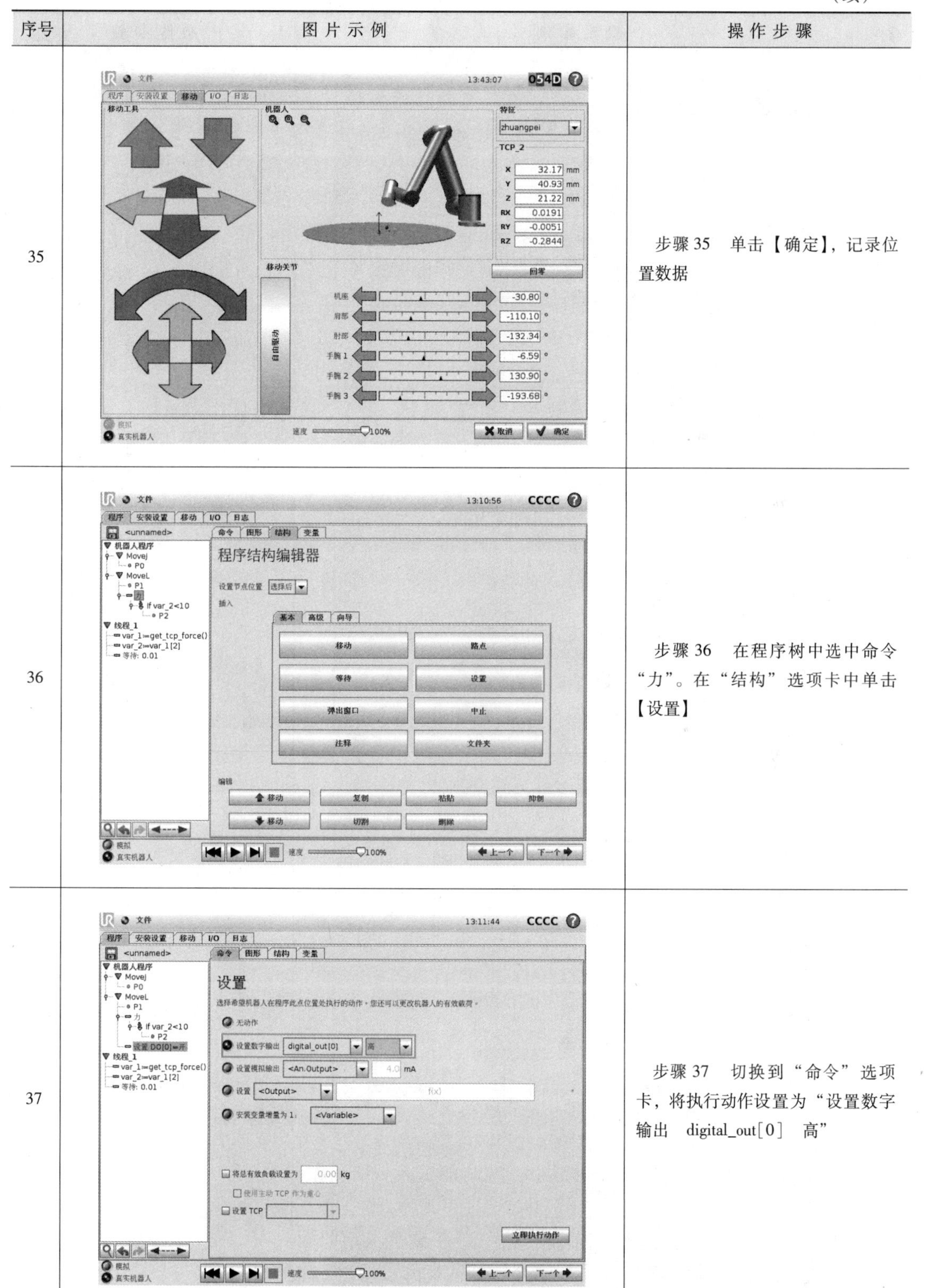

序号	图片示例	操作步骤
35		步骤 35　单击【确定】，记录位置数据
36		步骤 36　在程序树中选中命令“力”。在“结构”选项卡中单击【设置】
37		步骤 37　切换到“命令”选项卡，将执行动作设置为“设置数字输出 digital_out[0] 高”

（续）

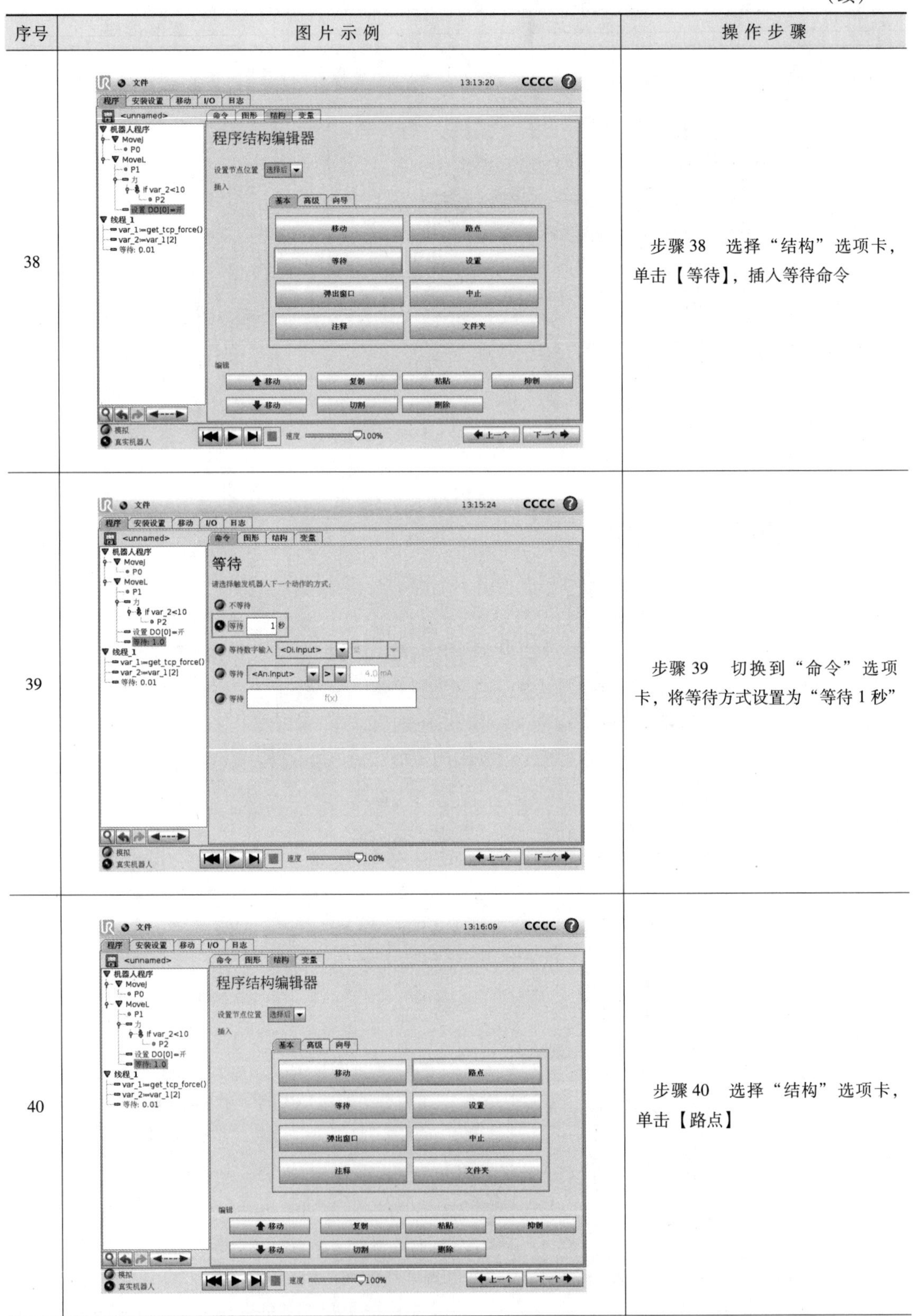

序号	图 片 示 例	操 作 步 骤
38		步骤 38　选择“结构”选项卡，单击【等待】，插入等待命令
39		步骤 39　切换到“命令”选项卡，将等待方式设置为“等待 1 秒”
40		步骤 40　选择“结构”选项卡，单击【路点】

（续）

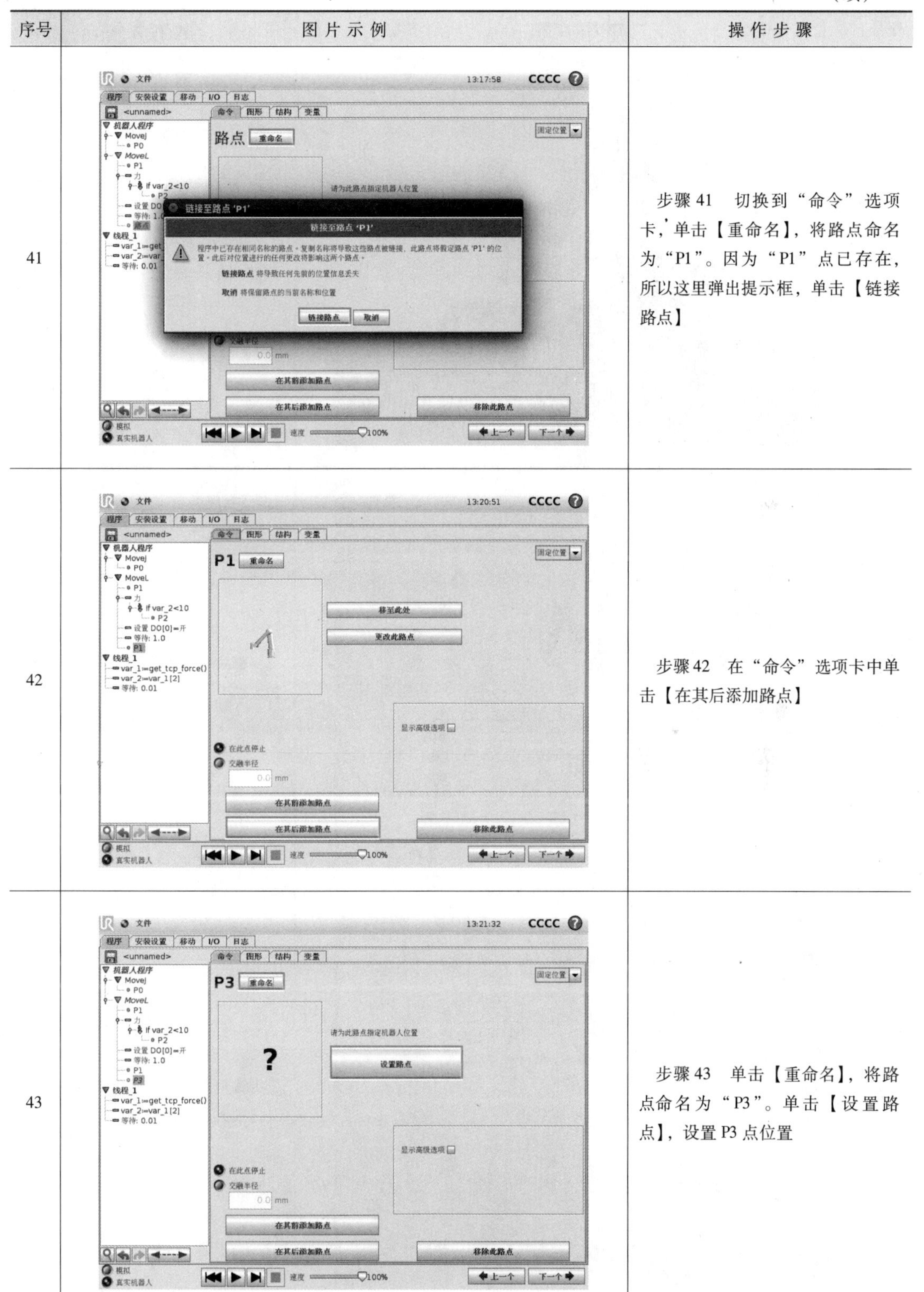

序号	图片示例	操作步骤
41		步骤 41　切换到“命令”选项卡，单击【重命名】，将路点命名为“P1”。因为“P1”点已存在，所以这里弹出提示框，单击【链接路点】
42		步骤 42　在“命令”选项卡中单击【在其后添加路点】
43		步骤 43　单击【重命名】，将路点命名为“P3”。单击【设置路点】，设置 P3 点位置

（续）

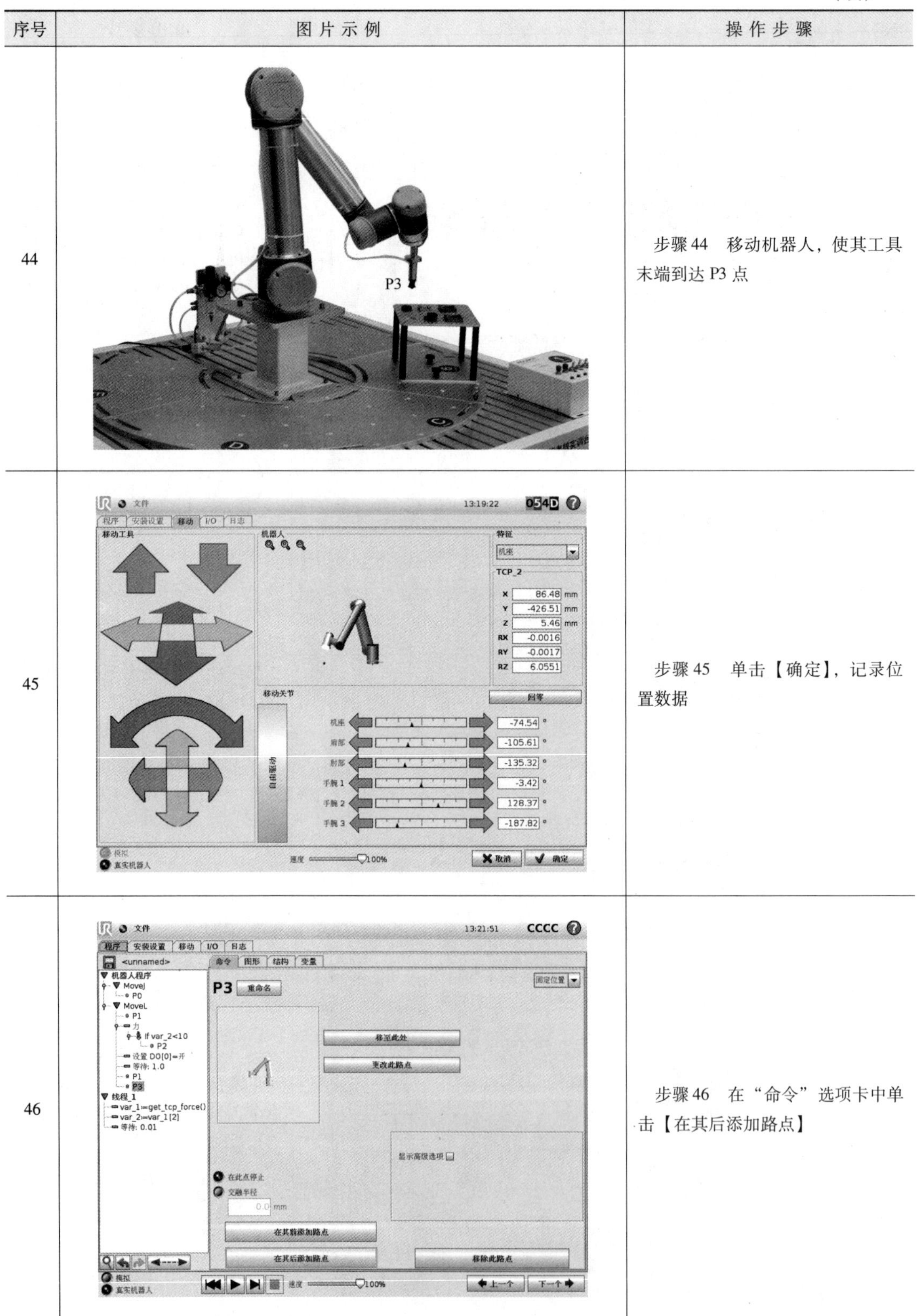

序号	图片示例	操作步骤
44		步骤 44　移动机器人，使其工具末端到达 P3 点
45		步骤 45　单击【确定】，记录位置数据
46		步骤 46　在“命令”选项卡中单击【在其后添加路点】

（续）

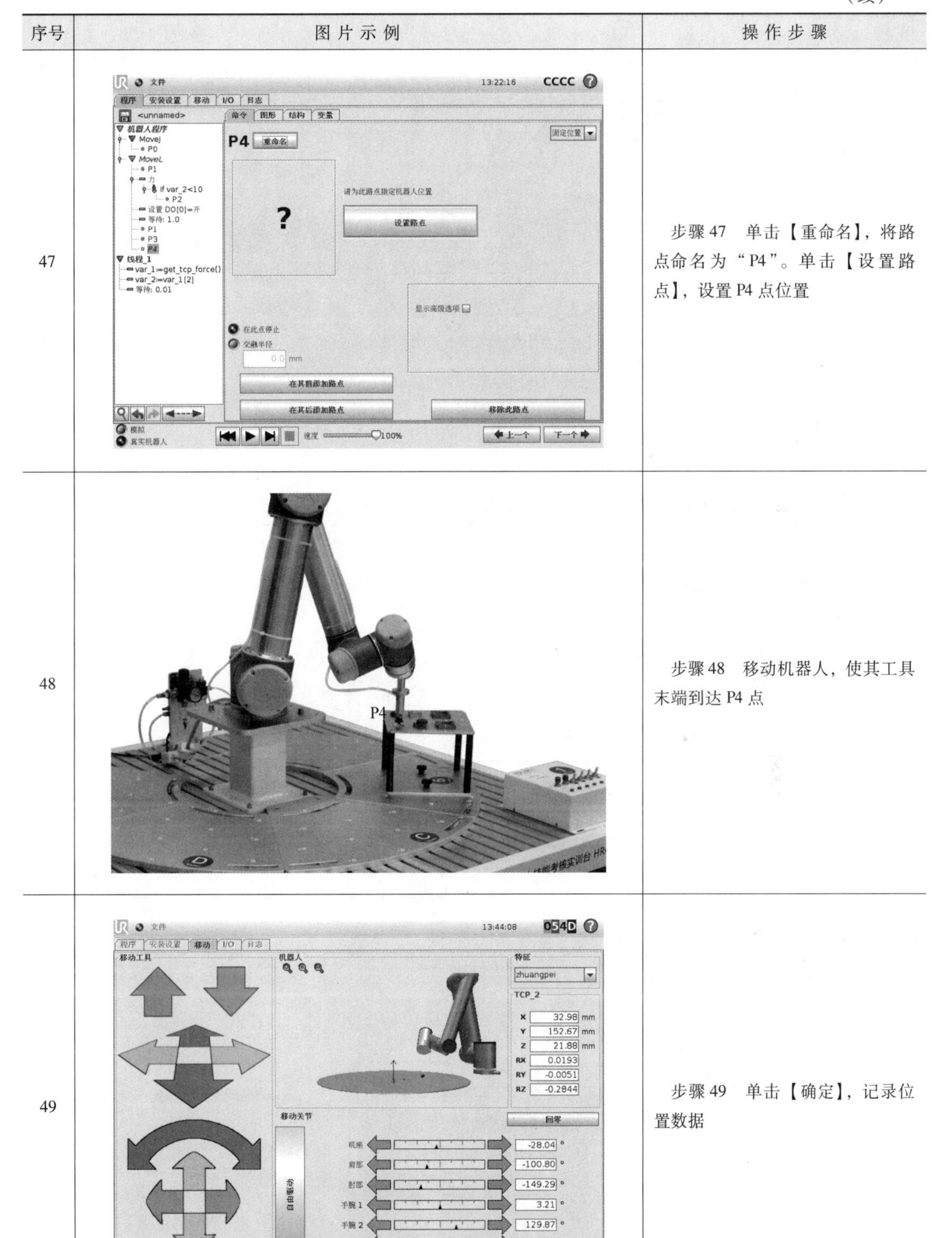

序号	图片示例	操作步骤
47		步骤 47　单击【重命名】，将路点命名为“P4”。单击【设置路点】，设置 P4 点位置
48		步骤 48　移动机器人，使其工具末端到达 P4 点
49		步骤 49　单击【确定】，记录位置数据

（续）

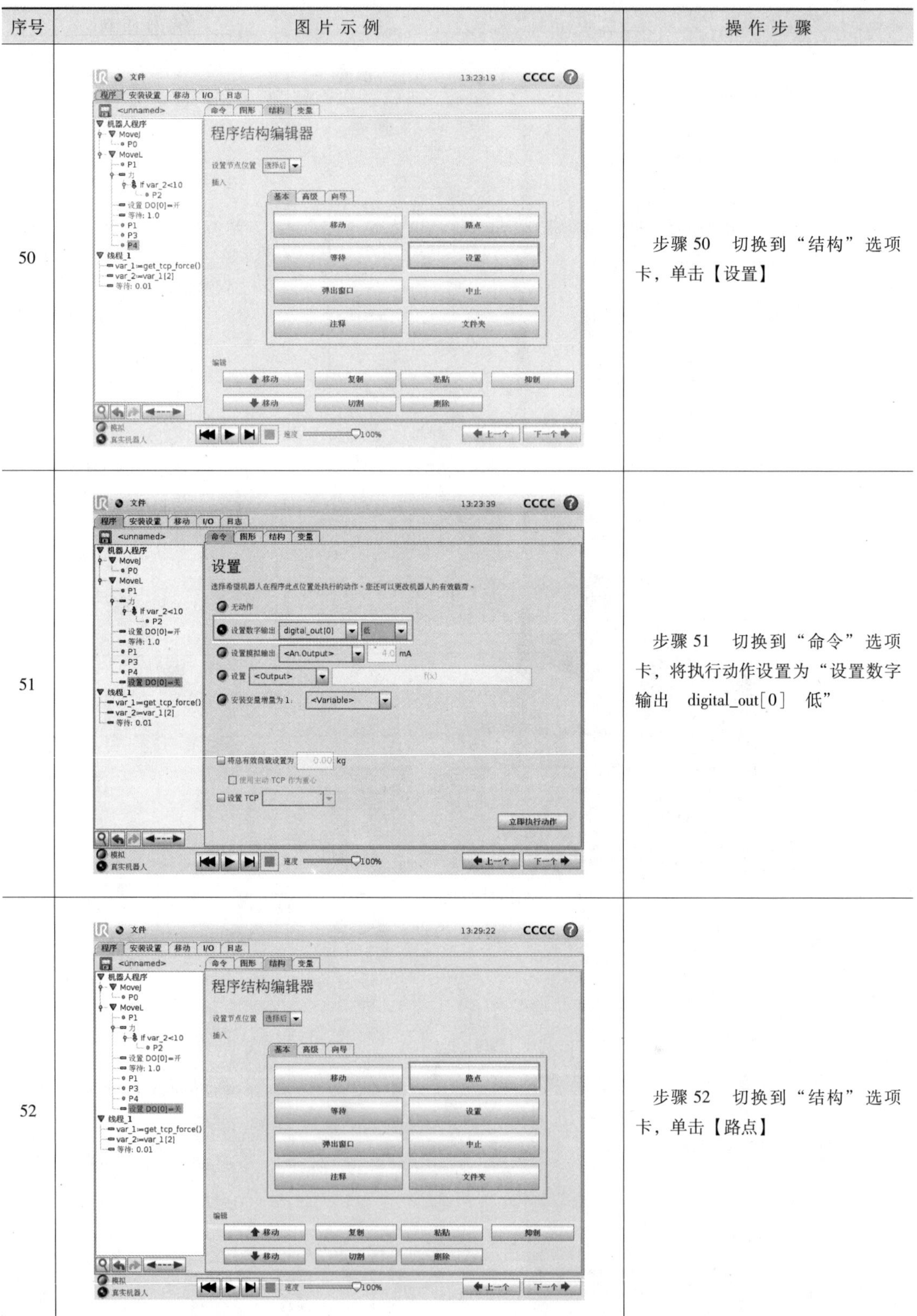

序号	图片示例	操作步骤
50		步骤 50　切换到“结构”选项卡，单击【设置】
51		步骤 51　切换到“命令”选项卡，将执行动作设置为“设置数字输出　digital_out[0]　低”
52		步骤 52　切换到“结构”选项卡，单击【路点】

（续）

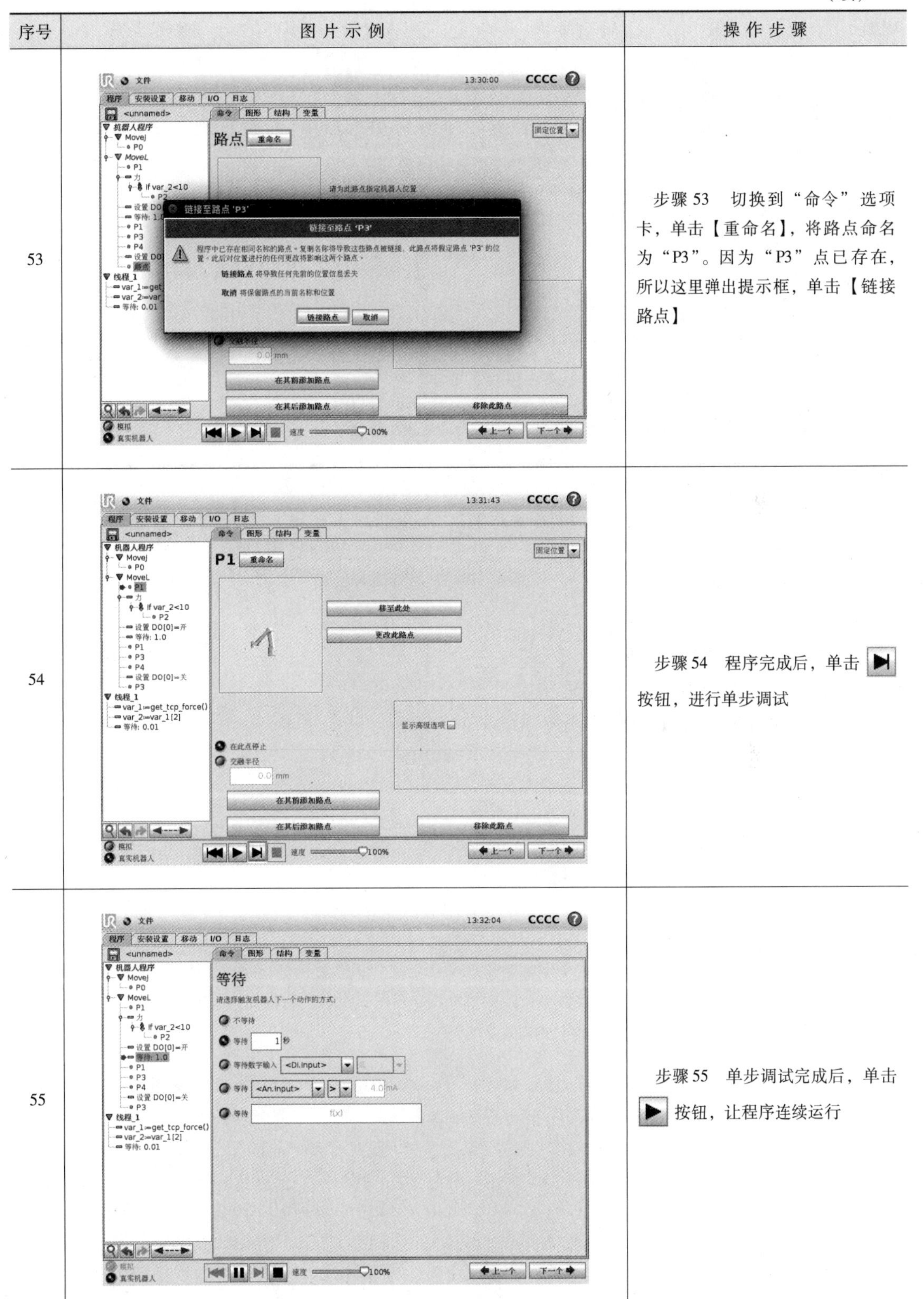

序号	图片示例	操作步骤
53		步骤53 切换到“命令”选项卡，单击【重命名】，将路点命名为“P3”。因为“P3”点已存在，所以这里弹出提示框，单击【链接路点】
54		步骤54 程序完成后，单击 ▶▎ 按钮，进行单步调试
55		步骤55 单步调试完成后，单击 ▶ 按钮，让程序连续运行

（续）

序号	图片示例	操作步骤
56	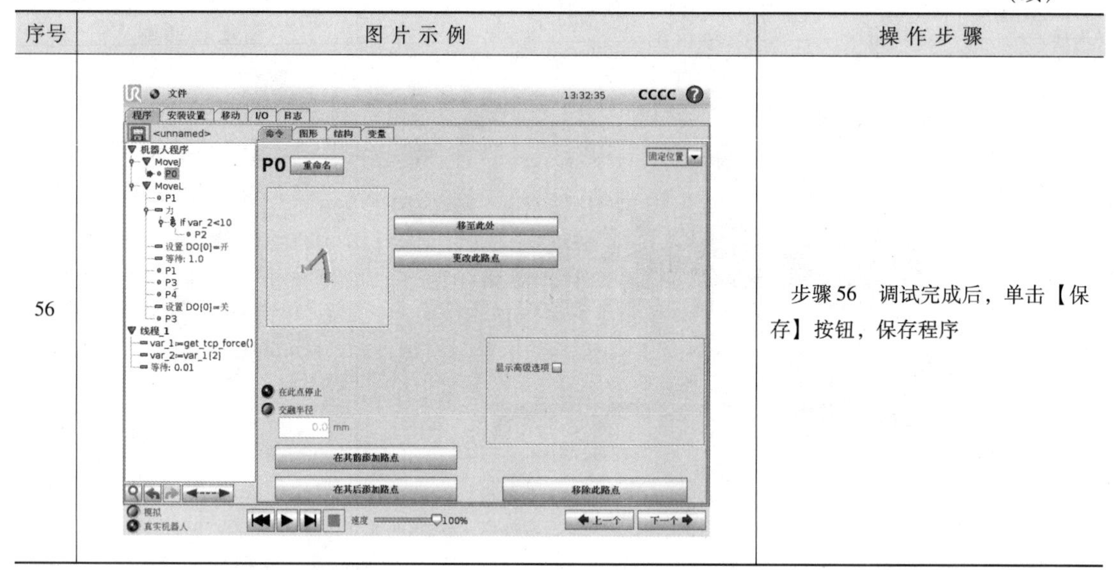	步骤 56　调试完成后，单击【保存】按钮，保存程序

思　考　题

1. 如何示教位置点？
2. 如何进行数字 I/O 接线？
3. 如何使用条件判断功能？
4. 如何实时判断 TCP 受力情况？
5. 如何查看 TCP 受力情况？

参 考 文 献

[1] 张明文. 工业机器人技术人才培养方案 [M]. 哈尔滨: 哈尔滨工业大学出版社, 2017.
[2] 张明文. 工业机器人技术基础及应用 [M]. 哈尔滨: 哈尔滨工业大学出版社, 2017.
[3] 张明文. 工业机器人入门实用教程 (FANUC 机器人) [M]. 哈尔滨: 哈尔滨工业大学出版社, 2017.
[4] 张明文. ABB 六轴机器人入门实用教程 [M]. 哈尔滨: 哈尔滨工业大学出版社, 2017.
[5] Universal-Robots 公司. UR5 中文说明书 [Z]. 2017.
[6] 蒋庆斌, 陈小艳. 工业机器人现场编程 [M]. 北京: 机械工业出版社, 2014.
[7] 辛国斌, 田世宏. 智能制造标准案例集 [M]. 北京: 电子工业出版社, 2016.
[8] 汪励, 陈小艳. 工业机器人工作站系统集成 [M]. 北京: 机械工业出版社, 2014.
[9] 张培艳. 工业机器人操作与应用实践教程 [M]. 上海: 上海交通大学出版社, 2009.
[10] 吴九澎. 机器人应用手册 [M]. 北京: 机械工业出版社, 2014.
[11] 郭洪红. 工业机器人技术 [M]. 西安: 西安电子科技大学出版社, 2006.
[12] 张爱红, 张秋菊. 机器人示教编程方法 [J]. 组合机床与自动化加工技术, 2003 (4): 47-49.
[13] 胡成飞. 智能制造体系构建: 面向中国制造 2025 的实施路线 [M]. 北京: 机械工业出版社, 2017.
[14] 谭健荣. 智能制造: 关键技术与企业应用 [M]. 北京: 机械工业出版社, 2017.

教学课件下载步骤

步骤一

登录“工业机器人教育网”

www.irobot-edu.com，菜单栏单击【学院】

步骤二

单击菜单栏【在线学堂】下方找到您需要的课程

步骤三

课程内视频下方单击【课件下载】

咨询与反馈

尊敬的读者：

感谢您选用我们的教材！

本书有丰富的配套教学资源，凡使用本书作为教材的教师可咨询有关实训装备事宜。在使用过程中，如有任何疑问或建议，可通过邮件(zhangmwen@126.com)或扫描右侧二维码，在线提交咨询信息，反馈建议或索取数字资源。

（教学资源建议反馈表）

全国服务热线：400-6688-955